博碩文化

APCS 完全攻略

C語言 從新手到高手

解題必備

胡昭民、吳燦銘 著

U0086732

滿級分 快速攻略

重點總整理
＋
歷次試題解析

- ☑ 結合運算思維與演算法的基本觀念
- ☑ 章節架構清晰，涵蓋 APCS 考試重點
- ☑ 備有相關模擬試題，幫助釐清重點觀念
- ☑ 詳細解析 APCS 程式設計觀念題與實作題

搶進名校資訊類學系的最佳武器！

⬇ 博碩官網下載・書中範例程式碼

作　　者：胡昭民、吳燦銘
責任編輯：黃俊傑

董 事 長：陳來勝
總 編 輯：陳錦輝

出　　版：博碩文化股份有限公司
地　　址：221 新北市汐止區新台五路一段 112 號 10 樓 A 棟
　　　　　電話 (02) 2696-2869　傳真 (02) 2696-2867

發　　行：博碩文化股份有限公司
郵撥帳號：17484299　戶名：博碩文化股份有限公司
博碩網站：http://www.drmaster.com.tw
讀者服務信箱：dr26962869@gmail.com
訂購服務專線：(02) 2696-2869 分機 238、519
（週一至週五 09:30 ～ 12:00；13:30 ～ 17:00）

版　　次：2022 年 7 月初版一刷

建議零售價：新台幣 690 元
I S B N：978-626-333-191-4
律師顧問：鳴權法律事務所 陳曉鳴律師

本書如有破損或裝訂錯誤，請寄回本公司更換

國家圖書館出版品預行編目資料

APCS 完全攻略：從新手到高手，C 語言解題必
備！/ 胡昭民, 吳燦銘著. -- 初版. -- 新北市：
博碩文化股份有限公司, 2022.07
　　面；　公分

ISBN 978-626-333-191-4(平裝)

1.CST: C(電腦程式語言)

312.32C　　　　　　　　　　111010763

Printed in Taiwan

博 碩 粉 絲 團　歡迎團體訂購，另有優惠，請洽服務專線
　　　　　　　(02) 2696-2869 分機 238、519

序言

APCS 為 Advanced Placement Computer Science 的英文縮寫，是指「大學程式設計先修檢測」，其檢測模式乃參考美國大學先修課程，並與各大學資工系教授合作命題，以確定檢定用題目經過信效度考驗，確保檢定結果之公信力。目前由教育部委託台師大執行每年 3 次的檢測，提供給具備程式設計能力的大眾一個具公信力的檢驗學習成果。除此之外，也可以用來評量學生的程式設計能力，其檢測成績可作為國內多所資訊相關科系個人申請入學的參考資料。

APCS 考試類型包括：程式設計觀念題及程式設計實作題。在程式設計觀念題是以單選題的方式進行測驗，以運算思維、問題解決與程式設計概念測試為主，測驗題型包括：程式運行追蹤、程式填空、程式除錯、程式效能分析及基礎觀念理解等。程式設計觀念題如果需提供程式片段，會以 C 語言命題。而程式設計觀念題的考試重點包括：程式設計基本觀念、輸出入指令、資料型態、常數與變數、全域及區域、流程控制、迴圈、函式、遞迴、陣列與矩陣、結構、自定資料型態及檔案，也包括基礎演算法及簡易資料結構，例如：佇列、堆疊、串列、樹狀、排序、搜尋。

在程式設計實作題以撰寫完整程式或副程式為主。可自行選擇以 C、C++、Java、Python 撰寫程式，本書的實作題是以 C 語言來進行問題分析及程式實作。

本書結合運算思維與演算法的基本觀念，在章節架構的安排上，根據 APCS 公告的程式設計觀念題的重點，安排到各章的主題之中，主要目的就是希望讀者在學習完某一特定主題後，可以馬上測試相關的 APCS 觀念題，以清楚掌握考試的重點。在一些需要程式執行過程追蹤、程式填空、程式除錯等程式片段的題目，也會一併提供完整程式碼及執行結果，來讓讀者更清楚該題的觀念。

在實作題的解答部份則分為四大架構：解題重點分析、完整程式碼、執行結果及程式碼說明。在「解題重點分析」單元中知道本實作題的程式設計重點、解題技巧、變數功能及演算法，此單元會配合適當的程式碼輔助解說，來降低學習者的障礙。而附錄撰寫的目的在於幫助各位讀者可以熟悉 APCS 的測試環境，為了讓各位能以較簡易的程式撰寫環境，本書所有程式仍以 Dev C++ 的 IDE 進行程式的編輯、編譯與執行。

期許本書能幫助各位具備以 C 語言應試 APCS 的實戰能力，筆者相信經過本書的課程安排及訓練後，各位可以很紮實地培養出分析題目、提出解決方案，以及有能力根據自己的創意思維，使用 C 語言實作出各種功能的程式，而這也正是本書努力達成的目標。

目錄

CHAPTER 01 認識 APCS 資訊能力檢測

CHAPTER 02 運算思維與 C 程式設計基本觀念

CHAPTER **03**　流程控制結構

CHAPTER **04** 陣列、字串、矩陣、結構與檔案

CHAPTER **05** 函數

CHAPTER 06 指標與串列

CHAPTER 07 必考演算法解析與實作

CHAPTER 08 基礎資料結構導論

CHAPTER **09**　**105 年 3 月試題與完整解析**

CHAPTER **10**　**105 年 10 月試題與完整解析**

CHAPTER **11** 106 年 3 月試題與完整解析

CHAPTER **12** 106 年 10 月試題 – 實作題解析

APPENDIX **A** 建置 APCS 檢測練習環境

01

認識 APCS
資訊能力檢測

APCS 為 Advanced Placement Computer Science 的英文縮寫，是指「大學程式設計先修檢測」。其檢測模式乃參考美國大學先修課程（Advanced Placement, AP），並與各大學資工系教授合作命題，以確定檢定用題目經過信效度考驗，確保檢定結果之公信力。目前由教育部委託台師大執行每年 3 次的檢測，提供給具備程式設計能力的大眾一個具公信力的檢驗學習成果。

1-1 ▸ 認識 APCS 資訊能力檢測

APCS 的指導單位是「教育部資通訊軟體創新人才推升計畫」，執行單位是「國立臺灣師範大學資訊工程學系」。APCS 的目的是提供學生自我評量程式設計能力及評量大學程式設計先修課程學習成效，讓具備程式設計能力之高中職學生，能夠檢驗學習成果，也可善用程式設計的專長升學，是目前全台最具公信力的程式能力檢定之一。APCS 檢測成績為多所大學資訊工程學系、資訊管理系、資訊科學系、資訊科技等相關科系個人申請入學的參考資料，也可用在特殊選才的資格認定，或納入一般申請入學的備審資料，檢測結果分列五級分，能讓面試者迅速了解個人程式設計能力，為自己申請大學的履歷多加一條可靠的評比標準。根據 111 年招生簡章所示，共計 131 個資工相關校系採納 APCS 檢測成績申請入學，如果想查詢目前採計 APCS 成績大學校系的最新更新資料，可以參閱底下網頁：https://apcs.csie.ntnu.edu.tw/index.php/apcs-introduction/gradeschool/。

目前報名資格沒有限制，任何人都可以用線上報名的方式參加檢定，特別是鼓勵高中生來參加 APCS 檢測，對於申請資訊相關科系的大學會有所幫助，也是多校特殊選才等多元入學管道的重要參考資料。APCS 在每年的 1、6、10 月都有辦理檢測，1 月及 6 月有辦理觀念題及實作題的檢測，但 10 月份只辦理實作題的檢測。如果想更清楚了解 APCS 報名資訊、檢測費用、報名資格、檢測資訊、試場資訊、檢測系統環境及採計成績的大學校系等資訊，可以參閱大學程式設計先修檢測官網（https://apcs.csie.ntnu.edu.tw/）。

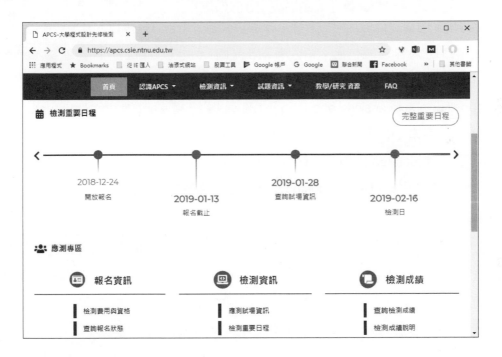

1-2 ▸ APCS 考試類型

APCS 一年舉辦三次考試，分別在一月、六月、十月。報名時間是從檢測日的前兩個月開始開放。APCS 採線上測驗的方式，題目為中文命題，考試類型包括：程式設計觀念題及程式設計實作題。根據 APCS 官網中的說明，「觀念題」為選擇題，考兩節合併計分，滿分 100，每節 60 分鐘，觀念題是以單選題的方式進行測驗，以運算思維、問題解決與程式設計概念測試為主。測驗題型包括：程式運行追蹤、程式填空、程式除錯、程式效能分析及基礎觀念理解等。程式設計觀念題如果需提供程式片段，會以 C 語言命題。觀念題命題內容領域包括：程式設計基本觀念（basic programming concepts）、資料型態（data types）、常數（constants）、變數（variables）、視域（scope）：全域（global）/ 區域（local）、控制結構（control structures）、迴路結構（loop structures）、函式（functions）、遞迴（recursion）、陣列與結構（arrays and structures）、基礎資料結構（basic data structures），包括：佇列（queues）和堆疊（stacks）、基礎演算法（basic algorithms），包括：排序（sorting）和搜尋（searching）。

程式設計實作題則為一份測驗題本，共計 4 個題組，考一節，時間較長為 2 個半小時，以撰寫完整程式或副程式為主，滿分 400，實作題才是真正挑戰。主要目的是讓程式學習者能夠學會面對題目時如何設計程式來解決問題，可自行選擇以 C, C++, Java, Python 撰寫程式，命題內容領域包括：輸入與輸出（input and output）、算術運算（arithmetic operation）、邏輯運算（logical operation）、位元運算（bitwise operation）、條件判斷與迴路（conditional expressions and loop）、陣列與結構（arrays and structures）、字元（character）、字串（string）、函數呼叫與遞迴（function call and recursion）、基礎資料結構（basic data structures），包括：佇列（queues）、堆疊（stacks）、樹狀圖（tree）、圖形（graph）、基礎演算法（basic algorithms），包括：排序（sorting）、搜尋（searching）、貪心法則（greedy method）、動態規劃（dynamic programming）等。

APCS 檢定可以依照各位所需報考科目，不限定參加次數，可以累積經驗，多考幾次爭取最高分，成績則擇優採用。因此若某一科檢測成績不如預期，可再次選擇單科報考，有關成績的計算方式及各種分數及檢定級別的對照表資訊，在成績計算方面，APCS 共分為五個級別，滿分各是 5 級分，加總滿分為 10 級分，各科的級分範圍與說明如下：建議各位開啟底下「成績說明」的網頁詳加閱讀：https://apcs.csie.ntnu.edu.tw/index.php/info/grades/

至於如何將應測者申請大學程式設計先修檢測成績證明寄送至第三方電子信箱，也可參考底下的網頁：https://apcs.csie.ntnu.edu.tw/index.php/info/grades/applygrade/。

MEMO

02

運算思維與 C 程式設計基本觀念

對於一個有志於從事資訊專業領域的人員來說，程式設計是一門和電腦硬體與軟體息息相關的學科，更深入來看，程式設計能力已經被看成是國力的象徵，學習如何寫程式已經是跟語文、數學、藝術一樣的學生必備基礎能力，連教育部都將撰寫程式列入國高中學生必修課程，來培養孩子解決問題、分析、歸納、創新、勇於嘗試錯誤等能力，以及提前做好掌握未來 AI 數位時代的準備。

學好運算思維，透過程式設計是最快的途徑

TIPS

人工智慧（Artificial Intelligence, AI）的概念最早是由美國科學家 John McCarthy 於 1955 年提出，目標為使電腦具有類似人類學習解決複雜問題與展現思考等能力，舉凡模擬人類的聽、說、讀、寫、看、動作等電腦技術，都被歸類為人工智慧的可能範圍。簡單地說，人工智慧就是由電腦所模擬或執行，具有類似人類智慧或思考的行為，例如推理、規畫、問題解決及學習等能力。

程式設計的本質絕對離不開數學，而且是更簡單與活用的應用數學，過去對於程式設計的實踐目標，我們會非常看重「計算」能力。隨著資訊與網路科技的高速發展，計算能力的的重要性早已慢慢消失，反而程式設計課程的目的特別著重在學生「運算思維」（Computational Thinking, CT）的訓練，也就是分析與拆解問題能力的深耕培養。

2-1 ▸ 認識運算思維

運算思維是一種學習用電腦邏輯來解決任何問題的思維，就是一種能夠將問題「抽象化」與「具體化」的素養。目前許多歐美國家從幼稚園就開始訓練學生的運算思維，讓學生們能更有創意地展現出自己的想法與嘗試自行解決問題。我們可以這樣形容：「大家學習程式設計的目標絕對不是要將每個學習者都訓練成會寫程式的設計師，而是培養學習者能夠有一顆具備運算思維的程式腦。」

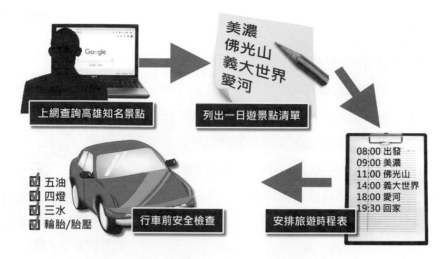

規劃高雄一日遊過程也算一種運算思維的應用

　　2006 年美國卡內基梅隆大學 Jeannette M. Wing 教授首度提出了「運算思維」的概念，她提到運算思維是現代人的一種基本技能，所有人都應該積極學習，隨後 Google 也為教育者開發一套運算思維課程（Computational Thinking for Educators）。這套課程提到培養運算思維的四個面向，分別是拆解（Decomposition）、模式識別（Pattern Recognition）、歸納與抽象化（Pattern Generalization and Abstraction）與演算法（Algorithm）。

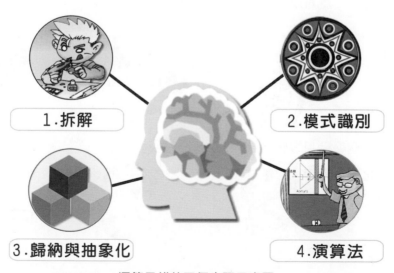

運算思維的四個步驟示意圖

2-1-1 拆解

　　許多年輕人遇到問題時的第一反應，就是真的「想太多！」，把一個簡單的問題越搞越複雜。其實任何問題只要懂得拆解（Decomposition）成許多小問題，將這些小問題各個擊破；全部解決之後，原本的大問題也就迎刃而解了。例如我們隨身攜帶的手機故障了，如果將整台手機逐步拆解成較小的部分，每個部分進行各種元件檢查，就容易找出問題的所在。

各位去修手機時，技師一定會先拆解開來

2-1-2 模式識別

　　當各位將一個複雜問題分解之後，經常能發現問題中有共通的屬性以及相似之處，這些屬性就稱為「模式」（Pattern）。模式識別（Pattern Recognition）是指在一堆資料中找出特徵（Feature）或問題中的相似之處，用來將資料進行辨識與分類，最後找出規律性，才能做為快速決策判斷。各位想要畫一系列的貓圖像，首先就要思考哪些屬性是大多數貓咪都有的？例如眼睛、尾巴、毛髮、叫聲、鬍鬚等。當想要畫貓的時候便可將這些共有的屬性加入，就可以很快地畫出很多隻不同類型的貓。

　　知名的 Google 大腦（Google Brain）是 Google 的 AI 專案團隊，能夠利用 AI 技術從 YouTube 的影片中取出 1,000 萬張圖片，自行辨識出貓臉跟人臉的不同，這跟以往的識別系統有很大不同，過去往往是先由研究人員輸入貓的形狀、特徵等細節，電腦即可

達到「識別」的目的，然而 Google 大腦原理就是把所有照片內貓的「特徵」取出來，從訓練資料中擷取出資料的特徵（Features）幫助我們判讀出目標，同時自己進行「模式」分類，才能夠模擬複雜的非線性關係，來獲得更好辨識能力。

Google Brain 能夠利用模式識別（**Pattern Recognition**）的技術自動分辨出貓臉

2-1-3 歸納與抽象化

歸納與抽象化（Pattern Generalization and Abstraction），或稱為樣式一般化與抽象化。在於過濾以及忽略掉不必要的特徵，讓我們可以集中在重要特徵上，幫助將問題具體化，進而建立模型，目的是希望能夠從原始特徵數據集合中學習出問題的結構與本質。通常這個過程開始會收集許多的資料，藉由歸納與抽象化，把特性以及無法幫助解決問題的模式去掉，直到讓我們建立一個通用的問題解決模型。

車商業務員：輪子、引擎、方向盤、煞車、底盤。

修車技師：引擎系統、底盤系統、傳動系統、煞車系統、懸吊系統。

由於「抽象化」沒有固定的模式，它會隨著需要或實際狀況而有不同。譬如把一台車子抽象化，每個人都有各自的拆解方式，像是車商業務員與修車技師對車子抽象化的結果可能就會有差異。

2-1-4 演算法

Google 搜尋引擎的運作是透過演算法

演算法（Algorithm）是運算思維四個基石的最後一個，不但是人類利用電腦解決問題的技巧之一，也是程式設計領域中最重要的關鍵，常常被使用為設計電腦程式的第一步。演算法就是一種計劃，這個計畫裡面包含解決問題的每一個步驟跟指示。演算法並不是僅僅用於電腦領域上，大家每天都會不自覺用到一些演算法，包括在數學、物理或者是日常生活上也有極大的用處，例如員工的工作報告、寵物的飼養過程、廚師準備美食的食譜、學生的功課表等，甚至於連我們平時經常使用的搜尋引擎都必須藉由不斷更新演算法來運作。

食譜的描述也算是一種演算法的表現

2-2 ▸ 程式設計簡介

所謂程式（program），是由合乎程式語言語法規則的指令所組成，而程式設計（program design）的目的就是透過程式碼撰寫與執行來達到使用者的需求。「程式語言」就是一種人類用來和電腦溝通的語言，也是用來指揮電腦運算或工作的指令集合。程式語言發展的歷史已有半世紀之久，每一代的語言都有其特色，並且一直朝著容易使用、除錯與維護功能更強的目標來發展。許多人一聽到程式語言，可能早就嚇得手腳發軟，認為會和學習外國語言一樣，不但要記上一大堆單字，還要背上數不完的文法規則！其實完全不是這個樣子，程式語言就是一種人類用來指揮電腦運算或工作的指令集合，裏面會使用到的保留字（reserved word）最多不過數十個而已。

2-2-1　程式設計步驟與注意事項

對於程式設計的學習方向而言，無疑就是期待朝向有效率、可讀性高的程式設計成果為目標。一個程式的產生過程，則可區分為以下五個設計步驟：

程式設計步驟	特色與說明
需求認識	瞭解程式所要解決的問題是什麼，並且搜集所要提供的輸入資訊與可能得到的輸出結果。
設計規劃	根據需求，選擇適合的資料結構，並以任何的表示方式寫一個演算法以解決問題。
分析討論	思考其他可能適合的演算法及資料結構，最後再選出最適當的標的。
編寫程式	把分析的結論，利用程式語言寫成初步的程式碼。
測試檢驗	最後必須確認程式的輸出是否符合需求，這個步驟得仔細的執行程式並進行許多相關的測試與除錯。

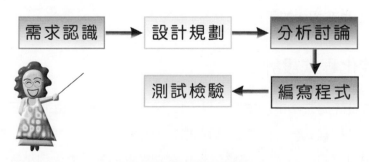

程式設計的五大步驟

程式語言本來就只是工具，從來都不是重點，沒有最好的程式語言，只有是不是適合的程式語言，程式設計時必須利用何種程式語言表達，通常可根據主客觀環境的需要，並無特別規定，以下是各位在撰寫程式碼時應該注意的四種注意事項：

1. **適當的縮排**：縮排是用來區分程式的層級，使得程式碼易於閱讀，像是在主程式中包含子區段，或者子區段中又包含其它的子區段時，都可以透過縮排來區分程式碼的層級。

2. **明確的註解**：對於程式設計師而言，在適當的位置加入足夠的註解，往往是評斷程式碼好壞的重要依據。尤其當程式架構日益龐大時，適時在程式中加入註解，不僅可提高程式可讀性，更可讓其它程式設計師清楚這段程式碼的功用。

3. **有意義的命名**：除了利用明確的註解來輔助閱讀外，在程式中最好使用有意義的識別字（包括變數、常數、函數、結構等）命名原則，會增加程式的可讀性與減少日後程式除厝時所帶來的誤解。

4. **除錯**：除錯（debug）是任何程式設計師寫程式時，難免會遇到的家常便飯，通常會出現的錯誤可以分為是語法錯誤、執行期間錯誤、邏輯錯誤。

    - 語法錯誤是較常見的錯誤，這種錯誤有可能是撰寫程式時，未依照程式語言的語法與格式撰寫，造成編譯器解讀時所產生的錯誤。例如 Dev C++ 編譯器時能夠自動偵錯，並在下方呈現出錯誤訊息，各位便可清楚知道錯誤的語法，只要加以改正，再重新編譯即可。

    - 執行期間錯誤是指程式在執行期間遇到錯誤，這類錯誤可能是邏輯上的錯誤，也可能是資源不足所造成的錯誤。

    - 邏輯錯誤是最不容易被發現的錯誤，邏輯錯誤常會產生令人出乎意料之外的輸出結果。與語法錯誤不同的是，可能在編譯時表面上可以正常通過編譯，但執行時卻無法得到預期的結果。

2-2-2 結構化程式設計

在傳統程式設計的方法中，主要是以「由下而上法」與「由上而下法」為主。所謂「由下而上法」是指程式設計師將整個程式需求最容易的部份先編寫，再逐步擴大米完成整個程式。「由上而下法」則是將整個程式需求從上而下、由大到小逐步分解成較小的單元，或稱為「模組」（module），這樣使得程式設計師可針對各模組分別開發，不但減輕設計者負擔、可讀性較高，對於日後維護也容易許多。結構化程式設計的核心精神，就是「由上而下設計」與「模組化設計」。例如在 Pascal 語言中，這些模組稱為「程序」（Procedure），C/C++ 語言中稱為「函數」（Function）。

通常「結構化程式設計」具備以下三種控制流程，對於一個結構化程式，不管其結構如何複雜，皆可利用以下基本控制流程來加以表達：

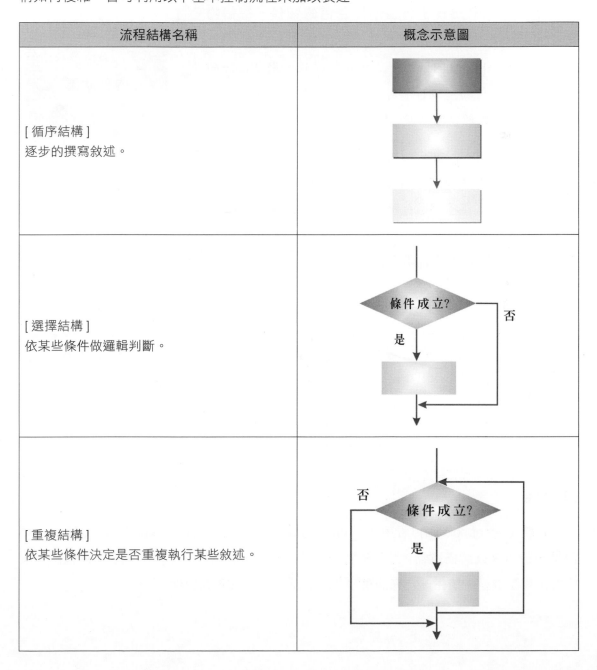

流程結構名稱	概念示意圖
[循序結構] 逐步的撰寫敘述。	
[選擇結構] 依某些條件做邏輯判斷。	
[重複結構] 依某些條件決定是否重複執行某些敘述。	

2-2-3 物件導向程式設計

物件導向程式設計（Object-Oriented Programming, OOP）的主要精神就是將存在於日常生活中舉目所見的物件（object）概念，應用在軟體設計的發展模式（software development model）。也就是説，OOP 讓各位從事程式設計時，能以一種更生活化、可讀性更高的設計觀念來進行，並且所開發出來的程式也較容易擴充、修改及維護。

現實生活中充滿了各種形形色色的物體，每個物體都可視為一種物件。我們可以透過物件的外部行為（behavior）運作及內部狀態（state）模式，來進行詳細地描述。行為代表此物件對外所顯示出來的運作方法，狀態則代表物件內部各種特徵的目前狀況。如右圖所示：

對我們而言，無需去理解這些特定功能如何達成這個目標過程，僅須將需求告訴這個獨立個體，如果此個體能獨立完成，便可直接將此任務，交付給發號命令者。物件導向程式設計的優點是強調程式的可讀性（Readability）、重覆使用性（Reusability）與延伸性（Extension），本身還具備了以下三種特性，説明如下：

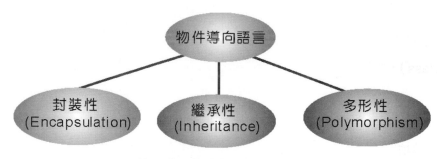

物件導向程式設計的三種特性

❏ 封裝

封裝（Encapsulation）是利用「類別」（class）來實作「抽象化資料型態」（ADT）。類別是一種用來具體描述物件狀態與行為的資料型態，也可以看成是一個模型或藍圖，按照這個模型或藍圖所生產出來的實體（Instance），就被稱為物件。

類別與物件的關係

所謂「抽象化」，就是將代表事物特徵的資料隱藏起來，並定義「方法」（Method）做為操作這些資料的介面，讓使用者只能接觸到這些方法，而無法直接使用資料，符合了「資訊隱藏」（Information Hiding）的意義，這種自訂的資料型態就稱為『抽象化資料型態』。相對於傳統程式設計理念，就必須掌握所有的來龍去脈，針對時效性而言，便大大地打了折扣。

❑ 繼承

繼承性稱得上是物件導向語言中最強大的功能，因為它允許程式碼的重覆使用（Code Reusability），及表達了樹狀結構中父代與子代的遺傳現象。「繼承」（inheritance）則是類似現實生活中的遺傳，允許我們去定義一個新的類別來繼承既存的類別（class），進而使用或修改繼承而來的方法（method），並可在子類別中加入新的資料成員與函數成員。在繼承關係中，可以把它單純地視為一種複製（copy）的動作。換句話說當程式開發人員以繼承機制宣告新增類別時，它會先將所參照的原始類別內所有成員，完整地寫入新增類別之中。例如下面類別繼承關係圖所示：

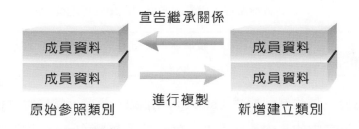

❑ 多形

多形（Polymorphism）也是物件導向設計的重要特性，可讓軟體在發展和維護時，達到充份的延伸性。多形（polymorphism），按照英文字面解釋，就是一樣東西同時具有多種不同的型態。在物件導向程式語言中，多形的定義簡單來說是利用類別的繼承架構，先建立一個基礎類別物件。使用者可透過物件的轉型宣告，將此物件向下轉型為衍生類別物件，進而控制所有衍生類別的「同名異式」成員方法。簡單的說，多形最直接的定義就是讓具有繼承關係的不同類別物件，可以呼叫相同名稱的成員函數，並產生不同的反應結果。

2-3 ▸ 資料型態

通常依照計算機中所儲存和使用的對象，我們可將資料分為兩大類，一為數值資料（Numeric Data），例如 0,1,2,3...9 所組成，另一類為文數資料（Alphanumeric Data），像 A,B,C...+,* 等非數值資料（Non-Numeric Data）。不過如果依據資料在計算機程式語言中的存在層次來區分，可以分為以下三種資料型態：

2-3-1　基本資料型態（Primitive Data Type）

不能以其他型態來定義的資料型態，或稱為純量資料型態（Scalar Data Type），幾乎所有的程式語言都會提供一組基本資料型態，由於資料型態各不相同，在儲存時所需要的容量也不一樣，必須要配給不同的空間大小來儲存。資料型態包含了兩個必備的層次，分述如下：

可說明性 （specification）	包括資料屬性，代表的數值與該屬性可能進行的各種運算。
可執行性 （implementation）	包括資料的記憶體描述，並由資料型態運算，了解資料對象的儲存體描述。

由於 C 是屬於一種強制型態式（strongly typed）語言，當變數宣告時，必須要指定資料型態，C 語言中的基本資料型態，就包括了整數（int）、浮點數（float）、字元（char）等。

❑ 整數

C 的整數（int）跟數學上的意義相同，在 C 中的儲存方式會保留 4 個位元組（32 位元）的空間，例如 -1、-2、-100、0、1、2、1005 等。如果依據其是否帶有正負符號來劃分，可以分為「有號整數」（signed）及「無號整數」（unsigned）兩種，更可以依據資料所佔空間大小來區分，則有「短整數」（short）、「整數」（int）及「長整數」（long）三種類型。在 C 中對於八進位整數的表示方式，必須在數字前加上數值 0，例如 073，也就是表示 10 進位的 59。而在數字前加上「0x」（零 x）或「0X」表示 C 中的 16 進位表示法。例如 no 變數設定為整數 80，我們可下列利用三種不同進位方式來表示：

```
int no=80;        /* 十進位表示法 */
int no=0120;      /* 八進位表示法 */
int no=0x50;      /* 十六進位表示法 */
```

TIPS

我們知道整數的修飾詞能夠限制整數的數值範圍，如果不小心超過了限定的範圍，就稱為溢位。在 C 的整數溢位處理中，也可以看成是以一種循環的觀念來處理。

❑ 浮點數

浮點數就（floating point）是帶有小數點的數值，當程式中需要更精確的數值結果時，整數型態就不夠用了，從數學的角度來看，浮點數也就是大家口中的實數（real number），例如 1.99、387.211、0.5 等。C 的浮點數可以區分為單精度浮點數（float）和倍精確度浮點數（double）兩種宣告類型，兩者間的差別就在表示的範圍大小不同。在 C 中浮點數預設的資料型態為 double，因此在指定浮點常數值時，可以在數值後方加上「f」或「F」將數值轉換成單精度 float 型態，這樣只要用 4 位元組儲存，可以較節省記憶體。以下則是將一般變數宣告為浮點數型態的方法如下：

```
float 變數名稱 ;
    或
float 變數名稱 = 初始值 ;
double 變數名稱 ;
    或
double 變數名稱 = 初始值 ;
```

❏ 字元型態

字元型態包含了字母、數字、標點符號及控制符號等，在記憶體中是以整數數值的方式來儲存，每一個字元佔用 1 個位元組（8 位元）的資料長度，所以字元 ASCII 編碼的數值範圍為「0 ～ 127」之間，例如字元「A」的數值為 65、字元「0」則為 48。

TIPS

ASCII（American Standard Code for Information Interchange）採用 8 位元表示不同的字元來制定電腦中的內碼，不過最左邊為核對位元，故實際上僅用到 7 個位元表示。也就是說 ASCII 碼最多只可以表示 $2^7 = 128$ 個不同的字元，可以表示大小英文字母、數字、符號及各種控制字元。

當程式中要加入一個字元符號時，必須用兩個單引號（''）將資料括起來，也可以直接使用 ASCII 碼（整數值）定義字元，如下所示：

```
char ch='A'      /* 宣告 ch 為字元變數，並指定初始值為 'A'*/
char ch=65;      /* 宣告 ch 為字元變數，並指定初始值為 65*/
```

2-3-2　結構化資料型態（**Structured Data Type**）

或稱為虛擬資料型態（Virtual Data Type），是一種比基本資料型態更高一層的資料型態，例如字串（string）、陣列（array）、指標（pointer）、串列（list）、檔案（file）等。

2-3-3　抽象資料型態（**Abstract Data Type：ADT**）

對一種資料型態而言，我們可以將其看成是一種值的集合，以及在這些值上所作的運算與本身所代表的屬性所成的集合。「抽象資料型態」（Abstract Data Type, ADT）所代表的意義便是定義這種資料型態所具備的數學關係。也就是說，ADT 在電腦中是表示一種「資訊隱藏」（Information Hiding）的精神與某一種特定的關係模式。例如堆疊（Stack）是一種後進先出（Last In, First Out）的資料運作方式，就是一種很典型的 ADT 模式。

2-4 ▶ 數字系統介紹

　　人類慣用的數字觀念，通常是以逢十進位的 10 進位來計量。也就是使用 0、1、2、...9 十個數字做為計量的符號，不過在電腦系統中，卻是以 0、1 所代表的二進位系統為主，如果這個 2 進位數很大時，閱讀及書寫上都相當困難。因此為了更方便起見，又提出了八進位及十六進位系統表示法，請看以下的圖表說明：

數字系統名稱	數字符號	基底
二進位（Binary）	0,1	2
八進位（Octal）	0,1,2,3,4,5,6,7	8
十進位（Decimal）	0,1,2,3,4,5,6,7,8,9	10
十六進位（Hexadecimal）	0,1,2,3,4,5,6,7,8,9 A,B,C,D,E,F	16

❑ 二進位系統

　　「二進位系統」，就是在這個系統下只有 0 與 1 兩種符號，以 2 為基數，並且逢 2 進位，在此系統中，任何數字都必須以 0 或 1 來表示。例如十進位系統的 3，在二進位系統則表示為 11_2。

$$3_{10}=1*2^1+1*2^0=11_2$$

❑ 十進位系統

　　十進位系統是人類最常使用的數字系統，以 10 為基數且逢十進位，其基本符號有 0、1、2、3、4…8、9 共 10 種，例如 9876、12345、534 都是 10 進位系統的表示法。

❑ 八進位系統

　　八進位系統是以 8 為基數，基本符號為 0，1，2，3，4，5，6，7，並且逢 8 進位的數字系統。例如十進位系統的 87，在八進位系統中可以表示為 127_8。

$$127_8=1*8^2+2*8^1+7=64+16+7=87_{10}$$

❑ 十六進位系統

十六進位系統是一套以 16 為基數，而且逢十六進位的數字系統，其基本組成符號為 0，1，2，3，4，5，6，7，8，9，A，B，C，D，E，F 共十六種。其中 A 代表十進位的 10，B 代表 11，C 代表 12，D 代表 13，E 代表 14，F 代表 15：

$$A18_{16}=10*16^2+1*16^1+8*16^0=2584_{10}$$

2-4-1　數字系統轉換方式

由於電腦內部是以二進位系統方式來處理資料，而人類則是以十進位系統來處理日常運算，當然有些資料也會利用八進位或十六進位系統表示。因此當各位認識了以上數字系統後，也要了解它們彼此間的轉換方式。

❑ 非十進位轉成十進位

「非十進位轉成十進位」的基本原則是將整數與小數分開處理。例如二進位轉換成十進位，可將整數部份以 2 進位數值乘上相對的 2 正次方值，例如二進位整數右邊第一位的值乘以 2^0，往左算起第二位的值乘以 2^1，依此類推，最後再加總起來。至於小數的部份，則以 2 進位數值乘上相對的 2 負次方值，例如小數點右邊第一位的值乘以 2^{-1}，往右算起第二位的值乘以 2^{-2}，依此類推，最後再加總起來。至於八進位、十六進位轉換成十進位的方法都相當類似。

$$0.11_2=1*2^{-1}+1*2^{-2}=0.5+0.25=0.75_{10}$$
$$11.101_2=1*2^1+1*2^0+1*2^{-1}+0*2^{-2}+1*2^{-3}=3.875_{10}$$

$$12_8=1*8^1+2*8^0=10_{10}$$
$$163.7_8=1*8^2+6*8^1+3*8^0+7*8^{-1}=115.875_{10}$$

$$A1D_{16} =A*16^2+1*16^1+D*16^0$$
$$=10*16^2+1*16+13$$
$$=2589_{10}$$

$$AC.2_{16}=A*16^1+ C * 16^0 + 2 * 16^{-1}$$
$$=10*16^1+12+0.125$$
$$=172.125_{10}$$

二進制	八進制	十進制	十六進制
0	0	0	0
1	1	1	1
10	2	2	2
11	3	3	3
100	4	4	4
101	5	5	5
110	6	6	6
111	7	7	7
1000	10	8	8
1001	11	9	9
1010	12	10	A
1011	13	11	B
1100	14	12	C
1101	15	13	D
1110	16	14	E
1111	17	15	F

二、八、十、十六進位數字系統對照圖表

❏ 十進位轉換成非十進位

轉換的方式可以分為整數與小數兩部份來處理，我們利用以下範例來為各位說明：

(1) 十進位轉換成二進位

$63_{10} = 111111_2$

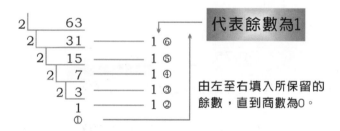

$(0.625)_{10} = (0.101)_2$

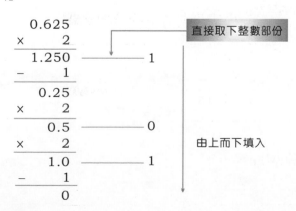

$(12.75)_{10}=(12)_{10}+(0.75)_{10}$

其中 $(12)_{10}=1100_2$ <span></span> $(0.75)_{10}=(0.11)_2$

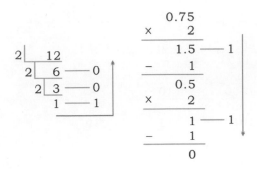

所以 $(12.75)_{10}=(12)_{10}+(0.75)_{10}$

$\qquad =1100_2+0.11$

$\qquad =1100.11_2$

(2) 十進位轉換成八進位

$63_{10}=(77)_8$

$\qquad$ 8 ⌐ 63

$\qquad\qquad$ 7 —— 7 代表餘數為7

$\qquad\qquad\qquad$ 由左至右填入

$(0.75)_{10}=(0.6)_8$

$$\begin{array}{r} 0.75 \\ \times \quad 8 \\ \hline 6.0 \quad\text{——} 6 \quad\text{取下整數部份} \\ -\quad\quad 6 \\ \hline 0 \end{array}$$

(3) 十進位轉換成十六進位

$(63)_{10}=(3F)_{16}$

$\qquad$ 16 ⌐ 63

$\qquad\qquad$ 3 —— 15 代表餘為15，在16進位中用F表示

$\qquad\qquad\qquad$ 由左至右填入

$(0.62890625)_{10}=(0.A1)_{16}$

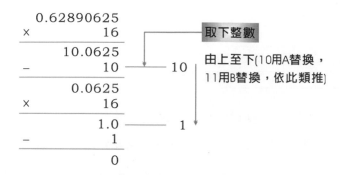

$120.5_{10} = (120)_{10} + (0.5)_{10}$

其中 $(120)_{10} = (78)_{16}$　　$(0.5)_{10} = (0.8)_{16}$

2-5 ▸ 運算子

　　運算式就像平常所用的數學公式一樣,是由運算子(operator)與運算元(operand)所組成。其中 =、+、* 及 / 符號稱為運算子,而變數 A、x、c 及常數 10、3 都屬於運算元。例如以下為 C 的一個運算式:

```
x=100*2*y-a+0.7*3*c;
```

　　在 C 中,運算元可以包括了常數、變數、函數呼叫或其他運算式,而運算子的種類相當多,有指派運算子、算術運算子、比較運算子、邏輯運算子、遞增遞減運算子,以及位元運算子等六種。

2-5-1 指定運算子

　　「=」符號在數學的定義是等於的意思,不過在程式語言中就完全不同,主要作用是將「=」右方的值指派給「=」左方的變數,由至少兩個運算元組成。以下是指定運算子的使用方式:

```
變數名稱 = 指定值 或 運算式;
```

例如：

```
a= a + 1;              /* 將 a 值加 1 後指派給變數 a */
c= 'A';                /* 將字元 'A' 指派給變數 c */
```

這個 a=a+1 是很經典的運算式，當然在數學上根本不成立，在 C 中是指等到利用指定運算子（＝）來設定數值時，才將右邊的數值或運算式的值指定給（＝）左邊的位址。

在指定運算子（＝）右側可以是常數、變數或運算式，最終都將會值指定給左側的變數，而運算子左側也僅能是變數，不能是數值、函數或運算式等。例如運算式 X-Y=Z 就是不合法的。

指定運算子除了一次指定一個數值給變數外，還能夠同時指定同一個數值給多個變數。例如：

```
int a,b,c;
a=b=c=10;
```

此時運算式的執行過程會由右至左，先將數值 10 指定給變數 c，然後再依序指定給 b 與 a，所以變數 a、b 及 c 的內容值都是 10。

2-5-2 算術運算子

算術運算子（Arithmetic Operator）是最常用的運算子類型，主要包含了數學運算中的四則運算，以及遞增、遞減、正 / 負數等運算子。算術運算子的符號、名稱與使用語法如下表所示：

運算子	說明	使用語法	執行結果（A=25,B=7）
+	加	A + B	25+7=32
-	減	A - B	25-7=18
*	乘	A * B	25*7=175
/	除	A / B	25/7=3
%	取餘數	A % B	25%7=4
+	正號	+A	+25
-	負號	-B	-7

　　+-*/ 運算子與我們常用的數學運算方法相同，優先順序為「先乘除後加減」。而正負號運算子主要表示運算元的正 / 負值，通常設定常數為正數時可以省略 + 號，例如「a=5」與「a=+5」意義是相同的。而負號的作用除了表示常數為負數外，也可以使原來為負數的數值變成正數。餘數運算子「%」則是計算兩個運算元相除後的餘數，而且這兩個運算元必須為整數、短整數或長整數型態。例如：

```
int a=29,b=8;
printf("%d",a%b);   /* 執行結果為 5*/
```

　　算術運算子的優先順序是遞增與遞減最為優先，然後是正 / 負號，接著乘除與取餘數，最後才是加減運算子，如果運算式中運算子的優先順序相同，那麼會由左至右來進行運算。

2-5-3　關係運算子

　　關係運算子主要是在比較兩個數值之間的大小關係，例如 if-else 或 while 這類的流程判斷式（if 相關指令在第三章中會詳加說明）。當使用關係運算子時，所運算的結果就是成立或者不成立兩種。狀況成立，稱之為「真（True）」，狀況不成立，則稱之為「假（False）」。

　　在 C 中並沒有特別的型態來代表 False 或 True（C++ 中則有所謂布林型態）。False 是用數值 0 來表示，其它所有非 0 的數值，則表示 True（通常會以數值 1 表示）。關係比較運算子共有六種，如下表所示：

關係運算子	功能說明	用法	A=15，B=2
>	大於	A>B	15>2，結果為 true(1)。
<	小於	A<B	15<2，結果為 false(0)。
>=	大於等於	A>=B	15>=2，結果為 true(1)。
<=	小於等於	A<=B	15<=2，結果為 false(0)。
==	等於	A==B	15==2，結果為 false(0)。
!=	不等於	A!=B	15!=2，結果為 true(1)。

2-5-4 邏輯運算子

邏輯運算子是運用在以判斷式來做為程式執行流程控制的時刻。通常可作為兩個運算式之間的關係判斷。至於邏輯運算子判斷結果的輸出與比較運算子相同，僅有「真（true）」與「假（false）」兩種，並且分別可輸出數值「1」與「0」。C 中的邏輯運算子共有三種，如下表所示：

運算子	功能	用法
&&	AND	a>b && a<c
||	OR	a>b || a<c
!	NOT	!（a>b）

❑ && 運算子

當 && 運算子（AND）兩邊的運算式皆為真（true）時，其執行結果才為真，任何一邊為假（false）時，執行結果都為假。例如運算式「a>b && a>c」，則執行結果有四種情形。如下表所示：

a > b 的真假值	a > c 的真假值	a>b && a>c 的執行結果
真	真	真
真	假	假
假	真	假
假	假	假

❑ \|\| 運算子

當 \|\| 運算子（OR）兩邊的運算式，其中一邊為真（true）時，執行結果就為真，否則為假。例如運算式「a>b \|\| a>c」，則執行結果同樣有四種情形。如下表所示：

a > b 的真假值	a > c 的真假值	a>b || a>c 的執行結果
真	真	真
真	假	真
假	真	真
假	假	假

❏ ! 運算子

這是一元運算子的一種,可以將運算式的結果變成相反值。例如運算式「!(a>b)」,則執行結果有兩種情形。如下表所示:

a > b 的真假值	!(a>b)的執行結果
真	假
假	真

在此還要提醒您,邏輯運算子也可以連續使用,例如:

```
a<b && b<c || c<a
```

當連續使用邏輯運算子時,它的計算順序為由左至右,也就是先計算「a<b && b<c」,然後再將結果與「c<a」進行 OR 的運算。

2-5-5 位元運算子

C 位元運算子的功用能夠針對整數及字元資料的位元,進行邏輯與位移的運算,通常區分為「位元邏輯運算子」與「位元位移運算子」兩種。請看以下的說明:

一、位元邏輯運算子

位元邏輯運算子和我們上節所提的邏輯運算子並不相同,邏輯運算子是對整個數值做判斷,而位元邏輯運算子則是特別針對整數中的位元值做計算。C 中提供有四種位元邏輯運算子,分別是 &(AND)、|(OR)、^(XOR)與 ~(NOT):

❏ &(AND)

執行 AND 運算時,對應的兩字元都為 1 時,運算結果才為 1,否則為 0。例如:a=12,則 a&38 得到的結果為 4,因為 12 的二進位表示法為 1100,38 的二進位表示法為 0110,兩者執行 AND 運算後,結果為十進位的 4。如下圖所示:

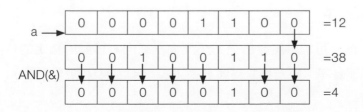

❏ |（OR）

執行 OR 運算時，對應的兩字元只要任一字元為 1 時，運算結果為 1，也就是只有兩字元都為 0 時，才為 0。例如 a=12，則 a｜38 得到的結果為 46，如下圖所示：

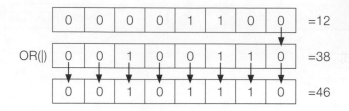

❏ ^（XOR）

執行 XOR 運算時，對應的兩字元只有任一字元為 1 時，運算結果為 1，但是如果同時為 1 或 0 時，結果為 0。例如 a=12，則 a^38 得到的結果為 42，如下圖所示：

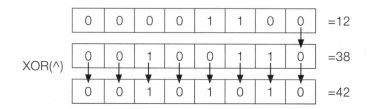

❏ ~（NOT）

NOT 作用是取 1 的補數（complement），也就是 0 與 1 互換。例如 a=12，二進位表示法為 1100，取 1 的補數後，由於所有位元都會進行 0 與 1 互換，因此運算後的結果得到 -13：

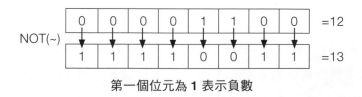

第一個位元為 1 表示負數

二、位元位移運算子

位元位移運算子可提供將整數值的位元向左或向右移動所指定的位元數，C 中提供有兩種位元邏輯運算子，分別是左移運算子（<<）與右移運算子（>>）：

❑ <<（左移）

左移運算子（<<）可將運算元內容向左移動 n 個位元，左移後超出儲存範圍即捨去，右邊空出的位元則補 0。語法格式如下：

```
a<<n
```

例如運算式「12<<2」。數值 12 的二進位值為 1100，向左移動 2 個位元後成為 110000，也就是十進位的 48。如下圖所示。

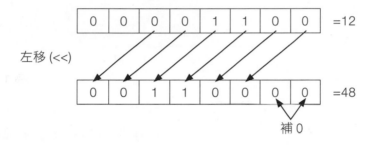

❑ >>（右移）

右移運算子（>>）與左移相反，可將運算元內容右移 n 個位元，右移後超出儲存範圍即捨去。在此請注意，這時右邊空出的位元，如果這個數值是正數則補 0，負數則補 1。語法格式如下：

```
a>>n
```

例如運算式「12>>2」。數值 12 的二進位值為 1100，向右移動 2 個位元後成為 0011，也就是十進位的 3。如下圖所示。

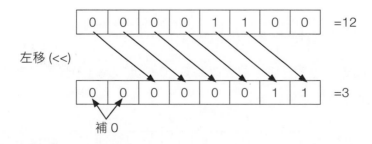

接下來我們還要補充説明負數與左移運算子（<<）與右移運算子（>>）的關係，如果是 -12<<2 與 -12>>2 的結果為何？首先我們要求 -12 的二進位表示法，方法如下：

(1)　12 的二進位表示法如下：

| 0 | 0 | 0 | 0 | 1 | 1 | 0 | 0 | = 12 |

(2)　接著求取 1 的補數，所謂「1 的補數」是指如果兩數之和為 1，則此兩數互為 1 的補數，亦即 0 和 1 互為 1 的補數，也就是説，打算求得二進位數的補數，只需將 0 變成 1，1 變成 0 即可。

| 1 | 1 | 1 | 1 | 0 | 0 | 1 | 1 |

(3)　目前電腦所採用的負數表示法是使用「2's 補數法」，因此現在還要取 2 的補數，只要將 1 的補數加上 1 即可，至於「2 的補數」的作法則是必須事先計算出該數的 1 補數，再加 1 即可：

| 1 | 1 | 1 | 1 | 0 | 1 | 0 | 0 | =-12 |

接下來，進行 -12<<2 的運算，這時左移 2 個位元，如果超出儲存範圍即捨去，右邊空出的位元則補 0，可能如下 2 進位數：

| 1 | 1 | 0 | 1 | 0 | 0 | 0 | 0 |

這時將此數 -1，可得 1 的補數：

| 1 | 1 | 0 | 0 | 1 | 1 | 1 | 1 |

然後又還原回去，也就是將 1 位元改為 0，0 位元改為 1，我們知道是負數，所以所得結果還要 *(-1)：

-1*　| 0 | 0 | 1 | 1 | 0 | 0 | 0 | 0 | =-48 |

如果是 -12>>2 的運算，這時右移 2 個位元：

| 1 | 1 | 1 | 1 | 0 | 1 | 0 | 0 | =-12

右移後超出儲存範圍即捨去，而右邊空出的位元，如果數值是正數則補 0，負數則填 1：

| 1 | 1 | 1 | 1 | 1 | 1 | 0 | 1 |

這時將此數 -1，可得 1 的補數：

| 1 | 1 | 1 | 1 | 1 | 1 | 0 | 0 |

然後又還原回去，也就是將 1 位元改為 0，0 位元改為 1，我們知道是負數，所以所得結果還要 *(-1)：

-1* | 0 | 0 | 0 | 0 | 0 | 0 | 1 | 1 | =-3

2-6 ▸▸ 資料型態轉換

在 C/C++ 的資料型態應用中，如果不同資料型態變數作運算時，往往會造成資料型態間的不一致與衝突，如果不小心處理，就會造成許多邊際效應的問題，這時候「資料型態轉換」（Data Type Coercion）功能就派上用場了。資料型態轉換功能在 C 中可以區分為自動型態轉換與強制型態轉換兩種。

2-6-1 自動型態轉換

一般來說，在程式執行過程中，運算式中往往會使用不同型態的變數（如整數或浮點數），這時 C 編譯器會自動將變數儲存的資料，自動轉換成相同的資料型態再作運算。

系統會根據在運算式中會依照型態數值範圍大者作為轉換的依循原則，例如整數型態會自動轉成浮點數型態，或是字元型態會轉成 short 型態的 ASCII 碼：

```
char c1;
int no;
no=no+c1; /* c1 會自動轉為 ASCII 碼 */
```

此外，並且如果指定敘述「=」兩邊的型態不同，會一律轉換成與左邊變數相同的型態。當然在這種情形下，要注意執行結果可能會有所改變，例如將 double 型態指定給 short 型態，可能會有遺失小數點後的精準度。以下是資料型態大小的轉換的順位：

```
double  >  float  >  unsigned long  >  long  >  unsigned int  >  int
```

例如以下程式片段：

```
int i=3;
float f=5.2;
double d;
d=i+f;
```

其轉換規則如下所示：

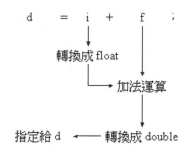

當「=」運算子左右的資料型態不相同時，是以「=」運算子左邊的資料型態為主，以上述的範例來說，指定運算子左邊的資料型態大於右邊的，所以轉換上不會有問題；相反的，如果 = 運算子左邊的資料型態小於右邊時，會發生部分的資料被捨去的狀況，例如將 float 型態指定給 int 型態，可能會有遺失小數點後的精準度。另外如果運算式使用到 char 資料型態時，在計算運算式的值時，編譯器會自動把 char 資料型態轉換為 int 資料型態，不過並不會影響變數的資料型態和長度。

2-6-2　強制型態轉換

在 C 中，對於針對運算式執行上的要求，還可以「暫時性」轉換資料的型態。資料型態轉換只是針對變數儲存的「資料」作轉換，但是不能轉換變數本身的「資料型態」。有時後為了程式的需要，C 也允許使用者自行強制轉換資料型態。如果各位要對於運算式或變數強制轉換資料型態，可以使用如下的語法：

```
（資料型態）　運算式或變數；
```

我們來看以下的一種運算情形：

```
int i=100, j=3;
float Result;
Result=i/j;
```

運算式型態轉換會將 i/j 的結果（整數值 33），轉換成 float 型態再指定給 Result 變數（得到 33.000000），小數點的部份完全被捨棄，無法得到精確的數值。如果要取得小數部份的數值，可以把以上的運算式改以強制型態轉換處理，如下所示：

```
Result=(float) i/ (float) j;
```

還有一點要提醒各位注意！對於包含型態名稱的小括號，絕對不可以省略。另外在指定運算子 (=) 左邊的變數可不能進行強制資料型態轉換！例如：

```
(float)avg=(a+b)/2;   /* 不合法的指令 */
```

2-7 ▸ 變數與常數

變數與常數主要是用來儲存程式中的資料，以提供程式中的各種運算之用。在 C 中，不論是變數或常數，必須事先宣告一個對應的資料型態（data type），並會在記憶體中保留一塊區域供其使用。兩者之間最大的差別在於變數的值是可以改變，而常數的值則固定不變。如下圖所示：

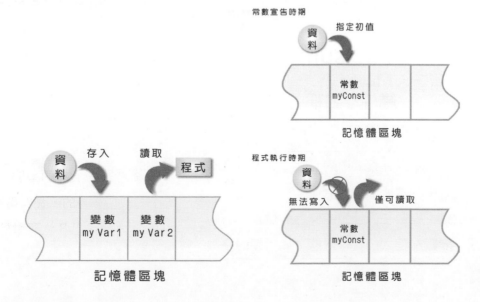

由於變數本身的內容值是可以被改變，因此不同資料型態的變數，所使用的記憶體空間大小以及可表示的資料範圍自然不同。在程式語言的領域中，有關變數儲存位址的方法則有兩種，分述如下：

儲存配置名稱	特色與說明
動態儲存配置法	變數儲存區配置的過程是在程式執行時（Running Time）處理，如 Basic、LISP 語言等。而執行時才決定變數的型態，稱為「動態檢驗」（Dynamic Checking），變數的型態與名稱可在執行時，可隨時改變。
靜態儲存配置法	變數儲存區配置的過程是在程式編譯時（Compiling Time）處理，如 C/C++、PASCAL 語言等。而編譯時才決定變數的型態，則稱為「靜態檢驗」（Static Checking），變數的型態與名稱在編譯時才決定。

由於 C 是屬於「靜態儲存配置」（Static storage allocation）的程式語言，必須在編譯時期配置記憶體空間給變數，因此 C 的變數必須事先宣告一個對應的資料型態（data type），並會在記憶體中保留一塊區域供其使用事先宣告後才可以使用。

2-7-1　變數

變數（Variable）是程式語言中不可或缺的部份，代表可變動資料的儲存記憶空間。由於 C 是屬於一種強制型態式（strongly typed）語言，當變數宣告時，必須以資料的型態來作為宣告變數的依據及設定變數名稱。基本上，變數具備了四個形成要素：

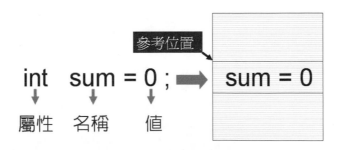

1. 名稱：變數本身在程式中的名字，必須符合 C 中識別字的命名規則及可讀性。
2. 值：程式中變數所賦予的值。
3. 參考位置：變數在記憶體中儲存的位置。
4. 屬性：變數在程式的資料型態，如所謂的整數、浮點數或字元。

　　正確的變數宣告方式是由資料型態加上變數名稱與分號所構成，而變數名稱各位可以自行命名，並且區分為宣告後再設值與宣告時設值兩種方式：

```
資料型態 變數名稱 1, 變數名稱 2, …… , 變數名稱 n;
資料型態 變數名稱 = 初始值；
```

　　例如以下兩種宣告方式：

```
int a;          /* 宣告變數 a，暫時未設值 */
int b=12;       /* 宣告變數 b 並直接設定初值為 12*/
```

2-7-2 　常數

　　常數是指程式在執行的整個過程中，不能被改變的數值。例如整數常數 45、-36、10005、0 等，或者浮點數常數：0.56、-0.003、1.234E2 等等。在 C/C++ 中，如果是字元常數時，還必須以單引號（''）括住，如 'a'、'c'。當資料為字串時，必須以雙引號 "" 括住字串，例如："apple"、"salary" 等，都算是一種字面常數（Literal Constant），以下的 a 是一種變數，15 則是一種常數：

```
int  a;
a=a+15;
```

　　常數在 C 中也如同變數一般，可以利用一個識別字來表示，在此程式執行時，是絕對無法改變的，我們稱為「定義常數」（Symbolic Constant），定義常數可以放在程式內的任何地方，但是一定要先宣告定義後才能使用，通常這樣做的目的也是為了可讀性。請利用保留字 const 和利用前置處理器中的 #define 指令來宣告自訂常數。宣告語法如下：

```
方式 1：  const 資料型態 常數名稱 = 常數值；
方式 2：  #define 常數名稱 常數值
```

　　請各位留意，由於 #define 為一巨集指令，並不是指定敘述，因此不用加上「=」與「;」。以下兩種方式都可定義常數：

```
const  int radius=10;
#define  PI  3.14159
```

2-8 ▶ 可視範圍（scope）

變數除了具有可變動的特質，通常變數依照在 C 程式中所定義的位置與格式，而形成不同的可視範圍與生命週期。所謂可視範圍（scope）或稱為視域，就是指在程式中可以存取到該變數的程式區塊範圍。通常可分為「區域變數」（local variable）及「全域變數」（global variable）。

2-8-1 全域變數

全域變數（global variable）是指宣告在主函數 main() 之外的變數，全域變數在整個程式中任何位置的指令都可以合法使用該變數。通常全域變數是用來定義一些不會經常改變的數值，不過初學者不應為了方便而將所有的變數都設定為全域變數，否則將來就會發生變數名稱管理上的問題，全域變數的生命週期始於程式開始之時，終止於程式結束之後。

```
float pi=3.14; /* pi 是全域變數 */

int main()
{
    ...
    ...
}
```

2-8-2 區域變數（local variable）

區域變數是指宣告在函數之內的變數，或是宣告在參數列之前的變數，它的可視範圍只在宣告的函數區塊之中，其它的函數就不可以使用該變數。區域變數的生命週期只限於某個函數之中存取，離開該函數之後就失去作用：

```
void circle()
{
    float pi=3.14; /* pi 是 circle() 函數中的區域變數 */
}
int main()
{
    ...
    ...
}
```

2-9 ▸ 輸入與輸出

相信各位應該對於 printf() 函數不陌生,由於 C 並沒有直接處理資料輸入與輸出的能力,所有相關輸入 / 輸出(I/O)的運作,都必須經由呼叫函數來完成。而這些標準 I/O 函數的原型宣告都放在 <stdio.h> 標頭檔中。任何程式設計的目的就在於將使用者所輸入的資料,經由電腦運算處理後,再將結果另行輸出。接下來我們將介紹 C 中最常使用的輸出入函數 –printf() 函數與 scanf() 函數。

2-9-1 printf() 函數

printf() 函數會將指定的文字輸出到標準輸出設備(螢幕),還可以配合以 % 字元開頭格式化字元(format specifier)所組成的格式化字串,來輸出指定格式的變數或數值內容。printf() 函數的原型宣告如下:

```
printf(char* 格式化字串,引數列);
```

在 printf() 函數中的引數列,可以是變數、常數或者是運算式的組合,而每一個引數列中的項目,只要對應到格式化字串中以 % 字元開頭的格式化字元,就可以出現如預期的輸出效果,格式化字串中有多少個格式化字元,引數列中就該有相同數目對應的項目。

不同的資料型態內容需要配合不同的格式化字元,下表中為各位整理出 C 語言中最常用的格式化字元,以作為各位日後設計輸出格式時參考之用:

格式化字元	說明
%c	輸出字元。
%s	輸出字串資料。
%ld	輸出長整數。
%d	輸出十進位整數。
%u	輸出不含符號的十進位整數值。
%o	輸出八進位數。
%x	輸出十六進位數,超過 10 的數字以小寫字母表示。
%X	輸出十六進位數,超過 10 的數字以大寫字母表示。
%f	輸出浮點數。
%e	使用科學記號表示法,例如 3.14e+05。

格式化字元	說明
%E	使用科學記號表示法，例如 3.14E+05（使用大寫 E）。
%g、%G	也是輸出浮點數，不過是輸出 %e 與 %f 長度較短者。
%p	輸出指標數值。依系統位元數決定輸出數值長度。

TIPS

格式化字元是在控制輸出格式中唯一不可省略的項目，原則就是要輸出是什麼資料型態的變數或常數，就必須搭配對應該資料型態的格式化字元。

如果各位再搭配跳脫序列功能，就可以讓輸出的效果運用得更加靈活與美觀，例如「\n」（換行功能）就經常搭配在格式化字串中使用。請看以下範例：

```
printf("一本書要 %d 元，大華買了 %d 本書，一共花了 %d 元 \n", price, no, no*price);
```

這個雙引號內的 " 一本書要 %d 元，大華買了 %d 本書，一共花了 %d 元 \n "，就是格式化字串，裏面包括了三個 %d 的格式化字元與一個跳脫序列成員「\n」，引數列中則有 price、no、no*price 兩個變數及一個運算式項目。

TIPS

百分比符號「%」是輸出時常用的符號，不過不能直接使用，因為會與格式化字元（如 %d）相衝突，如果要顯示 % 符號，必須使用 %% 方式。例如以下指令：

```
printf("百分比：%3.2f\%%\n", (i/j)*100);
```

2-9-2　scanf() 函數

scanf() 函數的功能恰好跟 printf() 函數相反，如果各位打算取得使用者的外部輸入，就可以使用 scanf() 函數。透過 scanf() 函數可以經由標準輸入設備（鍵盤），把使用者所輸入的數值、字元或字串傳送給指定的變數。scanf() 函數是 C 中最常用的輸入函數，使用方法與 printf() 函數十分類似，也是定義在 stdio.h 標頭檔中。scanf() 函數的原型，如下所示：

```
scanf(char* 格式化字串, 引數列);
```

scanf() 函數中的格式化字元等相關設定都和 printf() 函數極為相似，scanf() 函數中的格式化字串中包含準備輸出的字串與對應引數列項目的格式化字元，例如輸入的數值為整數，則使用格式化字元 %d，或者輸入的是其它資料型態，則必須使用相對應的格式化字元，格式化字串中有多少個格式化字元，引數列中就該有相同數目對應的變數。

scanf() 函數與 printf() 函數的最大不同點，是必須傳入變數位址作參數，而且每個變數前一定要加上 &（取址運算子）將變數位址傳入：

```
scanf("%d%f", &N1, &N2);  /* 務必加上 & 號 */
```

在上式中區隔輸入項目的符號是空白字元，各位在輸入時，可利用空白鍵、Enter 鍵或 Tab 鍵隔開，不過所輸入的數值型態必須與每一個格式化字元相對應：

```
100 65.345【Enter】
或
100    【Enter】
65.345【Enter】
```

TIPS

在各位輸入時用來區隔輸入的符號，也可以由使用者指定，例如在 scanf() 函數中使用逗號「,」，輸入時也必須以「,」區隔。請看下列式子：

scanf("%d,%f", &N1, &N2);

則輸入時，必須以逗號區隔如下：

100,300.999

2-10 ▸ 前置處理器與巨集

前置處理器（Preprocessor）是指在 C 程式開始編譯成機器碼之前，編譯器就會優先開始執行的一種程序。在 C 裡，前置處理指令都以 # 符號開頭，並可以放置在程式的任何地方。最為熟悉的就是我們經常使用的 #include 指令。

巨集又稱為「替代指令」，就是由「前置處理器」所處理，程式在編譯前會先取代巨集所定義的關鍵字，然後再進行編譯，主要功能是以簡單的名稱取代某些特定常數、字串或函數，各位在程式中善用巨集可以節省不少開發與維護的時間。

2-10-1　#include 指令

#include 指令可以將指定的檔案含括進來，除了 C 所提供的標頭檔，還能包括自己所寫的檔案，讓它們成為目前程式碼的一部份。它的功用會在程式實際編譯前告訴前置處理器，找出所指定的標頭檔案進行編譯，#include 語法有兩種指定方式：

```
#include <檔案名稱>
#include "檔案名稱"
```

如果在 #include 之後使用角括號 <>，前置處理器將至預設的系統目錄中尋找指定的檔案。例如以 Dev C++ 來說是預設在 C:\Dev-Cpp\include 目錄裡。

至於使用雙引號 "" 來指定檔案，則前置處理器會先尋找目前程式檔案的工作目錄中是否有指定的檔案，如果找不到，再到系統目錄（Include 目錄）中尋找，所以如果各位將 stdio.h 寫成以下的形式，程式仍然可以執行，不過效率上會較差：

```
#include "stdio.h"
```

在中大型程式的開發中，對於經常用到的常數定義或函數宣告，可以將其寫成一個獨立檔案，此時就會使用到 #include 來將這些檔案引入程式之中。

2-10-2　#define 指令

#define 指令告訴前置處理器，將所指定的巨集名稱以其後的表示式加以展開，取代程式中包括數值、字串、程式敘述或是函數等。語法如下所示：

```
#define 巨集名稱　表示式　　/* 不需要加 ; 號 */
```

#define 指令後面的巨集名稱是用來取代後面的表示式，巨集名稱習慣上會以大寫字母來表示，名稱中也不可以有空格。定義巨集最大的好處是當所設定的數值、字串或指令需要變動時，不必一一尋找程式中的所在位置，只需在定義 #define 的部分修改即可。相關宣告語法如下：

```
#define 巨集名稱  常數值
#define 巨集名稱  "字串"
#define 巨集名稱  程式指令
#define 巨集名稱  函數名稱
```

不過有些反應快的讀者可能會好奇下面這兩行程式碼的宣告有何不同？

```
const float pi = 3.14159;
#define PI 3.14159
```

不同之處在於「取代」的差別，在這兩行程式碼中，前置處理器並不會理會第一行程式碼，pi 只是一個常數名稱，然而前置處理器會將程式中所有的 PI 直接取代為 3.14159。

以下的程式範例是利用巨集指令將程式中所有 MAX(a,b) 的名稱，替換成所定義的運算式，並且把 a 與 b 值代入替換後的算式中。

```c
01  #include <stdio.h>
02  #include <stdlib.h>
03
04  #define MAX(a, b) (a>b ? a:b)    /* #define 指令定義巨集 MAX(a, b) */
05
06  int main()
07  {
08      int x, y;      /* 定義整數變數 x, y*/
09      printf(" 輸入第一個數值 :");
10      scanf("%d",&x);                    /* 取得變數 x 的值 */
11      printf(" 輸入第二個數值 :");
12      scanf("%d",&y);                    /* 取得變數 y 的值 */
13      printf(" 兩數中的較大值是 :%d\n",MAX(x, y));    /* MAX(x, y) 取出較大值 */
14
15      system("pause");
16      return 0;
17  }
```

【執行結果】

```
輸入第一個數值:8
輸入第二個數值:4
兩數中的較大值是:8
請按任意鍵繼續 . . . ▮
```

【程式解說】

▶ 第 4 行以 #define 指令定義巨集函數 MAX(a, b)。第 10 行取得變數 x 的值。第 12 行取得變數 y 的值。

2-11 ▶ 本章相關模擬試題

1. 程式編譯器可以發現下列哪種錯誤？

   (A) 語法錯誤　　　　　　　　　　　(B) 語意錯誤

   (C) 邏輯錯誤　　　　　　　　　　　(D) 以上皆是

   解答 (A)

2. 下列有關結構化程式何者有誤？

   (A) 盡量不採用 GOTO 指令　　　　　(B) 選擇性結構為基本結構之一

   (C) 程式只有一個入口但可以有多個出口　(D) 由上而下的程式設計。

   解答 (C)

3. 在物件導向的觀念中，下列何者表示某類別之屬性？

   (A) 電視在播映 DVD 影片　　　　　(B) 電腦在編譯 VB 程式

   (C) 電鍋使用 110 伏特電壓　　　　　(D) 電子雞在唱 KTV

   解答 (C)

4. 在下列物導向語言的特性中，哪一種特性是指每一個物件都包含許多不同「屬性」
   及眾多針對不同「事件」而回應的「方法」？

   (A) 抽象性（abstraction）　　　　　(B) 多型性（polymorphism）

   (C) 繼承性（inheritance）　　　　　(D) 包裝性（encapsulation）。

   解答 (D)

5. 程式執行過程中，若變數發生溢位情形，其主要原因為何？

   (A) 以有限數目的位元儲存變數值　　(B) 電壓不穩定

   (C) 作業系統與程式不甚相容　　　　(D) 變數過多導致編譯器無法完全處理

   解答 (A)

6. 如果 X_n 代表 X 這個數字是 n 進位，請問 $D02A_{16} + 5487_{10}$ 等於多少？

   (A) $1100\ 0101\ 1001\ 1001_2$　　　　(B) 162631_8

   (C) 58787_{16}　　　　　　　　　　(D) $F599_{16}$

   解答 (B)

7. 下列運算式中，何者的值最大

(A) $(101002-10010)_2$

(B) $(66-57)_8$

(C) $(102-94)_{16}$

(D) $(3C-34)_{16}$

解答 (A)

8. 假設 x,y,z 為布林（boolean）變數，且 x=TRUE, y=TRUE, z=FALSE。請問下面各布林運算式的真假值依序為何？（TRUE 表真，FALSE 表假）

- !(y || z) || x
- !y || (z || !x)
- z || (x && (y || z))
- (x || x) && z

(A) TRUE FALSE TRUE FALSE

(B) FALSE FALSE TRUE FALSE

(C) FALSE TRUE TRUE FALSE

(D) TRUE TRUE FALSE TRUE

解答 (A)

9. 若要邏輯判斷式 !(X_1 || X_2) 計算結果為真（True），則 X_1 與 X_2 的值分別應為何？

(A) X_1 為 False，X_2 為 False

(B) X_1 為 True，X_2 為 True

(C) X_1 為 True，X_2 為 False

(D) X_1 為 False，X_2 為 True

解答 (A)

10. 若 a, b, c, d, e 均為整數變數，下列哪個算式計算結果與 a+b*c-e 計算結果相同？

(A) (((a+b)*c)-e)

(B) ((a+b)*(c-e))

(C) ((a+(b*c))-e)

(D) (a+((b*c)-e))

解答 (C)

11. 試求二進位數 $(10110110)_2$ 之 1'S 補數與 2'S 補數

(A) 0100100 與 01001010

(B) 01001010 與 01001001

(C) 01001001 與 10110110

(D) 10110111 與 10111010

解答 (A)

12. 程式執行時，程式中的變數值是存放在

(A) 記憶體

(B) 硬碟

(C) 輸出入裝置

(D) 匯流排

解答 (A)

13. 請問 i, j, k 的值分別為何？

```
int i = 1, k = 2, k= 3;
i = j;
j = k;
k = i;
```

(A) 4 3 5　　　　　　　　　　　　(B) 4 3 4

(C) 4 2 4　　　　　　　　　　　　(D) 1 2 3

解答 (D)

14. 下列程式碼是自動計算找零程式的一部分，程式碼中三個主要變數分別為 Total（購買總額），Paid（實際支付金額），Change（找零金額）。但是此程式片段有冗餘的程式碼，請找出冗餘程式碼的區塊。

```
int Total, Paid, Change;
  ...
Change = Paid - Total;
printf ("500 : %d pieces\n", (Change-Change%500)/500);
Change = Change % 500;
printf ("100 : %d coins\n", (Change-Change%100)/100);
Change = Change % 100;
// A 區
printf ("50 : %d coins\n", (Change-Change%50)/50);
Change = Change % 50;
// B 區
printf ("10 : %d coins\n", (Change-Change%10)/10);
Change = Change % 10;
// C 區
printf ("5 : %d coins\n", (Change-Change%5)/5);
Change = Change % 5;
// D 區
printf ("1 : %d coins\n", (Change-Change%1)/1);
Change = Change % 1;
```

(A) 冗餘程式碼在 A 區　　　　　　(B) 冗餘程式碼在 B 區

(C) 冗餘程式碼在 C 區　　　　　　(D) 冗餘程式碼在 D 區

解答 (D)

15. 右側程式碼執行後輸出結果為何？　　　　　　　　【105 年 10 月觀念題】

    (A) 3

    (B) 4

    (C) 5

    (D) 6

    ```
    int a=2, b=3;
    int c=4, d=5;
    int val;
    val = b/a + c/b + d/b;
    printf ("%d\n", val);
    ```

    解答 (A)

16. 右側程式碼執行後輸出結果為何？　　　　　　　　【105 年 10 月觀念題】

    (A) 3

    (B) 4

    (C) 5

    (D) 6

    ```
    int a=2, b=3;
    int c=4, d=5;
    int val;
    val = b/a + c/b + d/b;
    printf ("%d\n", val);
    ```

    解答 (A)

17. 請問下列哪一個選項才是正確的輸出結果？

    ```
    01   #define boo(a, b) (a + b)
    02
    03   int main() {
    04       cout << boo(3, 5) * boo(3, 5) << '\n';
    05   }
    ```

    (A) 8   (B) 32

    (C) 64   (D) 128

    解答 (C)

18. 如果 !a && !b && !c 為 True 且 a 為 False, 問 b 和 c 應該為多少？

    (A) b 為 True, c 為 True   (B) b 為 True, c 為 False

    (C) b 為 False, c 為 True   (D) b 為 False, c 為 False

    解答 (D)

MEMO

03

流程控制結構

經過數十年來程式語言的不斷發展，結構化程式設計的趨勢慢慢成為程式設計與開發的一種主流概念，主要精神與模式就是將整個問題從上而下，由大到小逐步分解成較小的單元，這些單元稱為模組（module），也就是我們之前所提到的函數。

程式運作流程就像四通八達的公路

除了模組化設計，所謂「結構化程式設計」（Structured Programming）的特色，還包括三種流程控制結構：「循序結構」（Sequential structure）、「選擇結構」（Selection structure）以及「迴圈結構」（loop structure）。也就是說，對於一個結構化設計程式，不管其程式結構如何複雜，皆可利用這三種流程控制結構來加以表達與陳述。其中最基本的循序結構就是一個程式敘述由上而下接著一個程式敘述，沒有任何轉折的執行指令，如右圖所示：

接下來我們要為各位介紹「選擇結構」（Selection structure）以及「迴圈結構」（loop structure）。

Entry
↓
程式敘述
↓
程式敘述
↓
程式敘述
↓
Exit

3-1 ▸ 選擇結構

各位還記得在前面談到關係運算子的時候，簡單介紹了一下 if 指令，它就是一種選擇結構，就像你走到了一個十字路口，不同的目的地有不同的方向，各位在升大學時，將自己的興趣與職場規劃作為選校的標準，也是一種不折不扣的選擇結構。

汽車行進路口該轉向哪個方向就是種選擇結構

選擇結構（Selection structure）對於程式語言，就是一種條件控制敘述，包含有一個條件判斷式，如果條件為真，則執行某些程式，一旦條件為假，則執行另一些程式。選擇結構必須配合邏輯判斷式來建立條件指令，C 中提供了四種條件控制指令，分別是 if 條件指令、if-else 條件指令、條件運算子以及 switch 指令等。

如右圖所示：

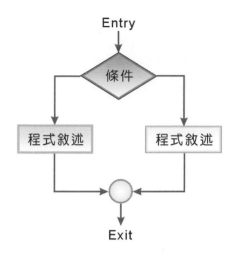

3-1-1　if 指令

if 條件指令是 C 程式碼中相當熱門的指令之一，即使是相當陽春的程式，都經常可能用到它。在 C 中，if 條件指令的語法格式如下所示：

```
if （條件判斷式）
{
    指令 1;
    指令 2;
    指令 3;
    ........
}
```

當 if 的判斷條件成立時（傳回 1），程式將執行括號內的指令；否則測試條件不成立（傳回 0）時，則不執行括號內指令並結束 if 敘述。如右圖所示：

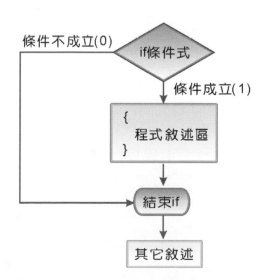

如果 {} 區塊內的僅包含一個程式敘述，則可省略括號 {}，語法如下所示：

```
if （條件判斷式）
   指令 1 ;
```

例如：

```
if(score>=60)
{
    printf(" 分數是 %d\n",score);
    printf(" 成績及格 \n");
}
```

如果 {} 區塊內的僅包含一個程式敘述，則可省略括號 {}，可改寫如下：

```
if(score>=60)
    printf(" 成績及格 !");
```

3-1-2　if else 指令

雖然使用多重 if 條件指令可以解決各種條件下的不同執行問題，但始終還是不夠精簡，這時 if else 條件指令就能派上用場了。簡單來説，if-else 條件指令提供了兩種不同的選擇，當 if 的判斷條件成立時（傳回 1），將執行 if 程式敘述區內的指令；否則執行 else 程式敘述區內的指令後結束 if 敘述。如下圖所示：

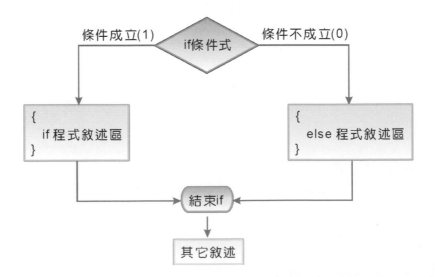

if-else 敘述的語法格式如下所示：

```
if ( 條件運算式 )
{

    程式敘述區 ;

}
else
{

    程式敘述區 ;

}
```

當然，如果 if-else{} 區塊內的僅包含一個程式敘述，則可省略括號 {}，語法如下所示：

```
if ( 條件運算式 )
    單一指令 ;
else
    單一指令 ;
```

判斷條件複雜的情形下，有時會出現 if 條件指令所包含的複合敘述中，又有另外一層的 if 條件指令。這樣多層的選擇結構，就稱作巢狀 if 條件敘述。在 C 中並非每個 if 都會有對應的 else，但是 else 一定是對應最近的一個 if，當然除了 if 指令可使用巢狀結構外，else 指令也可以使用巢狀結構。不過同樣為了程式的閱讀便利性，在此不鼓勵大量使用 else 巢狀指令。請看以下例子：

```
01  if(price <200){
02      printf("buy this \n");
03  }else
04  {
05      if(price<400){
06          printf("ask mother\n");
07      }
08      else{
09          printf( "don not buy \n");
10      }
11  }
```

基本上，使用 else 指令也要注意縮排與如果所執行的程式碼都是單行指令，都請加上 { }，不然很容易會發生以下的錯誤：

```
01  if(exam_done)
02  if(exam_score<60)
03      printf("再試一次 !\n");
04  else
05      printf("成績及格 \n");
```

從上面的例子，各位可以一眼看出這裏的 else 是屬於哪個 if 指令的嗎？相信有點難，那如果我們改寫成如下呢：

```
01  if(exam_done){
02      if(exam_score<60){
03          printf("再試一次 !\n");
04      }
05      else{
06          printf("成績及格 \n");
07      }
08  }
```

這樣是不是比較容易看出 else 是屬於哪一個 if 指令的了，所以這就是善用縮排及大括號 { } 的好處。

至於談到 if else if 條件指令，它就是一種多選一的條件指令，讓使用者在 if 指令和 else if 中選擇符合條件運算式的程式指令區塊，如果以上條件運算式都不符合，就會執行最後的 else 指令，或者這也可看成是一種巢狀 if else 結構。語法格式如下：

```
if （條件運算式 1）

    程式敘述區 1；

else if （條件運算式 2）

    程式敘述區 2；

......
else if （條件運算式 3）

    程式敘述區 3；
```

```
......
else

    程式敘述區 n;
```

例如條件運算式 1 成立，則執行程式敘述區 1，否則執行 else if 之後的條件運算式 2，如果條件運算式 2 成立，則執行程式敘述區 2，否則執行 else if 之後的條件運算式 3，依此類推，如果都不成立則執行最後一個 else 的程式敘述區 n。以下為 if else if 條件敘述的流程圖：

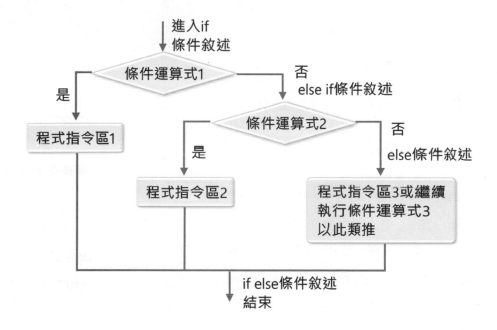

3-1-3　條件運算子

C 還提供了一種條件運算子（conditional operator），它和 if else 條件指令功能一樣，可以用來替代簡單的 if else 條件指令，讓程式碼看起來更為簡潔，不過這裡的程式指令只允許單行運算式。語法格式如下：

條件運算式？程式指令一：程式指令二；

條件運算式的結果如果為真，就執行？後方的程式指令一，如果不成立，就執行：後方的程式指令二。如果以 if else 來說明時，就相當下面的形式：

```
if（條件運算式）
    程式指令一；
else
    程式指令二；
```

例如以下是利 if else 指令來判斷所輸入的數字為偶數與奇數：

```
01  if(num%2)      /* 如果整數除以 2 的餘數等於 0*/
02      printf(" 您輸入的數為奇數。\n");      /* 則顯示奇數 "*/
03  else
04      printf(" 您輸入的數為偶數。\n");      /* 則輸出偶數 "*/
```

如果改為條件運算子則如下所示：

```
(number%2==0) ? printf(" 輸入數字為偶數 \n"):printf(" 輸入數字為奇數 \n");
```

3-1-4 switch 指令

進行多重選擇控制的時候，各位是不是會感覺到過多的 else-if 指令往往容易造成程式維護或修改上的困擾，讓可讀性變低。因此 C 中提供了另一種選擇 -switch 敘述，讓程式語法能更加簡潔易懂。使用上與 if else if 條件指令也不盡相同不同，因為 switch 指令必須依據同一個運算式的不同結果來選擇要執行哪一段 case 指令，特別是這個結果值還只能是字元或整數常數，這點請各位務必記得，而 if else 指令能直接與邏輯運算子配合使用，較沒有其它限制。

閒話少說，先來認識 switch 指令的語法格式：

```
switch（條件運算式）
{
    case 數值 1:

        程式敘述區 1;
        break;
```

```
    case 數值 2:

        程式敘述區 2;
        break;

                :
                :

    default:
                                ┐
        程式敘述 ;               ├── Default 指令也可省略
                                ┘

}
```

如果程式敘述僅包含一個指令，可以將程式敘述接到常數運算式之後。如下所示：

```
switch( 條件運算式 )
{
    case 數值 1： 程式敘述 1;
        break;
    case 數值 2： 程式敘述 2;
        break;
    default：程式敘述 ;
}
```

在 switch 條件指令中，首先求出運算式的值，再將此值與 case 的常數值進行比對。如果找到相同的結果值，則執行相對應的 case 內的程式敘述區，假如通通找不到吻合的常數值，最後會執行 default 敘述，如果沒有 default 敘述則結束 switch 敘述，default 的作用有點像是 if else if 指令中最後那一道 else 的功用。

各位應該有留意在每道 case 指令最後，必須加上一道 break 指令來結束，這是作什麼用呢？在 C 中 break 的主要用途是用來跳躍出程式敘述區塊，當執行完任何 case 區塊後，並不會直接離開 switch 區塊，而是往下繼續執行其它的 case，這樣會浪費執行時間及發生錯誤，只有加上 break 指令才可以跳出 switch 指令區。

還要補充一點，default 指令原則上可以放在 switch 指令區內的任何位置，如果找不到吻合的結果值，最後才會執行 default 敘述，除非擺在最後時，才可以省略 default 敘述內的 break 敘述，否則還是必須加上 break 指令。switch 指令的執行流程圖如下所示：

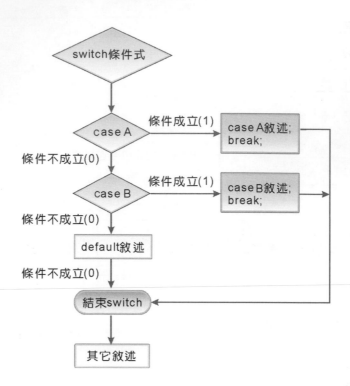

3-2 ▸ 迴圈結構

迴圈結構（loop structure）主要是迴圈控制的功能。迴圈（loop）會重複執行一個程式區塊的程式碼，直到符合特定的結束條件為止。程式語言中依照結束條件的位置不同分為兩種：

1. **前測試型迴圈**：迴圈結束條件在程式區塊的前頭。符合條件者，才執行迴圈內的敘述，如下圖所示：

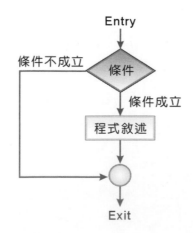

2. **後測試型迴圈**：迴圈結束條件在程式區塊的結尾，所以至少會執行一次迴圈內的敘述，再測試條件是否成立，若成立則返回迴圈起點重複執行迴圈，如下圖所示：

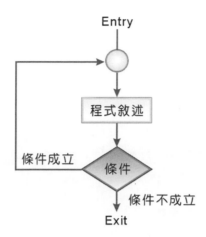

所謂疊代法（iterative method）就是無法使用公式一次求解，而須利用重複結構去循環重複程式碼的某些部分來得到答案。例如各位想要讓電腦在螢幕上輸出 1 次 ' 我愛你 ' 字串，那只要一個 printf() 函數就解決了，輸出 5 次就寫上 5 道 printf() 指令，不過如果要輸出 100 次，那就必須要依靠重複結構。

在 C 中，就提供了 for、while 以及 do-while 三種迴圈指令來達成重複結構的效果，不論是哪一種迴圈主要就是由下的兩個基本要件所組成：

1. 迴圈的執行主體，由程式指令區組成。
2. 迴圈的條件判斷，決定迴圈何時停止執行的依據。

3-2-1 for 迴圈結構

for 迴圈又稱為計數迴圈，是迴圈結構中最常使用的一種迴圈模式，可以重複執行事先設定次數的迴圈，這些設定包括了迴圈控制變數的起始值、迴圈執行的條件運算式與控制變數更新的增減值三項。語法格式如下：

```
for( 控制變數起始值；迴圈執行的條件運算式；控制變數增減值 )
{
    程式指令區；

}
```

for 迴圈執行步驟的詳細說明如下：

1. for 迴圈中的括號中具有三個運算式，彼此間必須以分號（；）分開要設定跳離迴圈的條件以及控制變數的遞增或遞減值。這三個運算式相當具有彈性，可以省略不需要的運算式，也可以擁有一個以上的運算式，不過一定要設定跳離迴圈的條件以及控制變數的遞增或遞減值，否則會造成無窮迴路。

2. 設定控制變數起始值。

3. 如果條件運算式為真則執行 for 迴圈內的敘述。

4. 執行完成之後，增加或減少控制變數的值，可視使用者的需求來作控制，再重複步驟 3。

5. 如果條件運算式為假，則跳離 for 迴圈。

下圖則是 for 迴圈的執行流程圖：

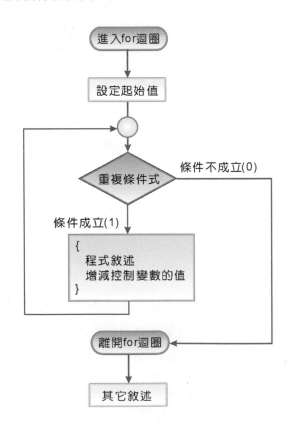

例如下是很典型使用 for 迴圈來累加計算 1 加到 10 的程式片斷，最後會輸出 sum 的值，由於只有 sum=sum+1 一行指令，各位也可以省略左右大括號：

```
int i, sum;
for (i=1, sum=0; i<=10 ; i++)   /* 控制變數起始值設定兩個變數 */
{
    sum=sum+i;
}
printf("1+2+3+...+10=%d\n", sum);
```

❏ 巢狀 for 迴圈

在此還要介紹一種 for 的巢狀 for 迴圈（Nested loop）。所謂巢狀 for 迴圈，就是多層式的 for 迴圈架構。在巢狀 for 迴圈中，執行流程必須先等內層迴圈執行完畢，才會繼續執行外層迴圈。例如兩層式的巢狀 for 迴圈格式如下：

```
for( 控制變數起始值 1; 迴圈重複條件式 ; 控制變數增減值 )
{

    程式指令區 1;

    for( 控制變數起始值 2; 迴圈重複條件式 ; 控制變數增減值 )
    {

        程式指令區 2;

    }
}
```

請注意！for 迴圈雖然具有很大的彈性，使用時務必要設定每層跳離迴圈的條件，否則程式將會陷入無窮迴圈。

TIPS

for 迴圈雖然具有很大的彈性，使用時務必要設定每層跳離迴圈的條件，例如 for 迴圈無法滿足判斷式結束條件，因而永無止盡的被執行，這種不會結束的迴圈稱為「無窮迴圈」。無窮迴圈在程式功能上有時也會發揮某些作用，例如在某些程式中的暫停動作（遊戲執行）。

3-2-2　while 迴圈指令

如果我們想要執行的迴圈次數確定，for 迴圈指令當然是最佳的選擇，對於某些無法確定執行次數的情況時，while 迴圈及 do while 迴圈指令就能派上用場了。while 迴圈指令與 for 迴圈指令類似，都是屬於前測試型迴圈。

簡單來說，前測試型迴圈的運作方式就是在程式指令區開頭時必須先檢查條件運算式，當運算式結果為真時，才會執行區塊內的指令。如果不成立，則會直接跳過 while 指令區往下執行。迴圈內的指令區可以是一個指令或是多個指令。同樣地，如果有多個指令在迴圈中執行，就要使用大括號括住。此外，while 迴圈必須自行加入控制變數起始值以及遞增或遞減運算式，否則條件式永遠成立時，將造成無窮迴圈。語法如下所示：

```
while ( 條件判斷式 )
{

        程式指令區 ;


}
```

下圖為 while 指令執行的流程圖：

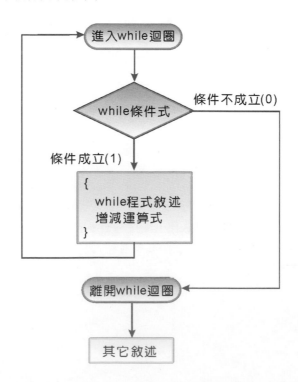

3-2-3　do-while 迴圈指令

　　do-while 迴圈指令與 while 迴圈指令算得上是雙胞胎兄弟，都是當條件式成立時才會執行迴圈內的指令，兩者間唯一的不同點在於 do-while 迴圈內的程式碼，無論如何至少會被執行一次，我們稱為這是一種後測試型迴圈。

　　各位可以把條件判斷式想像成是一道門，while 迴圈的門是在前面，如果不符合條件連進門的機會都沒有。至於 do while 迴圈的門都在後端，所以無論如何都能執行迴圈內一次，如果成立的話再返回迴圈起點重複執行指令區。do while 指令的語法格式如下：

```
do
{
     :

        程式指令區；

}
     while (條件判斷式)；        /* 請記得加上；號 */
```

　　下圖為 do while 指令執行的流程圖：

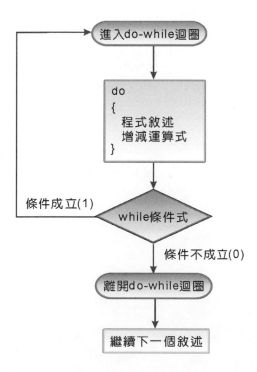

3-3 ▶ 流程控制指令

對於一個利用基本流程控制寫出的結構化設計程式，有時候使用者會出現一些特別的需求，例如必須中斷，讓迴圈提前結束，這時可以使用 break 或 continue 敘述。或是想要將程式流程直接改變至任何想要的位置，也可以使用 goto 敘述來達成。不過 goto 跳離指令很容易造成程式碼可讀性的降低，各位在使用上必須相當注意。

3-3-1　break 指令

break 指令就像它的英文意義一般，代表中斷的意思，它的主要用途是用來跳離最近的 for、while、do - while、與 switch 的敘述本體區塊，並將控制權交給所在區塊之外的下一行程式。請特別注意，當遇到巢狀迴圈時，break 敘述只會跳離最近的一層迴圈，而且多半會配合 if 指令來使用，語法格式如下：

```
break;
```

以下程式是利用巢狀 for 迴圈與 break 指令來設計如下圖的畫面，各位可以了解當執行到 break 指令時會跳過該次迴圈，重新從下層迴圈來執行，也就是不會輸出 5 的數字：

```
1
12
123
1234
1234
1234
```

```
01  int a=1,b;
02  for(a; a<=6; a++)    /* 外層 for 迴圈控制 y 軸輸出 */
03  {
04      for(b=1; b<=a; b++)     /* 內層 for 迴圈控制 x 軸輸出 */
05      {
06          if(b == 5)
07              break;
08          printf("%d ",b);   /* 印出 b 的值 */
09      }
10          printf("\n");
11  }
```

3-3-2　continue 指令

在迴圈中遇到 continue 敘述時，會跳過該迴圈剩下指令而到迴圈的開頭處，重新執行下一次的迴圈；而將控制權轉移到迴圈開始處，再開始新的迴圈週期。continue 與 break 的差異處在於 continue 只是忽略之後未執行的指令，但並未跳離該迴圈。語法格式如下：

```
continue;
```

讓我們用下面的例子說明：

```
01  int a;
02  for (a = 0 ; a <= 9 ; a++) {
03      if (a == 3) {
04          continue;
05      }
06      printf("a=%d\n");
07  }
```

在這個例子中我們利用 for 迴圈來累加 a 的值，當 a 等於 3 的條件出現，我們利用 continue 指令來讓 printf("a=%d\n"); 的執行被跳過去，並回到迴圈開頭（a==4），繼續進行累加 a 及顯示出 a 值的程式，所以在顯示出來的數值中不會有 3。

3-4 ▶ 本章相關模擬試題

1.　右側程式執行過後所輸出數值為何？

```
void main () {
    int count = 10;
    if (count > 0) {
        count = 11;
    }
    if (count > 10) {
        count = 12;
        if (count % 3 == 4) {
            count = 1;
        }
        else {
            count = 0;
```

```
        }
    }
    else if (count > 11) {
        count = 13;
    }
    else {
        count = 14;
    }
    if (count) {
        count = 15;
    }
    else {
        count = 16;
    }
    printf ("%d\n", count);
}
```

(A) 11   (B) 13

(C) 15   (D) 16

解答 (D)

2. 右側程式片段主要功能為：輸入六個整數，檢測並印出最後一個數字是否為六個數
   字中最小的值。然而，這個程式是錯誤的。請問以下哪一組測試資料可以測試出程
   式有誤？

```
#define TRUE 1
#define FALSE 0
int d[6], val, allBig;
...
for (int i=1; i<=5; i=i+1) {
    scanf ("%d", &d[i]);
}
scanf ("%d", &val);
allBig = TRUE;
for (int i=1; i<=5; i=i+1) {
    if (d[i] > val) {
        allBig = TRUE;
    }
    else {
        allBig = FALSE;
    }
}
```

```
if (allBig == TRUE) {
    printf ("%d is the smallest.\n", val);
    }
    else {
        printf ("%d is not the smallest.\n",val);
    }
}
```

(A) 11 12 13 14 15 3

(B) 11 12 13 14 25 20

(C) 23 15 18 20 11 12

(D) 18 17 19 24 15 16

解答 (B)

3. 右側 switch 敘述程式碼可以如何以 if-else 改寫？

```
switch (x) {
    case 10: y = 'a';    break;
    case 20:
    case 30: y = 'b';    break;
    default: y = 'c';
}
```

(A) if (x==10)y='a';

　　if (x==20 || x==30) y = 'b';

　　y = 'c';

(B) if (x==10) y = 'a';

　　else if (x==20 || x==30) y = 'b';

　　else y = 'c';

(C) if (x==10) y = 'a';

　　if (x>=20 && x<=30) y = 'b';

　　y = 'c';

(D) if (x==10) y = 'a';

　　else if(x>=20 && x<=30) y = 'b';

　　else y = 'c';

解答 (B)

4. 下側程式正確的輸出應該如下

```
01   int k = 4;
02   int m = 1;
03   for (int i=1; i<=5; i=i+1) {
04       for (int j=1; j<=k; j=j+1) {
05           printf (" ");
06       }
07       for (int j=1; j<=m; j=j+1) {
08           printf ("*");
09       }
10       printf ("\n");
11       k = k - 1;
12       m = m + 1;
13   }
```

```
        *
       ***
      *****
     *******
    *********
```

在不修改程式之第 4 行及第 7 行程式碼的前提下，最少需修改幾行程式碼以得到正確輸出？

(A) 1   (B) 2

(C) 3   (D) 4

解答 (A)

  只要將第 12 行的「m = m + 1;」修改成「m = 2*i + 1;」就可以得到正確的輸出結果。

5. 右側程式碼，執行時的輸出為何？

(A) 0 2 4 6 8 10

(B) 0 1 2 3 4 5 6 7 8 9 10

(C) 0 1 3 5 7 9

(D) 0 1 3 5 7 9 11

```
void main() {
    for (int i=0; i<=10; i=i+1) {
        printf ("%d ", i);
        i = i + 1;
    }
    printf ("\n");
}
```

解答 (A)

6. 以下 F() 函式執行後，輸出為何？

```
void F( ) {
    char t, item[] = {'2', '8', '3', '1', '9'};
    int a, b, c, count = 5;
    for (a=0; a<count-1; a=a+1) {
        c = a;
        t = item[a];
```

```
        for (b=a+1; b<count; b=b+1) {
            if (item[b] < t) {
                c = b;
                t = item[b];
            }
            if ((a==2) && (b==3)) {
                printf ("%c %d\n", t, c);
            }
        }
    }
}
```

(A) 1 2   (B) 1 3

(C) 3 2   (D) 3 3

解答 (B)

7. 右側程式碼執行後輸出結果為何？

(A) 2 4 6 8 9 7 5 3 1 9

(B) 1 3 5 7 9 2 4 6 8 9

(C) 1 2 3 4 5 6 7 8 9 9

(D) 2 4 6 8 5 1 3 7 9 9

解答 (C)

```
int a[9] = {1, 3, 5, 7, 9, 8, 6, 4, 2};
int n=9, tmp;
for (int i=0; i<n; i=i+1) {
    tmp = a[i];
    a[i] = a[n-i-1];
    a[n-i-1] = tmp;
}
for (int i=0; i<=n/2; i=i+1)
    printf ("%d %d ", a[i], a[n-i-1]);
```

8. 若 n 為正整數，右側程式三個迴圈執行完畢後 a 值將為何？

(A) $n(n+1)/2$

(B) $n^3/2$

(C) $n(n-1)/2$

(D) $n^2(n+1)/2$

解答 (D)

```
int a=0, n;
...
for (int i=1; i<=n; i=i+1)
    for (int j=i; j<=n; j=j+1)
        for (int k=1; k<=n; k=k+1)
            a = a + 1;
```

9. 右側程式片段執行過程中的輸出為何？

(A) 5 10 15 20

(B) 5 11 17 23

(C) 6 12 18 24

(D) 6 11 17 22

```
int a = 5;
for (int i=0; i<20; i=i+1){
    i = i + a;
    printf ("%d ", i);
}
```

解答 (B)

10. 右側程式片段中執行後若要印出下列
圖案，(a) 的條件判斷式該如何設定？

```
******

****

**
```

```
for (int i=0; i<=3; i=i+1) {
    for (int j=0; j<i; j=j+1)
        printf(" ");
    for (int k=6-2*i;  (a)  ; k=k-1)
        printf("*");
    printf("\n");
}
```

(A) k > 2

(B) k > 1

(C) k > 0

(D) k > － 1

解答 (C)

11. 右側程式片段無法正確列印 20 次的
"Hi!"，請問下列哪一個修正方式仍無
法正確列印 20 次的 "Hi!" ？

```
for (int i=0; i<=100; i=i+5) {
    printf ("%s\n", "Hi!");
}
```

(A) 需要將 i<=100 和 i=i+5 分別修正
為 i<20 和 i=i+1

(B) 需要將 i=0 修正為 i=5

(C) 需要將 i<=100 修正為 i<100;

(D) 需要將 i=0 和 i<=100 分別修正為
i=5 和 i<100

解答 (D)

12. 右側程式執行完畢後所輸出值為何？

    (A) 12

    (B) 24

    (C) 16

    (D) 20

    解答 (D)

```c
int main() {
    int x = 0, n = 5;
    for (int i=1; i<=n; i=i+1)
        for (int j=1; j<=n; j=j+1) {
            if ((i+j)==2)
                x = x + 2;
            if ((i+j)==3)
                x = x + 3;
            if ((i+j)==4)
                x = x + 4;
        }
    printf ("%d\n", x);
    return 0;
}
```

13. 右側程式片段擬以輾轉除法求 i 與 j 的最大公因數。請問 while 迴圈內容何者正確？

    (A) k=i%j;

      i = j;

      j = k;

    (B) i = j;

      j = k;

      k = i % j;

    (C) i = j;

      j = i % k;

      k = i;

    (D) k = i;

      i = j;

      j = i % k;

    解答 (A)

```c
i = 76;
j = 48;
while ((i % j) != 0) {
    _____
    _____
    _____
}
printf ("%d\n", j);
```

14. 若以 f(22) 呼叫右側 f() 函式，總共會印出多少數字？

    (A) 16

    (B) 22

    (C) 11

    (D) 15

    解答 (A)

```
void f(int n) {
    printf ("%d\n", n);
    while (n != 1) {
        if ((n%2)==1) {
            n = 3*n + 1;
        }
        else {
            n = n / 2;
        }
        printf ("%d\n", n);
    }
}
```

15. 右側 f() 函式執行後所回傳的值為何？

    (A) 1023

    (B) 1024

    (C) 2047

    (D) 2048

    解答 (D)

```
int f() {
    int p = 2;
    while (p < 2000) {
        p = 2 * p;
    }
    return p;
}
```

16. 右側 f() 函式 (a), (b), (c) 處需分別填入哪些數字，方能使得 f(4) 輸出 2468 的結果？

    (A) 1, 2, 1

    (B) 0, 1, 2

    (C) 0, 2, 1

    (D) 1, 1, 1

    解答 (A)

```
int f(int n) {
    int p = 0;
    int i = n;
    while (i >= (a) ) {
        p = 10 - (b) * i;
        printf ("%d", p);
        i = i - (c) ;
    }
}
```

17. 請問右側程式，執行完後輸出為何？

    (A) 2417851639229258349412352 7

    (B) 68921 43

    (C) 65537 65539

    (D) 134217728 6

    解答 (D)

```
int i=2, x=3;
int N=65536;
while (i <= N) {
    i = i * i * i;
    x = x + 1;
}
printf ("%d %d \n", i, x);
```

18. 給定右側函式 F()，執行 F() 時哪一行程式碼可能永遠不會
被執行到？

    (A) a = a + 5;

    (B) a = a + 2;

    (C) a = 5;

    (D) 每一行都執行得到

```
void F (int a) {
    while (a < 10)
        a = a + 5;
    if (a < 12)
        a = a + 2;
    if (a <= 11)
        a = 5;
}
```

解答 (C)

19. 請問 f(3) 的回傳值為何？

```
01  int func(int i) {
02      if (i % 3 != 0) {
03          if (i == 1 || i > 50)
04              return 5;
05          else
06              return i + func(i + 1);
07      } else
08          return func(i + 2);
09  }
```

(A) 443   (B) 447

(C) 449   (D) 445

解答 (D)

20. 請問下面的迴圈中的程式碼 i = i * 3; 共執行幾次？

```
01  for (int i = 0; i < 100; i++)
02      i = i * 3;
```

(A) 4   (B) 5

(C) 6   (D) 7

解答 (B)

21. 下列何者為正確的輸出結果？

```
01  #include <stdio.h>
02
03  int main() {
04      int a = 1, b = 1;
```

```
05        int sum = a + b;
06        int n = 9;
07        int k;
08        while (k < n) {
09            a = b;
10            b = sum;
11            sum = a + b;
12            k=k+1;
13        }
14        printf("%d \n",sum);
15    }
```

(A) 144   (B) 128

(C) 136   (D) 154

解答 (A)

22. 右側是依據分數 s 評定等第的程式碼片段，正確的等第公式應為：

90~100 判為 A 等

80~89 判為 B 等

70~79 判為 C 等

60~69 判為 D 等

0~59 判為 F 等

這段程式碼在處理 0~100 的分數時，有幾個分數的等第是錯的？

```
if (s>=90) {
    printf ("A \n");
}
else if (s>=80) {
    printf ("B \n");
}
else if (s>60) {
    printf ("D \n");
}
else if (s>70) {
    printf ("C \n");
}
else {
    printf ("F\n");
}
```

(A) 20   (B) 11

(C) 2   (D) 10

解答 (B)

23. 給定右側函式 F()，已知 F(7) 回傳值為 17，且 F(8) 回傳值為 25，請問 if 的條件判斷式應為何？

```
int F (int a) {
    if ( _____?_____ )
        return a * 2 + 3;
    else
        return a * 3 + 1;
}
```

(A) a % 2 != 1

(B) a * 2 > 16

(C) a + 3 < 12

(D) a * a < 50

解答 (D)

24. 圖形輸出

```
01  for (int i = 0; i < 8; i++) {
02      for (int j = 0;  ? ? ; j++)
03          cout << (i + j) % 2 << ' ';
04      cout << '\n';
05  }
```

```
0
1 0
0 1 0
1 0 1 0
0 1 0 1 0
1 0 1 0 1 0
0 1 0 1 0 1 0
1 0 1 0 1 0 1 0
```

請問上面程式中的？？要填入什麼才會得到如上圖的輸出結果。

(A) j <= i   (B) j < i

(C) j >= i   (D) j > i

解答 (A)

25.
```
01  int a = 2;
02  switch(A){
03      case 1+1:
04          cout << "A";
05      case 1+2:
06          cout << "B";
07          break;
08      default:
09          cout << "C";
10  }
```

請問上面程式的輸出結果：

(A) AB   (B) A

(C) B   (D) ABC

解答 (A)

26.
```
01  int no= 1;
02  while (p >= 0) {
03      no = no * a;
04      p = p - 1;
05  }
06  cout << no<< '\n';
```

上述程式無法正確輸出 a^p，請問上述式哪裡出錯？

(A) 要將第 1 行的 no=1 改成 no=0

(B) 要將第 2 行的 p >= 0 改成 p > 0

(C) 要將第 2 行的 p >= 0 改成 p = 0

(D) 要將第 4 行的 p = p - 1 改成 p = p + 1

解答 (B)

27.
```
01  int main()
02  {
03      int x=1, sum=100;
04      while(sum>0) //while 迴圈
05      {
06          sum-=x;
07          x++;
08      }
09      cout<<x-1<<endl;
10
11      return 0;
12  }
```

請設計一個程式是以 while 迴圈來計算當某數 1000 依次減去 1,2,3…直到哪一數時，相減的結果為負。

(A) 12   (B) 13

(C) 14   (D) 15

解答 (C)

28.
```
01  int main() {
02      int n = 3;
03      for (int i = 0; i < n; i++) {
04          for (int j = 0; j < 10; j++) {
05              if (j < n - i - 1 || _____) {
06                  printf("*");
```

```
07                } else {
08                    printf("%d", 2 * i + 1);
09                }
10            }
11        printf("\n");
12    }
13  }
```

輸出結果如下：

```
**11111111
**33333333
***5555555
```

請問上面空格要填入什麼才會得到上述的輸出結果？

(A) j > i   (B) j <= i

(C) j < i   (D) j >= i

解答 (B)

29. 底下程式是一支判斷一個字串是不是迴文的程式，所謂迴文是指是指出左念到右或
    由右念到左，字母排列順序都一樣的，例如底下的字串就是一個迴文："radar" 或
    "madam"。

```
01  int main()
02  {
03      char a[1024];
04      int i, j;
05      gets(A);   /* 輸入字串 */
06      j = strlen(A) - 1;
07      for (i = 0; i < j; i++, j--)
08          if ( ? ? ?  ) break;
09      if (a[i] == a[j])
10          cout<<" 這個字串是迴文 "<<endl;
11      else cout<<" 這個字串不是迴文 "<<endl;
12      return 0;
13  }
```

請問？？？要填入什麼

(A) a[i] != a[j]   (B) a[i] == a[j]

(C) a[i-1] != a[j+1]   (D) a[i+1] != a[j-1]

解答 (A)

30.
```
01   int n=0;
02   int m[5] = {};
03
04   void logic(int i, int j, int k) {
05       while (n<5) {
06           m[n] = i*j+k;
07           printf("%d ",m[n]);
08           n= n + 1;
09           i=i+1;
10           k=k-1;
11       }
12   }
```

請問上面程式中如果在主程式中呼叫

logic(1, 5, 4);

則下列何者為正確的輸出結果。

(A) 23 27 31 35 39

(B) 23 27 32 37 42

(C) 23 26 29 32 35

(D) 23 27 27 27 27

解答 (A)

31.
```
01   int main() {
02       int x[2][2] = {};
03       for (int i = 0; i < 2; i++) {
04           for (int j = 0; j < 2; j++) {
05               if (i == j)
06                   x[i][j] = i + j;
07               else
08                   x[i][j] = 0;
09           }
10       }
11       for (int i = 0; i < 2; i++) {
12           for (int j = 0; j < 2; j++)
13               printf("%d ", x[j][i]);
14           printf("\n");
15       }
16   }
```

下列何者的輸出結果是正確的？

(A) 1 0
　　0 2

(C) 0 0
　　0 1

(B) 0 2
　　2 2

(D) 0 0
　　0 2

解答 (D)

32. 如果一支程式是用來計算所得稅額，而稅額的計算規則如下，它是採用累進稅率，也就是說收入越高，要付稅額的稅率越高，以底下的規則來說，收入 40000 以下不用課稅，但收入大於 150000 則稅率高達 40%。

```
1.   40000 以下免稅
2.   40001~ 1000000 累進稅率 0.1
3.   100001 ~ 150000 稅率 0.25
4.   大於 150000 稅率 0.4
```

```
01   int f(int pay) {
02       if (pay <= 40000)
03           return 0;
04       else if (pay <= 100000)
05           return pay * 0.1;
06       else if (pay <= 150000)
07           return pay * 0.25;
08       return (pay-150000)*0.4;
09   }
```

請問上面的計算稅額的副程式犯了一項錯誤，請問下列哪一個選項為該錯誤修正後的正確程式碼：

(A) 第 5 行必須改 return (pay-40000) * 0.1;

(B) 第 7 行必須改 return (pay-100000) * 0.25;

(C) 第 8 行必須改 return (100000-40000) *0.1+(150000-100000) * 0.25+(pay-150000)*0.4;

(D) 第 8 行必須改 return pay*0.4;

解答 (D)

33.
```
01  int sum= -120;
02  for (int i = 1; i <= 10; i++)
03      for (int j = 1; j <= i; j++)
04          for (int k = 1; k <= j; k++)
05              sum += 1;
06  printf("%d", sum);
```

則下列何者為正確的輸出結果？

(A) 90   (B) 100

(C) 45   (D) 166

解答 (B)

陣列、字串、矩陣、
結構與檔案

陣列（array）是屬於 C 中的一種延伸資料型態，最適合儲存一連串相關的資料。各位可以把陣列看作是一群具有相同名稱與資料型態的集合，並且在記憶體中佔有一塊連續空間。一個陣列元素可以表示成一個「索引」和「陣列名稱」。在程式撰寫時，只要使用單一陣列名稱配合索引值（index），處理一群相同型態的資料。這個觀念有點像學校的私物櫃，一排外表大小相同的櫃子，區隔的方法是每個櫃子有不同的號碼。

4-1 ▸ 陣列簡介

「陣列」（Array）結構就是一排緊密相鄰的可數記憶體，並提供一個能夠直接存取單一資料內容的計算方法。各位其實可以想像成住家前面的信箱，每個信箱都有住址，其中路名就是名稱，而信箱號碼就是索引。郵差可以依照傳遞信件上的住址，把信件直接投遞到指定的信箱中，這就好比程式語言中陣列的名稱是表示一塊緊密相鄰記憶體的起始位置，而陣列的索引功能則是用來表示從此記憶體起始位置的第幾個區塊。

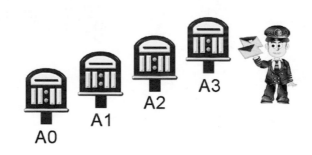

通常陣列的使用可以分為一維陣列、二維陣列與多維陣列等等，其基本的運作原理都相同。相關的定義方式與注意事項，我們將從一維陣列開始說明。通常陣列的使用可以分為一維陣列、二維陣列與多維陣列等等，其基本的運作原理都相同。依照不同的語言，又可區分為兩種方式：

① **以列為主（Row-major）**：一列一列來依序儲存，例如 C/C++、Java、PASCAL 語言的陣列存放方式。

② **以行為主（Column-major）**：一行一行來依序儲存，例如 Fortran 語言的陣列存放方式。

4-1-1 一維陣列

假設 A 是一維陣列（One-dimension Array）的名稱，它含有 n 個元素，亦即 A 是 n 個連續記憶體（各個元素為 A[0],A[1]…A[n-1]）的集合，並且每個元素的內容為 $a_0,a_1…a_{n-1}$。並可以使用線性圖形表示如下：

如果一維陣列 A 宣告為 A(1:u_1)，表示 A 為含 n 個元素的一維陣列，其中 1 為下標，u_1 為上標。則陣列元素 A(1)、A(2)、A(3)…A(n)，並且每個元素的內容為 $a_0,a_1…a_{n-1}$。

α 為此 A 陣列在記憶中的起始位置，d 為每一個陣列元素所佔用的空間，那麼陣列元素與記憶體位址有下列關係：

A(1)、A(2)、A(3)、……　　　　A(u_1)

α　α+1*d　　α+2*d ……　………　α+(u_1-1)*d

=>Loc(A(i))= α+(i-1)*d　（Loc(A(i)) 表示 A(i) 所在的住址）

陣列可以看成一群很相似的變數，當然也需要事先宣告，在 C 語言，一維陣列的語法宣告如下：

```
資料型態　陣列名稱 [ 陣列長度 ];
```

當然也可以在宣告時，直接設定初始值：

```
資料型態　陣列名稱 [ 陣列大小 ]={ 初始值 1, 初始值 2,…};
```

- **資料型態**：表示該陣列存放的資料型態，可以是基本的資料型態（如 int，float，char…等），或延伸的資料型態。
- **陣列名稱**：命名規則與一般變數相同。
- **元素個數**：表示陣列可存放的資料個數，為一個正整數常數。若是只有中括號，即沒有指定常數值，則表示是定義不定長度的陣列（陣列的長度會由設定初始值的個數決定）。例如底下定義的陣列 Temp，其元素個數會自動設定成 3：

```
int Temp[]={1, 2, 3};
```

在設定陣列初始值時，如果設定的初始值個數少於陣列定義時的元素個數，則其餘的元素將被自動設定為 0。例如：

```
int Score[5]={68, 84, 97};
```

例如在 C 中定義如下的一維陣列，其中元素間的關係可以如下圖表示：

```
int Score[5];
```

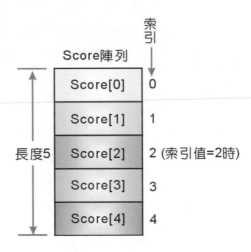

在 C 中，陣列的索引值是從 0 開始，對於定義好的陣列，可以藉由索引值的指定來存取陣列中的資料。當執行陣列宣告後，可以像將值指定給一般變數一樣，來指定值給陣列內每一個元素：

```
Score[0]=65;
Score[1]=80;
```

如果這樣的陣列代表 5 筆學生成績，而在程式中需要輸出第 2 個學生的成績，可以如下表示：

```
printf(" 第 2 個學生的成績 :%d",Score[1]);    /* 索引值為 1 */
```

以下舉出幾個一維陣列的宣告實例：

```
int a[5];/* 宣告一個 int 型態的陣列 a，陣列 a 中可以存放 5 筆整數資料 */
long b[3];/* 宣告一個 long 型態的陣列 b，b 可以存放 3 筆長整數資料 */
float c[10];/* 宣告一個 float 型態的陣列 c，c 可以存放 10 筆單精度浮點數資料 */
```

此外，兩個陣列間不可以直接用「＝」運算子互相指定，而只有陣列元素之間才能互相指定。例如：

```
int Score1[5],Score2[5]；
Score1=Score2；      /* 錯誤的語法 */
Score1[0]=Score2[0]；/* 正確語法 */
```

各位在定義一維陣列時，如果沒有指定陣列元素個數，那麼編譯器會將陣列長度讓初始值的個數來自動決定。例如以下定義陣列 arr 設定初值的方式，其元素個數會自動設定成 3：

```
int  arr[]={1, 2, 3};
```

4-1-2　二維陣列

二維陣列（Two-dimension Array）可視為一維陣列的延伸，只不過須將二維轉換為一維陣列。例如一個含有 m*n 個元素的二維陣列 A，m 代表列數，n 代表行數，各個元素在直觀平面上的排列方式如下：

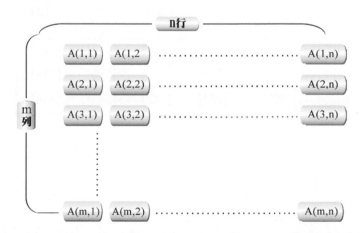

當然在實際的電腦記憶體中是無法以矩陣方式儲存，仍然必須以線性方式，視為一維陣列的延伸來處理。通常依照不同的語言，又可區分為兩種方式：

① **以列為主（Row-major）**：則存放順序為 $a_{11},a_{12},...a_{1n},a_{21},a_{22},...,a_{mn}$，假設 α 為陣列 A 在記憶體中起始位址，d 為單位空間，那麼陣列元素 a_{ij} 與記憶體位址有下列關係：

$$Loc(a_{ij})=\alpha+n*(i-1)*d+(j-1)*d$$

② **以行為主（Column-major）**：則存放順序為 $a_{11},a_{21},...a_{m1},a_{12},a_{22},...,a_{mn}$，假設 α 為陣列 A 在記憶體中起始位址，d 為單位空間，那麼陣列元素 a_{ij} 與記憶體位址有下列關係：

$$Loc(a_{ij})=\alpha+(i-1)*d+m*(j-1)*d$$

在 C 中，二維陣列的宣告格式如下：

```
資料型態    陣列名稱［列的個數］［行的個數］；
```

例如宣告陣列 arr 的列數是 3，行數是 5，那麼所有元素個數為 15。語法格式如下所示：

```
int arr[3] [5];
```

基本上，arr 為一個 3 列 5 行的二維陣列，也可以視為 3*5 的矩陣。在存取二維陣列中的資料時，使用的索引值仍然是由 0 開始計算。下圖以矩陣圖形來説明這個二維陣列中每個元素的索引值與儲存對應關係：

當各位在二維陣列設定初始值時，為了方便區隔行與列與增加可讀性，除了最外層的 {} 外，最好以 {} 括住每一列的元素初始值，並以「,」區隔每個陣列元素，例如：

```
int A[2][3]={{1,2,3},{2,3,4}};
```

還有一點要説明，C 對於多維陣列註標的設定，只允許第一維可以省略不用定義，其它維數的註標都必須清楚定義出長度。例如以下宣告範例：

```
int a[2][3] = {{1,2,3},
               {4,5,6}};          /* 合法的宣告 */
char b[ ][2] = {{'a','b'},        /* 合法的宣告，省略第一維元素個數的宣告方法 */
               {'c','d'},
               {'e','f'}};
```

```
long c[2][2] = {0};                    /* 將各個元素的初值都設為 0*/
double d[3][3] = {{0.5,2.7},
                  {3.1,2.5,6.9},/* 合法的宣告 */
              {1.5}};
int  A[2][ ]={{1,2,3},{2,3,4}}; /* 不合法的宣告 */
```

在二維陣列中，以大括號所包圍的部份表示為同一列的初值設定。因此與一維陣列相同，如果指定初始值的個數少於陣列元素，則其餘未指定的元素將自動設定為 0。例如底下的情形：

```
int A[2][5]={   {77, 85, 73}, {68, 89, 79, 94}   };
```

由於陣列中的 A[0][3]、A[0][4]、A[1][4] 都未指定初始值，所以初始值都會指定為 0。至於以下的方式，則會將二維陣列所有的值指定為 0（常用在整數陣列的初值化）：

```
int A[2][5]={ 0 };
```

以上宣告由於只用一個大括號含括，表示把二維陣列 A 視為一長串陣列。因為初始值的個數少於陣列元素，所以陣列 A 中所有元素的值都被指定為 0。

4-1-3 多維陣列

現在讓我們來看看三維陣列（Three-dimension Array），基本上三維陣列的表示法和二維陣列一樣，皆可視為是一維陣列的延伸，如果陣列為三維陣列時，可以看作是一個立方體。如右圖所示：

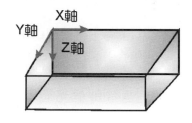

基本上，三維陣列若以線性的方式來處理，一樣可分為「以列為主」和「以行為主」兩種方式。如果陣列 A 宣告為 A($1:u_1,1:u_2,1:u_3$)，表示 A 為一個含有 $u_1 * u_2 * u_3$ 元素的三維陣列。我們可以把 A(i,j,k) 元素想像成空間上的立方體圖：

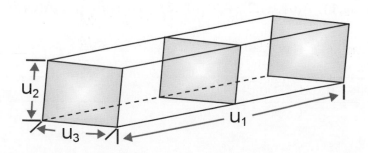

❑ 以列為主（Row-major）

我們可以將陣列 A 視為 u_1 個 $u_2 * u_3$ 的二維列陣，再將每個陣列視為有 u_2 個一維陣列，每一個一維陣列可包含 u_3 的元素。另外每個元素有 d 個單位空間，且 α 為陣列起始位址。

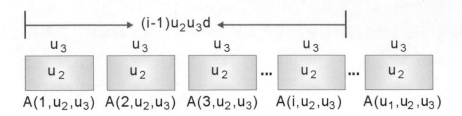

在想像轉換公式時，只要知道我們最終是要把 A(i,j,k)，看看它是在一直線排列的第幾個，所以很簡單可以得到以下位址計算公式：

$$Loc(A(i,j,k)) = \alpha + (i-1)u_2u_3d + (j-1)u_3d + (k-1)d$$

若陣列 A 宣告為 $A(l_1{:}u_1, l_2{:}u_2, l_3{:}u_3)$ 模式，則

$$a = u_1 - l_1 + 1, b = u_2 - l_2 + 1, c = u_{3-} l_3 + 1 ;$$
$$Loc(A(i,j,k)) = \alpha + (i-l_1)bcd + (j-l_2)cd + (k-l_3)d$$

❑ 以行為主（Column-major）

將陣列 A 視為 u_3 個 $u_2 * u_1$ 的二為陣列，再將每個二維陣列視為有 u_2 個一維陣列，每一陣列含有 u_1 個元素。每個元素有 d 單位空間，且 α 為起始位址：

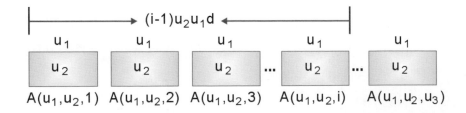

可以得到下列的位址計算公式：

$$Loc(A(i,j,k)) = \alpha + (k-1)u_2u_1d + (j-1)u_1d + (i-l)d$$

例如，宣告一個單精度浮點數的三維陣列：

```
float  arr[2][3][4];
```

以下是將 arr[2][3][4] 三維陣列想像成空間上的立方體圖形：

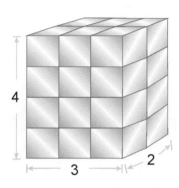

在設定初始值時，各位可以想像成要初始化 2 個 3*4 的二維陣列，我們還是藉由大括號，讓各位更能清楚分別：

```
int arr[2][3][4]={ { {1,3,5,6},          /*  第一個 3*4 的二維陣列  */
                     {2,3,4,5},
                     {3,3,3,3}
                   },
                   { {2,3,3,54},          /*  第二個 3*4 的二維陣列  */
                     {3,5,3,1},
                     {5 ,6,3,6}
                   } };
```

4-2 ▸ 字串

在前面的章節，我們已經簡單介紹了字元型態。事實上，在 C 中並沒有所謂字串的基本資料型態，而是使用字元陣列的方法來表示字串。不過字串不等於字元陣列，因為它多了一個 '\0' 字元。簡單來說，'a' 是一個字元常數，是以單引號（'）包括起來，而 "a" 則是一個字串常數，是以雙引號（"）包括起來。兩者的差別在於字串的結束處會多安排 1 個位元組的空間來存放 '\0' 字元（Null 字元，ASCII 碼為 0），作為字串結束時的符號。在 C 中字串宣告方式有兩種：

```
方式 1：char 字串變數 [ 字串長度 ]=" 初始字串 ";
方式 2：char 字串變數 [ 字串長度 ]={' 字元 1', ' 字元 2', ...... ,' 字元 n', '\0'};
```

例如以下四種宣告方式：

```
char Str_1[6]="Hello";
char Str_2[6]={ 'H', 'e', 'l', 'l', 'o' , '\0'};
char Str_3[ ]="Hello";
char Str_4[ ]={ 'H', 'e', 'l', 'l', 'o', '!' };
```

在第一、二、三種方式中都是合法的字串宣告，雖然 Hello 只有 5 個字元，但因為編譯器還必須加上 '\0' 字元，所以陣列長度需宣告為 6，如宣告長度不足，可能會造成編譯器上的錯誤。

當然各位也可以選擇不要填入陣列大小，讓編譯器來自動安排記憶體空間，如第三種方式。但 Str_4 並不是字串常數，因為最後字元並不是 '\0' 字元，輸出時會出現奇怪的符號。

以下程式僅作宣告字串方式的示範，各位可以針對執行結果來加以比較，字串最大特性是需要安排 1 個位元組的空間來存放 '\0' 字元。由於字串不是 C 的基本資料型態，所以無法利用陣列名稱直接指定給另一個字串，如果需要指定字串，各位必須從字元陣列中一個一個取出元素內容作複製。例如以下為不合法的指定方式：

```
char Str_1[]="changeable";
char Str_2[20];
......
Str_2=Str_1; /* 不合法的語法 */
```

4-2-1　字串陣列

單一的字串是以一維的字元陣列來儲存，如果有多個關係相近的字串集合時，就稱為字串陣列，這時可以使用二維字元陣列來表達。字串陣列使用時也必須事先宣告，宣告方式如下：

```
char 字串陣列名稱 [ 字串數 ] [ 字元數 ] ;
```

上式中字串數是表示字串的個數，而字元數是表示每個字串的最大可存放字元數。當然也可以在宣告時就設定初值，不過要記得每個字串元素都必須包含於雙引號之內。例如：

```
char 字串陣列名稱 [ 字串數 ] [ 字元數 ]={ " 字串常數 1", " 字串常數 2", " 字串常數 3"…};
```

例如以下宣告 Name 得字串陣列，且包含 5 個字串，每個字串括 '\0' 字元，長度共為 10 個位元組：

```
char Name[5][10]={    "John",
                      "Mary",
                      "Wilson",
                      "Candy",
                      "Allen"
                   };
```

當各位要輸出 Name 陣列中字串時，可以直接以 printf（Name[i]），這樣看似一維的指令輸出即可，因為每個字串都跟著一串字元，這點是較為特別之處。還有一點要跟各位補充，通常使用字串陣列來儲存的壞處就是每個字串長度不會完全相同，而陣列又是屬於靜態記憶體，必須事先宣告字串中的最大長度，這樣多少還是會造成記憶體的浪費。

4-3 ▶▶ 矩陣

從數學的角度來看，對於 m×n 矩陣（Matrix）的形式，可以利用電腦中 A(m, n) 二維陣列來描述，基本上，許多矩陣的運算與應用，都可以使用電腦中的二維陣列解決。如下圖 A 矩陣，各位是否立即想到了一個宣告為 A(1:3,1:3) 的二維陣列。

$$A = \begin{bmatrix} a_{11} & a_{12} & a_{13} \\ a_{21} & a_{22} & a_{23} \\ a_{31} & a_{32} & a_{33} \end{bmatrix}_{3 \times 3}$$

「深度學習」（Deep Learning, DL）是目前人工智慧得以快速發展的原因之一，源自於類神經網路（Artificial Neural Network）模型，並且結合了神經網路架構與大量的運算資源，目的在於讓機器建立與模擬人腦進行學習的神經網路，以解釋大數據中圖像、聲音和文字等多元資料。由於神經網路是將權重存儲在矩陣中，矩陣可以是多維，以便考慮各種參數組合，當然就會牽涉到「矩陣」的大量運算，也使得人工智慧領域正式進入實用階段。

4-3-1 矩陣相加演算法

矩陣的相加運算則較為簡單，前題是相加的兩矩陣列數與行數都必須相等，而相加後矩陣的列數與行數也是相同。必須兩者的列數與行數都相等，例如 $A_{mxn}+B_{mxn}=C_{mxn}$。以下我們就來實際進行一個矩陣相加的例子：

$$\begin{bmatrix} 1 & 3 & 5 \\ 7 & 9 & 11 \\ 13 & 15 & 17 \end{bmatrix}_{3\times3} + \begin{bmatrix} 9 & 8 & 7 \\ 6 & 5 & 4 \\ 3 & 2 & 1 \end{bmatrix}_{3\times3} = \begin{bmatrix} 10 & 11 & 12 \\ 13 & 14 & 15 \\ 16 & 17 & 18 \end{bmatrix}_{3\times3}$$

$$\text{A 矩陣} \qquad\qquad \text{B 矩陣} \qquad\qquad \text{C 矩陣}$$

4-3-2 矩陣相乘演算法

如果談到兩個矩陣 A 與 B 的相乘，是有某些條件限制。首先必須符合 A 為一個 m*n 的矩陣，B 為一個 n*p 的矩陣，對 A*B 之後的結果為一個 m*p 的矩陣 C。如下圖所示：

$$\begin{bmatrix} a_{11} & \cdots & a_{1n} \\ \vdots & \ddots & \vdots \\ a_{m1} & \cdots & a_{mn} \end{bmatrix} \times \begin{bmatrix} b_{11} & \cdots & b_{1p} \\ \vdots & \ddots & \vdots \\ b_{n1} & \cdots & b_{np} \end{bmatrix} = \begin{bmatrix} c_{11} & \cdots & c_{1p} \\ \vdots & \ddots & \vdots \\ c_{m1} & \cdots & c_{mp} \end{bmatrix}$$

$$m \times n \qquad\qquad n \times p \qquad\qquad m \times p$$

$$C_{11}= a_{11} * b_{11}+ a_{12} * b_{21}+ \ldots\ldots + a_{1n} * b_{n1}$$
$$\vdots$$
$$C_{1p}= a_{11} * b_{1p}+ a_{12} * b_{2p}+ \ldots\ldots + a_{1n} * b_{np}$$
$$\vdots$$
$$C_{mp}= a_{m1} * b_{1p}+ a_{m2} * b_{2p}+ \ldots\ldots + a_{mn} * b_{np}$$

4-3-3 轉置矩陣演算法

「轉置矩陣」(A^t) 就是把原矩陣的行座標元素與列座標元素相互調換，假設 A^t 為 A 的轉置矩陣，則有 $A^t[j,i]=A[i,j]$，如下圖所示：

$$A = \begin{bmatrix} 1 & 2 & 3 \\ 4 & 5 & 6 \\ 7 & 8 & 9 \end{bmatrix}_{3 \times 3} \quad A^t = \begin{bmatrix} 1 & 4 & 7 \\ 2 & 5 & 8 \\ 3 & 6 & 9 \end{bmatrix}_{3 \times 3}$$

4-4 ▸ 結構（Structure）

結構（Structure）為一種使用者自訂資料型態，能將一種或多種資料型態集合在一起，形成新的資料型態。它以 C 現有的資料型態作為基礎，允許使用者建立自訂資料型態，又稱為衍生資料型態（derived data type）。例如描述一位學生成績資料，這時除了要記錄學號與姓名等字串資料外，還必須定義數值資料型態來記錄如英文、國文、數學等成績，此時陣列就不適合使用。這時可以把這幾種資料型態組合成一種結構型態，來簡化資料處理的問題。

4-4-1 結構宣告與存取

結構的架構必須具有結構名稱與結構項目，而且必須使用 C/C++ 的關鍵字 struct 來建立，一個結構的基本宣告方式如下所示：

```
struct 結構名稱
{
    資料型態 結構成員1;
    資料型態 結構成員2;
    ......
};
```

在結構定義中可以使用基本的變數、陣列、指標，甚至是其它結構成員等。另外請注意在定義之後的分號不可省略，這是經常會被忽略而使得程式出錯的地方，以下為一個結構定義的實際例子，結構中定義了學生的姓名與成績：

```
struct student
{
    char name[10];
    int score;
    int ID;
};
```

在定義了結構之後，我們可以直接使用它來建立結構物件，結構定義本身就像是個建構物件的藍圖或模子，而結構物件則是根據這個藍圖製造出來的成品或模型，每個所建立的結構物件都擁有相同的結構成員，一個宣告建立結構物件的例子如下所示：

```
struct student s1, s2;
```

您也可以在定義結構的同時宣告建立結構變數，如下所示：

```
struct student
{
    char name[10];
    int score;
    int ID;
} s1, s2;
```

在建立結構物件之後，我們可以使用英文句號 . 來存取結構成員，這個句號通常稱之為「點運算子」（dot operator）。只要在結構變數後加上成員運算子 "." 與結構成員名稱，就可以直接存取該筆資料：

```
結構變數 . 項目成員名稱；
```

例如我們可以如下設定結構成員：

```
strcpy(s1.name, "Justin");
s1.score = 90;
s1.ID=10001;
```

如果兩個結構變數的成員相同，我們可以直接使用指定運算子 =，將其中一個結構物件的所有成員，指定至給另一個結構物件，指定的方式如下所示：

```
struct student
{
    char name[10];
    int score;
    int ID;
} s1, s2;

strcpy(s1.name, "Justin");
s1.score = 90;
s1.ID=10001;
s2 = s1;
```

在這個程式片段執行過後，結構物件 s2 的成員 name 內容會是 "Justin"，而 score 的值會是 90，s1.ID=10001。

4-4-2 巢狀結構

結構型態既然允許使用者自訂資料型態，當然也可以在一個結構中宣告建立另一個結構物件，我們稱為巢狀結構，巢狀結構的好處是在已建立好的資料分類上繼續分類，所以會將原本資料再做細分。語法基本結構如下：

```
struct 結構名稱 1
{
    ......
};
struct 結構名稱 2
{
    ......
    struct 結構名稱 1 變數名稱;
}
```

例如以下是一個的基本巢狀結構，在這個程式碼片段中，我們定義了 member 結構，並在其中使用原先定義好的 name 結構中宣告了 member_name 成員及定義 m1 結構變數：

```
struct name
{
    char first_name[10];
    char last_name[10];
};
struct member
{
    struct name member_name;
    char ID[10];
    int salary;
} m1={ {"Helen","Wang"},"E121654321",35000};
```

當了解巢狀結構的宣告後，接下來就要清楚如何存取結構成員。存取方式由外層結構物件加上小數點「.」存取裡層結構物件，再存取裡層結構物件的成員。各位也可以看到，使用內層巢狀結構將使得資料的組織架構更加清楚，可讀性也會更高。例如：

```
m1.member_name.lastname
```

4-4-3 結構陣列

陣列在程式設計中使用相當頻繁，主要是用來儲存相同資料型態成員的集合，而結構的功用則可以集合不同資料型態成員，不過那可是只有一筆結構資料，如果同時要記錄多筆相同結構資料，就得宣告一個結構陣列型態。宣告方式如下：

```
struct 結構名稱 結構陣列名稱 [ 陣列長度 ];
```

例如以下程式碼片段將建立具有五個元素的 student 結構陣列，陣列中每個元素都各自擁有字串 name 與整數 score 成員：

```
struct student
{
    char name[10];
    int score;
};
struct student class1[5];
```

至於要存取的成員，在陣列後方加上 "[索引值]" 存取該元素即可，例如：

```
結構陣列名稱 [ 索引值 ]. 陣列成員名稱
```

事實上，在結構陣列中的資料成員也可以宣告為陣列型態，如果各位在結構陣列中還要宣告陣列成員，也是直接在陣列前面加上資料型態即可，如下所示：

```
struct 結構名稱
{
    ......
    資料型態 陣列名稱 [ 元素個數 ];
};
struct 結構名稱 結構陣列名稱 [ 元素個數 ];
```

如果要存取結構陣列成員的陣列元素則在陣列後方加上 "[索引值]" 存取該元素即可，例如：

```
結構陣列名稱 [ 索引值 ]. 陣列成員名稱 [ 索引值 ]
```

4-5 ▸ 檔案簡介

　　檔案（File）是電腦中數位資料的集合，也是在硬碟機上處理資料的重要單位，這些資料以位元組的方式儲存。可以是一份報告、一張圖片或一個執行程式，並且包括了資料檔、程式檔與可執行檔等格式。檔案依照不同的屬性與型態又可區分為多種類型。例如文字檔、執行檔、HTML 檔、文件檔等，而且每一個檔案都會以「檔名 . 副檔名」格式來表示。其中「檔名」說明了此檔案的用途或功能，而「副檔名」則表示檔案的類型。

　　當 C 程式開始執行之後，都會自動開啟三種資料流（data stream）：標準輸入 stdin（standard input）、標準輸出 stdout（standard output）與標準錯誤 stderr（standard error）。資料流（stream）主要是作為程式與周邊的資料傳輸管道，本章所談的重點都是指檔案資料流而言，在進行 C 的檔案存取時，都會先進行「開啟檔案」的動作，這個動作即是在開啟資料流，而「關閉檔案」這個動作，就是在關閉資料流。在 C 中主要是利用檔案處理函數來處理包括開啟檔案、讀取檔案、更新檔案與關閉檔案等動作。

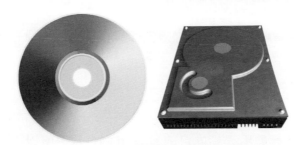

我們經常在輔助記憶體上備份檔案

TIPS

檔案在儲存時可以分為兩種方式：「文字」檔案（text file）與「二進位」檔案（binary file）。文字檔案會以字元編碼的方式進行儲存，在 Windows 作業系統中副檔名為 txt 的檔案，就是屬於文字檔案，只不過當您使用純文字編輯器開啟時，預設會進行字元比對的動作，並以相對應的編碼顯示文字檔案的內容。所謂二進位檔案，就是將記憶體中的資料原封不動的儲存至檔案之中，適用於非字元為主的資料。其實除了字元為主的文字檔案之外，所有的資料都可以說是二進位檔案，例如編譯過後的程式檔案、圖片或影片檔案等。

　　C 使用標準 I/O 函數進行檔案的開啟、寫入與關閉動作，標準 I/O 函數會自動幫忙處理緩衝區，好處是避免不斷的硬碟存取，可加快執行速度，缺點是必須規劃及佔用一塊記憶空間。緩衝區的設置是為了存取效率上的考量，因為記憶體的存取速度會比硬碟機來得快速。例如當您在程式中下達寫入的指令時，資料並不會馬上寫入硬碟，而是先寫入緩衝區中，只有在緩衝區容量不足，或是下達「關閉檔案」動作時，才會將資料寫入硬碟之中。這部份相關的檔案處理函數都定義在 stdio.h 標頭檔案中。而檔案的相關作業模式，共有六種作業模式：

1. 輸入：從檔案中讀取資料。

2. 輸出：產生新檔案，並將資料寫入此檔案。

3. 附加：將資料附加於現存檔案的尾端。

4. 插入：將資料插入現存檔案中間。

5. 刪除：將某筆資料自檔案中刪除。

6. 修改：修改檔案中的某筆記錄。

4-5-1　fopen() 函數與 fclose() 函數

在進行檔案操作與管理之前，各位必須先了解 C 中必須透過 FILE 型態的指標來操作檔案開關讀寫。FILE 是一種指標型態，宣告方式如下：

```
FILE *stream;
```

FILE 所定義的指標變數用來指向目前 stream 的位置，所以 C 中有關於檔案輸出入的函數，多數都必需搭配宣告此資料型態運用。

接著要進行檔案存取，首先必須開啟資料流，也就是進行開啟檔案的動作。也就是說，所有的檔案讀寫動作，都必須先開啟檔案，才能再繼續接下來的讀寫動作。指令如下：

```
FILE * fopen ( const char * filename, const char * mode );
```

【參數說明】

▶ filename：指定檔案名稱。

▶ mode：是指開啟檔案的模式，至於開啟模式字串，在文字檔的存取上主要以六種模式為主，如下表所示：

模式	說明
"r"	讀取模式。檔案必須存在。
"w"	寫入模式。建立一個空的檔案被寫入，若是檔案已存在將會不清空並複寫。
"a"	新增模式。開啟一個檔案並新增新的資料。若是檔案不存在時，會建立新檔。
"r+"	讀取或更新。開啟一個檔案可同時具備讀取與更新。檔案必須存在。
"w+"	讀取或寫入。建立一個空的檔案可同時讀取與寫入，若是檔案已存在將會被清空並複寫。
"a+"	讀取或新增。開啟一個檔案可同時讀取與新增。新增過程將會保護目前已存在的資料，透過間格的指標將可在文件中來回移動讀取資料，當寫入時則仍會由檔案最終處新增。若是檔案不存在時，會建立新檔。

　　檔案處理完畢後，最好要記得關閉檔案。當我們使用 fopen() 所開啟的檔案，會先將檔案資料複製到緩衝區中，而我們所下達的讀取或寫入動作，都是針對緩衝區進行存取而不是針對硬碟，只有在使用 fclose() 關閉檔案時，緩衝區中的資料才會寫入硬碟之中。

　　也就是說，當執行完檔案的讀寫後，應該確實的透過 fclose() 關閉使用中的檔案，才不會造成檔案被鎖定或是資料紀錄不完全的情形發生。指令如下：

```
int fclose ( FILE * stream );
```

【參數說明】

▶ stream：指定資料流物件指標

　　當資料流正確被關閉時，回傳數值為 0，如果資料流關閉錯誤，將引發錯誤或是回傳 EOF。

TIPS

EOF（End Of File）是表示資料結尾的常數，其值為 -1，定義在 stdio.h 標頭檔中。

　　以下程式範例中將說明 fopen() 函數與 fclose() 函數的宣告用法，也就是透過判斷指標變數是否為 NULL 來確認檔案是否存在。

```
01  #include <stdio.h>
02  #include <stdlib.h>
03
04  int main ()
```

```
05  {
06      FILE * pFile;  /* 宣告一個指標形態的變數，變數名稱 :pFile*/
07
08      pFile = fopen ("fileIO.txt","r");   /* 讀取方式開啟檔案 */
09      if (pFile!=NULL){                    /* 當指標不為 NULL 時 */
10          printf(" 檔案讀取成功 \\n");        /* 表示讀取成功 */
11          fclose (pFile);                  /* 開啟成功後記得關閉 */
12      }
13      else
14      printf(" 檔案讀取失敗 \\n");            /* 當指標為 NULL 時，表示失敗 */
15
16      return 0;
17  }
```

【執行結果】

```
檔案讀取成功
------------------------------------
Process exited after 0.1632 seconds with return value 0
請按任意鍵繼續 . . . ■
```

【程式解說】

▶ 第 6 行宣告一個指標形態的變數，變數名稱為 pFile。第 8 行是以讀取方式開啟檔案。第 9 行透過判斷指標變數是否為 NULL 來確認檔案是否存在。第 11 行開啟檔案後程式結束前，應透過 fclose() 函數關閉檔案。

4-5-2　fputc() 函數與 fgetc() 函數

如果想要逐一將字元寫入檔案中，則可以使用 fputc() 函數，使用格式如下：

```
fputc( 字元變數 , 檔案指標變數 );
```

例如：

```
fputc(ch,fptr);
```

ch 為所要寫入的字元，而 fptr 為所開啟檔案的結構指標，fputc() 若寫入字元失敗，則傳回 EOF 值，否則就傳回寫入的字元值。至於在 C 中，EOF（End Of File）是表示資料結尾的常數，其值為 -1，定義在 stdio.h 標頭檔中。

　　接下來要說明如何一個字元接著一個字元逐步將文字檔案中的內容讀出，我們所使用的是 fgetc() 函數，它會從資料流中一次讀取一個字元，然後將讀取游標往下一個字元移動，fgetc() 函數的定義如下：

```
fgetc(字元變數, 檔案指標變數);
```

　　例如：

```
fgetc(ch,fptr);
```

　　如果字元讀取成功，則傳回所讀取的字元值，否則就傳回 EOF（End of File）。不過這邊會有個問題，如果讀取錯誤會傳回 EOF，而讀取到檔案結尾也會傳回 EOF，那要如何識別檔案已經讀取完畢呢？其實各位可以利用 feof() 函數來進行檢查，它的定義如下：

```
feof(檔案指標變數);
```

　　feof() 函數會檢查檔案是否到達檔尾，如果已經到達檔尾，則傳回一個非零值，否則就傳回零。

　　以下程式範例是利用 fputc() 函數寫入檔案，寫入字元的 ASCII 為 65，代表英文字母A，程式執行完畢後可開啟 fileIO.txt 查看結果。

```
01  #include <stdio.h>
02  #include <stdlib.h>
03
04  int main ()
05  {
06      FILE * pFile; /* 宣告一個指標形態的變數，變數名稱 :pFile */
07
08      pFile = fopen ("fileIO.txt","w"); /* 寫入方式開啟檔案 */
09      if (pFile!=NULL)
10      {
11          putc (65,pFile); /* 寫入一個字元，ASCII 為 65 */
12          fclose (pFile);
13          printf (" 字元寫入成功 \\n") ;
14      }
15
16      return 0;
17  }
```

【執行結果】

```
字元寫入成功
-----------------------------------
Process exited after 0.1958 seconds with return value 0
請按任意鍵繼續 . . . ▪
```

```
fileIO.txt - 記事本                          —    □    ×
檔案(F)  編輯(E)  格式(O)  檢視(V)  說明(H)
A
```

【程式解說】

▶ 第 6 行宣告一個指標形態的變數，變數名稱 pFile。第 8 行以寫入方式開啟檔案。第 11 行以 putc() 函數寫入一個字元，ASCII 為 65。

接下來要說明如何一個字元接著一個字元逐步將文字檔案中的內容讀出，我們所使用的是 fgetc() 函數，它會從資料流中一次讀取一個字元，然後將讀取游標往下一個字元移動，fgetc() 函數的定義如下：

```
fgetc ( 字元變數 , 檔案指標變數 );
```

例如：

```
fgetc(ch,fptr);
```

如果字元讀取成功，則傳回所讀取的字元值，否則就傳回 EOF（End of File）。

4-5-3　fpus() 函數與 fgets() 函數

在標準 I/O 函數中的字串存取函數有 fgets() 函數與 fputs() 函數兩種，我們可以使用 fputs() 函數將一個字串寫入至檔案中，使用格式如下：

```
fputs (" 寫入字串 ", 檔案指標變數 );
```

例如：

```
File *fptr;
char str[20];
.....
fputs(str,fptr);
```

如果是要讀取檔案中的一個字串，可使用 fgets() 函數，使用格式如下：

```
fgets(" 讀出字串 ", 字串長度 , 檔案指標變數 );
```

例如：

```
File *fptr;
char str[20];
int length;
.....
fgets(str,length,fptr);
```

其中 str 是字串讀取之後的暫存區，length 是讀取的長度，單位是位元組，fgets() 函數所讀入的 length 有兩種情況，一種是讀取指定 length-1 的字串，因為最後必須加上 '\0' 字元，另一種是當 length-1 的長度內包括了換行字元 '\n' 或 EOF 字元時，則只能讀取到這些字元為止，fgets() 函數與 fputs() 函數很適合處理以單行來儲存的檔案內容。

以下程式範例仍是利用 fputs() 函數與 fgets() 函數來讀取並複製拷貝到另一檔案，並將拷貝完畢的檔案再次讀出。

```
01  #include <stdio.h>
02  #include <stdlib.h>
03
04  int main(void)
05  {
06      FILE *fptr,*fptr1;
07      int i,count=0;
08      char str[11];
09
10      fptr1 = fopen(" 記憶法報導拷貝檔 2.txt","w");
11      if((fptr = fopen(" 記憶法報導 .txt","r")) ==NULL)
12          puts(" 無法開啟檔案 ");
13      else
14          while(fgets(str,11,fptr)!=NULL)/* 如果檔案未結束 , 則執行迴圈 */
15          {
```

```
16            printf("%s\n",str);
17            fputs(str,fptr1);
18        }
19    fclose(fptr); /* 關閉檔案 */
20    fclose(fptr1); /* 關閉檔案 */
21
22    if((fptr1 = fopen("記憶法報導拷貝檔2.txt","r")) ==NULL)
23        puts("無法開啟檔案");
24    else
25        while(fgets(str,11,fptr)!=NULL)
26            printf("%s\n",str);
27    fclose(fptr1); /* 關閉檔案 */
28
29    return 0;
30 }
```

【執行結果】

```
市面上的傳
統速記法，
強調以圖像
法、聯想法
、心智圖等
理論來強化
記憶力，學
習者不但必
須不斷花錢
上課來學習
各種複雜的
速記技巧，
本身還必須
具備豐富的
知識背景。
_____
Process exited after 0.3004 seconds with return value 0
請按任意鍵繼續 . . .
```

【程式碼說明】

▶ 第14行如果檔案未結束，則執行迴圈所在。第17行將 str 字串存入 fptr1 所指向的檔案。第25行以 fgets() 函數讀取11字元的字串，如果不是 NULL 則執行 while 迴圈。第27行關閉檔案。

4-6 ▸ 本章相關模擬試題

1. 大部分程式語言都是以列為主的方式儲存陣列。在一個 8x4 的陣列（array）A 裡，若每個元素需要兩單位的記憶體大小，且若 A[0][0] 的記憶體位址為 108（十進制表示），則 A[1][2] 的記憶體位址為何？

    (A)120

    (B)124

    (C)128

    (D) 以上皆非

    解答 (A)

2. 右側 F() 函式執行時，若輸入依序為整數 0, 1, 2,3, 4, 5, 6, 7, 8, 9，請問 X[] 陣列的元素值依順序為何？

    (A) 0, 1, 2, 3, 4, 5, 6, 7, 8, 9

    (B) 2, 0, 2, 0, 2, 0, 2, 0, 2, 0

    (C) 9, 0, 1, 2, 3, 4, 5, 6, 7, 8

    (D) 8, 9, 0, 1, 2, 3, 4, 5, 6, 7

    解答 (D)

```
void F () {
    int X[10] = {0};
    for (int i=0; i<10; i=i+1) {
        scanf("%d", &X[(i+2)%10]);
    }
}
```

3. 右側程式片段執行過程的輸出為何？

    (A) 44

    (B) 52

    (C 54

    (D) 63

    解答 (B)

```
int i, sum, arr[10];
for (int i=0; i<10; i=i+1)
    arr[i] = i;
sum = 0;
for (int i=1; i<9; i=i+1)
    sum = sum - arr[i-1] + arr[i]
+ arr[i+1];
printf ("%d", sum);
```

4. 若 A 是一個可儲存 n 筆整數的陣列，
且資料儲存於 A[0]~A[n-1]。經過右側
程式碼運算後，以下何者敘述不一定
正確？

(A) p 是 A 陣列資料中的最大值

(B) q 是 A 陣列資料中的最小值

(C) q < p

(D) A[0] <= p

```
int A[n]={ … };
int p = q = A[0];
for (int i=1; i<n; i=i+1) {
    if (A[i] > p)
        p = A[i];
    if (A[i] < q)
        q = A[i];
}
```

解答 (C)

5. 右側程式擬找出陣列 A[] 中的最大值
和最小值。不過，這段程式碼有誤，
請問 A[] 初始值如何設定就可以測出
程式有誤？

(A) {90, 80, 100}

(B) {80, 90, 100}

(C) {100, 90, 80}

(D) {90, 100, 80}

```
int main () {
    int M = -1, N = 101, s = 3;
    int A[] = _____?_____;
    for (int i=0; i<s; i=i+1) {
        if (A[i]>M) {
            M = A[i];
        }
        else if (A[i]<N) {
            N = A[i];
        }
    }
    printf("M = %d, N = %d\n", M, N);
    return 0;
}
```

解答 (B)

6. 經過運算後，下列程式的輸出為何？

(A) 1275

(B) 20

(C) 1000

(D) 810

```
for (i=1; i<=100; i=i+1) {
    b[i] = i;
}
a[0] = 0;
for (i=1; i<=100; i=i+1) {
    a[i] = b[i] + a[i-1];
}
printf ("%d\n", a[50]-a[30]);
```

解答 (D)

7.　請問右側程式輸出為何？

(A) 1

(B) 4

(C) 3

(D) 33

解答 (B)

```
int A[5], B[5], i, c;
...
for (i=1; i<=4; i=i+1) {
    A[i] = 2 + i*4;
    B[i] = i*5;
}
c = 0;
for (i=1; i<=4; i=i+1) {
    if (B[i] > A[i]) {
        c = c + (B[i] % A[i]);
    }
    else {
        c = 1;
    }
}
printf ("%d\n", c);
```

8.　定義 a[n] 為一陣列（array），陣列元素的指標為 0 至 n-1。若要將陣列中 a[0] 的元素移到 a[n-1]，右側程式片段空白處該填入何運算式？

(A) n+1

(B) n

(C) n-1

(D) n-2

解答 (D)

```
int i, hold, n;
...
for (i=0; i<=      ; i=i+1) {
    hold = a[i];
    a[i] = a[i+1];
    a[i+1] = hold;
}
```

9.
```
01   struct A {
02       int x, y;
03       char name[20];
04   }P, Q, B[10];
```

請問下列哪個選項會編譯錯誤？

(A) P.x = Q.y;　　　　　　　　(B) B.name[5] = 'a';

(C) Q.name[3] = '1';　　　　　　(D) P.y = Q.x;

解答 (B)

10.
```
01   int main() {
02       char boo[] = {'a', 'b', 'c', 'd', 'e', 'f', 'g', 'h', 'i'};
03       for (int i = 0; i < 9; i++)
04       boo[i] = boo[i] + i * 2;
05       for(int i=0;i<9;i++)
06           printf("%c \n", boo[i]);
07   }
```

下列何者的輸出結果是正確的？

(A) abcdefghi

(B) adgjmpsvy

(C) adgjefghi

(D) abcdepsvy

解答 (B)

11.
```
01   int count=0;
02   int n = 8;
03   int temp;
04
05   int boo[] = { ?  ?  ?  ?  ?  ?  ? };
06   for (int i = 0; i < n; i++)
07       for (int j = 0; j < n - 1; j++)
08           if (boo[j] > boo[j + 1]) {
09               temp=boo[j];
10               boo[j]=boo[j+1];
11               boo[j+1]=temp;
12               count++;
13           }
14   printf("%d \n",count);
```

則下列給 4 個陣列問交換次數最多的是哪一個？

(A) {1,3,5,7,9,11,13,15}

(B) {9,11,13,15,1,3,7,5 }

(C) {11,13,5,7,9,1,3,15}

(D) {15,13,11,9,1,3,5,7}

解答 (D)

12.
```
01   int boo1[2][2] = {1, 2, 3, 4};
02   int boo2[2][2] = {4, 3, 2, 1};
03   for (int i = 0; i < 2; i++) {
04       for (int j = 0; j < 2; j++)
05           printf("%d ", boo1[i][j] +2* boo2[j][i]);
06       printf("\n");
07   }
```

則下列何者為正確的輸出結果？

(A) 4 4   (C) 9 9

     9 4   6 6

(B) 9 6   (D) 9 4

     9 6   9 4

解答 (B)

13. 若 A[][] 是一個 MxN 的整數陣列，下列程式片段用以計算 A 陣列每一列的總和，以下敘述何者正確？ **【106 年 3 月觀念題】**

```c
void main () {
    int rowsum = 0;
    for (int i=0; i<M; i=i+1) {
        for (int j=0; j<N; j=j+1) {
            rowsum = rowsum + A[i][j];
        }
        printf("The sum of row %d is %d.\n", i, rowsum);
    }
}
```

(A) 第一列總和是正確，但其他列總和不一定正確

(B) 程式片段在執行時會產生錯誤（run-time error）

(C) 程式片段中有語法上的錯誤

(D) 程式片段會完成執行並正確印出每一列的總和

解答 (A)

14. 若 A[1]、A[2]，和 A[3] 分別為陣列 A[] 的三個元素（element），下列那個程式片段可以將 A[1] 和 A[2] 的內容交換？

(A) A[1] = A[2]; A[2] = A[1];

(B) A[3] = A[1]; A[1] = A[2]; A[2] = A[3];

(C) A[2] = A[1]; A[3] = A[2]; A[1] = A[3];

(D) 以上皆可

解答 (B)

15. 若宣告一個字元陣列 char str[20] = "Hello world!"; 該陣列 str[12] 值為何？

(A) 未宣告　　　　　(B) \0　　　　　(C) !　　　　　(D) \n

解答 (B)

16.
```
01   #include <stdio.h>
02
03   int main()
04   {
05       int n=15;
06       int boo[]={1,2,3,4,5,6,7,8,9,10,11,12,13,14,15};
07       int sum = 0;
08       for (int i = 0; i < n; i++) {
09           if (i % 2 == 0)
10               sum = sum + (-boo[i]);
11           sum = sum + boo[i];
12       }
13       printf("%d\n", sum);
14   }
```

則下列何者為正確的輸出結果？

(A) 71　　　　　(B) 120　　　　　(C) 42　　　　　(D) 56

解答 (D)

17.
```
01   #include <stdio.h>
02
03   int main()
04   {
05       int s[100],a[100];
06       for (int i = 0; i < 100; i++)
07           a[i] = 0, s[i] = 0;
08
09       s[0] = 1;
10       for (int i = 0; i < 100; i++) {
11           int index = i / 10;
12           s[i] = s[i] + s[a[index]];
13       }
14       printf("%d", s[15]);
15   }
```

則下列何者為正確的輸出結果？

(A) 0　　　　　(B) 1　　　　　(C) 2　　　　　(D) 3

解答 (C)

函數

程式設計是相當耗時且複雜的工作，當需求及功能愈來愈多，程式碼自然就會愈來愈龐大，這時多人分工合作來完成軟體開發是勢在必行的。那麼應該如何解決上述問題呢？在 C 中提供了相當方便實用的函數功能，可以讓程式更加具有結構化與模組化的特性。C 的程式架構中就包含了最基本的函數，也就是大家耳熟能詳的 main() 函數。函數是 C 的主要核心架構與基本模組，整個 C 程式的撰寫，就是由這些各俱功能的函數所組合而成。

函數就如同現實生活中分工合作的概念

5-1 ▸ 認識函數

所謂函數，就是一段程式敘述的集合，並且給予一個名稱來代表此程式碼集合。C 的函數可區分為系統本身提供的標準函數及程式設計師自行定義的自訂函數兩種。當各位使用標準函數只要將所使用的相關函數表頭檔含括（include）進來即可，而自訂函數則是使用者依照需求來設計的函數。

TIPS

例如亂數函數定義於 <cstdlib> 的表頭檔中，其功能是能隨機產生數字提供程式做應用，rand() 稱為假隨機亂數，產生 0 ~ 32767 之間的亂數，我們要使用 rand() 函數就必須把 <cstdlib> 表頭檔含括（include）進來。

5-1-1　函數原型宣告

由於 C 程式在進行編譯時是採用由上而下的順序，如果在函數呼叫前沒有編譯過這個函數的定義，那麼 C 編譯器就會傳回函數名稱未定義的錯誤。因此函數跟變數一樣，當各位使用時一定要從開始宣告。原型宣告的位置是放置於程式開頭，通常是位於 #include 指令 與 main() 之間，或者也可以放在 main() 函數中，宣告的語法格式如下：

```
傳回資料型態 函數名稱（資料型態 參數 1, 資料型態 參數 2, ……….）;
或
傳回資料型態 函數名稱（資料型態, 資料型態, ……….）;
```

例如一個函數 sum() 可接收兩筆成績參數，並傳回其最後計算總和值，原型宣告如下兩種方式：

```
int sum(int score1,int score2);
或是
int sum(int, int);
```

如果函數不用傳回任何值，或則函數中沒有任何參數傳遞，都可用 void 關鍵字形容：

```
void  sum(int score1,int score2);
int sum(void);
int sum();   /* 直接以空括號表示也合法 */
```

請注意！如果呼叫函數的指令位在函數主體定義之後可以省略原型宣告，否則就必須在尚未呼叫函數前，先行宣告自訂函數的原型（function prototype），來告訴編譯器有一個還沒有定義，卻將會用到的自訂函數存在。不過為了程式的可讀性考量，我們建議盡量養成每一個函數都能原型宣告的習慣。

5-1-2　定義函數主體

各位清楚函數的原型宣告後，接下來我們要來討論如何定義函數主體的架構。自訂函數的定義方式與 main() 函數中程式碼的撰寫類似，基本架構如下：

```
函數型態  函數名稱 ( 資料型態  參數 1,  資料型態  參數 2,  ……….)
{
    程式指令區 ;
    :
    return 傳回值 ;
}
```

函數名稱是開始定義函數的第一步，是由各位的喜好來自行來命名，命名規則與變數命名規則相似，最好能具備可讀性。千萬避免使用不具任何意義的字眼作為函數的名稱，例如 bbb、aaa 等，不然函數一多就會讓人看的暈頭轉向，搞不懂某個函數是做什麼用的。

不過在函數名稱後面括號內的參數列，這裏可不能像原型宣告時，只要填上各參數的資料型態即可，一定要同時填上每一筆資料型態與參數名稱。假設這個函數不需傳入參數，則可在括號內指定 void 資料型態（或省略成空白）。

函數主體的程式區是由 C 的合法指令組成，在程式碼撰寫的風格上，我們建議使用註解來說明函數的作用。比較特別的是 return 指令後面的傳回值型態，必須與函數型態相同。

例如傳回整數則使用 int、浮點數則使用 float，若沒有傳回值則加上 void。如果函數型態宣告為 void，則最後的 return 關鍵字可省略，或保留 return，但其後不接傳回值，如：

```
return ;
```

5-2 ▶ 參數傳遞方式

C 語言函數中的參數傳遞，是將主程式中呼叫函數的引數值，傳遞給函數部分的參數，然後在函數中，處理定義的程式敘述，依照所傳遞的是參數的數值或位址而有所不同。這種關係有點像投手與捕手間的關係，一個投球與一個接球。

C 的函數參數傳遞的方式可以分為「傳值呼叫」（call by value）與「傳址呼叫」（call by address）兩種。

函數參數傳遞過程很像是投手與捕手間的相互關係

TIPS

> 我們實際呼叫函數時所提供的參數，通常簡稱為「引數」或實際參數（Actual Parameter），而在函數主體或原型中所宣告的參數，常簡稱為「參數」或形式參數（Formal Parameter）。

5-2-1 傳值呼叫

傳值呼叫方式的特點是並不會更動到原先主程式中呼叫的變數內容。也就是指主程式呼叫函數的實際參數時，系統會將實際參數的數值傳遞並複製給函數中相對應的形式參數。基本上，C 預設的參數傳遞方式就是傳值呼叫（call by value），傳值呼叫的函數原型宣告如下所示：

```
回傳資料型態 函數名稱（資料型態 參數 1，資料型態 參數 2，……….）;
或
回傳資料型態 函數名稱（資料型態，資料型態，……….）;
```

傳值呼叫的函數呼叫型式如下所示：

```
函數名稱（引數 1，引數 2，……….）;
```

接下來我們利用以下範例來說明傳值呼叫的基本方式，目的在於將兩個變數的內容傳給自訂函數 swap_test() 以進行交換，不過並不會針對引數本身作修改，所以不會達到變數內容交換的功能。

首先宣告一個函數 void swap_test(int,int)，該函數僅接受引數以數值呼叫方式傳入。因此，呼叫 swap_test 時傳入的 a 與 b 僅是將兩變數本身的數值作一份副本。如下圖所示：

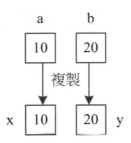

因此原本 a 與 b 的數值是 10 與 20，在呼叫 swap_test 函數後，僅針對函數中的 x 與 y 進行交換，亦即 x 與 y 的數值原本是 10 與 20。交換後，x 為 20，而 y 為 10，不過並不會針對引數本身作修改，所以不會達到變數內容交換的功能，請各位仔細觀察輸出結果。

```
01  #include <stdio.h>
02  #include <stdlib.h>
03
04  void swap_test(int,int);/* 傳值呼叫函數 */
05
06  int main()
07  {
08      int a,b;
```

```
09      a=10;
10      b=20;/* 設定 a,b 的初值 */
11      printf(" 函數外交換前：a=%d, b=%d\n",a,b);
12      swap_test(a,b);/* 函數呼叫 */
13      printf(" 函數外交換後：a=%d, b=%d\n",a,b);
14
15
16      return 0;
17  }
18
19  void swap_test(int x,int y)/* 未傳回值 */
20  {
21      int t;
22      printf(" 函數內交換前：x=%d, y=%d\n",x,y);
23      t=x;
24      x=y;
25      y=t;/* 交換過程 */
26      printf(" 函數內交換後：x=%d, y=%d\n",x,y);
27  }
```

【執行結果】

```
函數外交換前：a=10, b=20
函數內交換前：x=10, y=20
函數內交換後：x=20, y=10
函數外交換後：a=10, b=20

--------------------------------
Process exited after 0.1727 seconds with return value 0
請按任意鍵繼續 . . .
```

【程式解說】

▶ 第 4 行傳值呼叫函數的原型宣告。第 9~10 行設定 a、b 的初值。第 12 行函數呼叫指令。第 19 行未傳回值的函數。第 23~25 行 x 與 y 數值的交換過程。

5-2-2　傳址呼叫

C 函數的傳址呼叫（call by address）是表示在呼叫函數時，系統並沒有另外分配實際的位址給函數的形式參數，而是將實際參數的位址直接傳遞給所對應的形式參數。

在 C 中要進行傳址呼叫，我們必須宣告指標（Pointer）變數作為函數的引數，因為指標變數是用來儲存變數的記憶體位址，呼叫的函數在呼叫引數前必須加上 & 運算子。傳址方式的函數宣告型式如下所示：

回傳資料型態 函數名稱（資料型態 * 參數 1, 資料型態 * 參數 2, ……….）;
或
回傳資料型態 函數名稱（資料型態 *, 資料型態 *, ……….）;

傳址呼叫的函數呼叫型式如下所示：

函數名稱 (& 引數 1,& 引數 2, ……….) ;

TIPS

進行傳址呼叫時必需使特別使用到「*」取值運算子和「&」取址運算子，說明如下：
- 「*」取值運算子：可以取得變數在記憶體位址上所儲存的值。
- 「&」取址運算子：可以取得變數在記憶體上的位址。

如果以上一小節範例來說，到底要怎麼修改，才能讓主程式中的 a 與 b 藉由 swap_test() 函數進行數值的交換呢？很簡單，只要將函數修改為傳址呼叫的形式，就能解決上述的問題，讓兩個數值確實交換。

我們可以將函數的宣告修改為 void swap_test（int *,int *），指定傳入的引數必須是兩個整數的位址，並以兩個整數指標 *x 與 *y 來接受參數，就可以真正更動兩個變數的內容。如下圖所示：

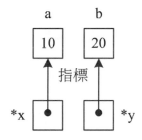

以下程式是傳址呼叫的基本範例，其它傳址呼叫的函數結構也都大同小異。各位可以透過自訂函數 void swap_test(int *,int *)，指定傳入的引數必須是兩個整數的位址，並以兩個整數指標 *x 與 *y 來接受參數，就可以更動兩個變數的內容。

```
01  #include <stdio.h>
02  #include <stdlib.h>
03  #include <string.h>
04
05  void swap_test(int *,int *);/* 函數傳址呼叫 */
```

```
06
07  int main()
08  {
09      int a,b;
10      a=10;
11      b=20;
12      printf(" 函數外交換前：a=%d, b=%d\n",a,b);
13      swap_test(&a,&b);/* 傳址呼叫 */
14      printf(" 函數外交換後：a=%d, b=%d\n",a,b);
15
16
17      return 0;
18  }
19
20  void swap_test(int *x,int *y)
21  {
22      int t;
23      printf(" 函數內交換前：x=%d, y=%d\n",*x,*y);
24      t=*x;
25      *x=*y;
26      *y=t;/* 交換過程 */
27      printf(" 函數內交換後：x=%d, y=%d\n",*x,*y);
28
29  }
```

【執行結果】

```
函數外交換前：a=10, b=20
函數內交換前：x=10, y=20
函數內交換後：x=20, y=10
函數外交換後：a=20, b=10

------------------------------------
Process exited after 0.182 seconds with return value 0
請按任意鍵繼續 . . . ■
```

【程式解說】

▶ 第 5 行函數傳址呼叫，指定傳入的引數必須是兩個整數的位址，並以兩個整數指標
  *x 與 *y 來接受參數。第 13 行必須加上 & 運算子來呼叫引數。第 24~26 行若要交換
  資料則必須使用「*」運算子，因為 x 與 y 是整數指標，必須透過「*」運算子來存取
  其內容。

5-2-3 陣列參數傳遞

當我們在函數中要傳遞的對象不只一個，例如陣列資料，也能透過位址與指標的方式進行處理並得到結果。由於陣列名稱所儲存的值其實就是陣列第一個元素的記憶體位址，所以我們可以直接利用傳址呼叫的方式將陣列指定給另一個函數，這時如果在函數中改變了陣列內容，所呼叫主程式中的陣列內容當然也會隨之改變。

不過由於陣列大小必須依據所擁有的元素個素，所以在陣列參數傳遞過程，最好是可以加上傳送陣列長度的引數。請看以下一維陣列參數傳遞的函數宣告：

```
( 回傳資料型態 or void)　函數名稱（資料型態 陣列名稱 [ ]，資料型態 陣列長度…）；
或
( 回傳資料型態 or void) 函數名稱（資料型態 * 陣列名稱 ，資料型態 陣列長度 ...）；
```

而一維陣列參數傳遞的函數呼叫方式如下所示：

```
函數名稱（資料型態 陣列名稱，資料型態 陣列長度…）；
```

基本上，多維陣列參數傳遞的原精神和一維陣列大致相同。例如傳遞二維陣列，只要再加上一個維度大小的參數就可以。還有一點要特別提醒各位，所傳遞陣列的第一維可以省略不用填入元素個數，不過其它維度可得乖乖地填上元素個數，否則編譯時會產生錯誤。二維陣列參數傳遞的函數宣告型式如下所示：

```
( 回傳資料型態 or void)　函數名稱（資料型態 陣列名稱 [ ][ 行數 ]，資料型態 列數，資料型態 行數 ...）；
```

而二維陣列參數傳遞的函數呼叫如下所示：

```
函數名稱（資料型態 陣列名稱 ，資料型態 列數，資料型態 行數…）；
```

5-3 ▸ 本章相關模擬試題

1. 給定右側程式，其中 s 有被宣告為全域變數，請問程式執行後輸出為何？

    (A) 1,6,7,7,8,8,9

    (B) 1,6,7,7,8,1,9

    (C) 1,6,7,8,9,9,9

    (D) 1,6,7,7,8,9,9

    解答 (B)

```c
int s = 1; // 全域變數
void add (int a) {
    int s = 6;
    for( ; a>=0; a=a-1) {
        printf("%d,", s);
        s++;
        printf("%d,", s);
    }
}
int main () {
    printf("%d,", s);
    add(s);
    printf("%d,", s);
    s = 9;
    printf("%d", s);
    return 0;
}
```

2. 小藍寫了一段複雜的程式碼想考考你是否了解函式的執行流程。請回答程式最後輸出的數值為何？

    (A) 70

    (B) 80

    (C) 100

    (D) 190

    解答 (A)

```c
int g1 = 30, g2 = 20;
int f1(int v) {
    int g1 = 10;
    return g1+v;
}
int f2(int v) {
    int c = g2;
    v = v+c+g1;
    g1 = 10;
    c = 40;
    return v;
}
int main() {
    g2 = 0;
    g2 = f1(g2);
    printf("%d", f2(f2(g2)));
    return 0;
}
```

3. 給定一陣列 a[10]={ 1, 3, 9, 2, 5,8, 4, 9, 6, 7 }，i.e., a[0]=1, a[1]=3, …,a[8]= 6, a[9]=7，以 f(a, 10) 呼叫執行以下函式後，回傳值為何？

   (A) 1

   (B) 2

   (C) 7

   (D) 9

   解答 (C)

```
int f (int a[], int n) {
    int index = 0;
    for (int i=1; i<=n-1; i=i+1) {
        if (a[i] >= a[index]) {
            index = i;
        }
    }
    return index;
}
```

4. 右側程式執行後輸出為何？

   (A) 0

   (B) 10

   (C) 25

   (D) 50

   解答 (D)

```
int G (int B) {
    B = B * B;
    return B;
}
int main () {
    int A=0, m=5;
    A = G(m);
    if (m < 10)
        A = G(m) + A;
    else
        A = G(m);
    printf ("%d \n", A);
    return 0;
}
```

5.
```
01  int boo(int n) {
02      switch(n) {
03          case 0: return n;
04          case 1: return n + func(n / 2);
05          default: return n + func(n / 4);
06      }
07      return n;
08  }
09
10  int main() {
11      printf("%d \n",boo(20));
12  }
```

請問輸出結果為何？

(A) 32

(B) 34

(C) 38

(D) 26

解答 (D)

6.

```
01   #include <stdio.h>
02
03   int c[100] = {};
04
05   int func(int n, int c[]) {
06       if (n < 1)
07           return 1;
08       else if (c[n] > 0)
09           return c[n];
10       c[n] = 3 * func(n - 1,c) + func(n - 2,c);
11       return c[n];
12   }
13   int main() {
14       for (int i = 0; i < 100; i++)
15           c[i] = 0;
16       printf("%d \n",func(3, c));
17   }
```

則下列何者為正確的輸出結果？

(A) 17   (B) 43

(C) 89   (D) 61

解答 (B)

7.

```
01   int test(int n, int m) {
02       int arr[100];
03       int end = 0;
04       for (int i = 1; i <= n; i++) {
05           arr[end] = i;
06           end = end + 1;
07       }
08       int begin = -1, count = 0;
09       while (end > begin + 1) {
10           count = count + 1;
11           begin = begin + 1;
12           if (count == m) {
13               arr[end] = arr[begin];
14               count = 0;
15               end = end + 1;
16           }
17       }
18       return arr[begin];
19   }
```

則 test(20,5) 回傳的結果值為？

(A) 16   (B) 8

(C) 3   (D) 20

解答 (D)

8.
```
01   int boo(int n) {
02       if (n > 10)
03           n = n + 5;
04       while (n < 12)
05           n = n + 1;
06       if (n == 14)
07           n = 5;
08       return n;
09   }
```

詢問 boo(n) 有可能回傳什麼數值？

(A) 10   (B) 11

(C) 12   (D) 13

解答 (A)

9.
```
01   int boo(int x, int y) {
02       if (x == 0) return y;
03       else return boo(x - 1, x + y);
04   }
05
06   int main()
07   {
08      printf("%d", boo(60, 5));
09   }
```

則下列何者為正確的輸出結果？

(A) 1895   (B) 1896

(C) 1834   (D) 1835

解答 (D)

10. 給定函式 A1()、A2() 與 F() 如下，以下敘述何者有誤？　　　【106 年 3 月觀念題】

```
void A1 (int n) {
    F(n/5);
    F(4*n/5);
}
```

```
void A2 (int n) {
    F(2*n/5);
    F(3*n/5);
}
```

```
void F (int x) {
  int i;
for (i=0; i<x; i=i+1)
    printf("*");
    if (x>1) {
      F(x/2);
      F(x/2);
    }
}
```

(A) A1(5) 印的 '*' 個數比 A2(5) 多

(B) A1(13) 印的 '*' 個數比 A2(13) 多

(C) A2(14) 印的 '*' 個數比 A1(14) 多

(D) A2(15) 印的 '*' 個數比 A1(15) 多

解答 (D)

11.
```
01   int fun(int m, int n) {
02       if (n == 0) {
03           return m;
04       }
05       return ? ? ?
06   }
```

請問上面程式中？？？填什麼 f 才會回傳 gcd(m, n)

(A) fun(m, n%m);

(B) fun(m%n, n);

(C) fun(m%n, n);

(D) fun(n, m%n);

解答 (D)

12.
```
01  int i = 1;
02  void f() {
03    i = 3;
04    cout << i << '';
05    i = 6;
06  }
07  int main() {
08    cout << i << '';  ;
09    f();
10    cout << i ;
11  }
```

請問上面程式的輸出結果：

(A) 1 3 3

(B) 1 6 6

(C) 1 6 3

(D) 1 3 6

解答 (D)

13. 若函式 rand() 的回傳值為一介於 0 和 10000 之間的亂數，下列那個運算式可產生介於 100 和 1000 之間的任意數（包含 100 和 1000）？

(A) rand() % 900 + 100

(B) rand() % 1000 + 1

(C) rand() % 899 + 101

(D) rand() % 901 + 100

解答 (D)

14. 請問下面程式中的？？填入哪些輸出是 "000111110"

```
01  char z[10] = {};
02  void boo(char *a, char *b) {
03      for (int m= 0; m< 9; m++) {
04          if (a[ ? ? ] == b[ ? ? ])
05              z[m] = '0';
06          else
07              z[m] = '1';
08      }
09  }
```

```
10   int main() {
11       char x[] = "000111110";
12       char y[] = "110001011";
13       boo(x, y);
14       boo(z, y);
15       cout << z << '\n';
16   }
```

(A) m, m-1   (B) m, 8 - m

(C) 8 - m, m   (D) 三個選項都對

解答 (B)

15.
```
01   void swap(int a, int b) {
02       a = a+ b;
03   }
04
05   int main() {
06       int a=3;
07       int b=9;
08       swap(a,b);
09       cout<<a<<' '<<b<<endl;
10   }
```

請問上面程式的輸出結果：

(A) 3 9   (B) 9 3

(C) 12 9   (D) 12 12

解答 (A)

16.
```
01   int boo(int i) {
02       if (i > 12)
03           i= i + 5;
04       while (i < 14)
05           i = i - 3;
06       i = i - 3;
07       return i;
08   }
```

上述函數不可能回傳下列哪一個數字？

(A) 6   (B) 25

(C) 13   (D) 16

解答 (A)

17.
```
01   char score(int x) {
02     if (x <= 100 && x >= 90)
03       return 'A';
04     else if (x >= 80)
05       return 'B';
06     else if (x >= 70)
07       return 'C';
08     else if (x > 60)
09       return 'D';
10     else
11       return 'F';
12   }
```

如果希望這支程式 score() 可以判斷以下分數等級分配：

- 90 ~ 100: A

- 80 ~ 89: B

- 70 ~ 79: C

- 60 ~ 69: D

- 不及格 : F

請問上面程式哪裡寫錯？

(A) 02 行   (B) 04 行

(C) 06 行   (D) 08 行

解答 (D)

18.
```
01   int fun(int x, int y) {
02     if (x == y)
03       return 1;
04     return fun(x, y - 1) * x;
05   }
```

請問上述程式中 fun(2, 5) 回傳多少

(A) 32   (B) 4

(C) 8   (D) 16

解答 (C)

19.
```
01   int count=0;
02   int func(int n) {
03       if (n == 1)
04           return count;
05       if (n % 2) {
06          count++;
07          return func(n / 2);
08       }
09       else {
10          count++;
11          return func(3 * n + 1);
12       }
13   }
```

請問根據上述的程式邏輯，下列哪一個程式呼叫無法收斂到數值 1？

(A) func(2);

(B) func(3);

(C) func(4);

(D) func(5);

解答 (C)

20.
```
01   int boo(int n) {
02       if (n == 0)
03           return 0;
04       cout << n << '\n';
05       int tmp = n % 10 + boo(n / 10);
06       cout << tmp << '\n';
07       return tmp;
08   }
```

請問 f(100) 的輸出結果為何？

(A) 100
    100
    1

(B) 100
    100
    1
    1

(C) 100
    10
    1
    1
    1

(D) 100
    10
    1
    1
    1
    1

解答 (D)

21.

```
01    char str[] = {'a', 'b', 'a', 'b', 'b', 'b'};
02    void boo(char x) {
03        for (int i = 0; i < 7; i++) {
04            if (str[i] != x) str[i] = str[i] + 1;
05            else str[i] = x;
06        }
07    }
08    int main() {
09        boo('a');
10        for (int i = 0; i < 7; i++)
11            printf("%c", str[i]);
12    }
```

請問上述的執行結果為何？

(A) acaccc   (B) acabbb

(C) abaccc   (D) ababbb

解答 (A)

22.

```
01    int one(int a, int b) {
02        if (a + 2 < b)
03            return b * 2;
04        else
05            return a * b;
06    }
07    int two(int a, int b) {
08        for (int i = 0; i < b; i++)
09            a = a + i * 2;
10        return a;
11    }
12
13    int main() {
14        int a = 3, b = 2, c = 1;
15        c = one(a, b);
16        a = two(a, c);
17        printf("%d %d", a, c);
18    }
```

請問上述的執行結果為何？

(A) 23 1   (B) 33 1

(C) 23 6   (D) 33 6

解答 (D)

23.
```
01    #include <stdio.h>
02
03    double a = 3.5;
04    const double b = 2.6;
05    int sw(double a, double b) {
06        return a + b;
07    }
08    int main() {
09        double b = 3.8;
10        b = sw(a, b);
11        a = a + 1.2;
12        printf("%.2f %.2f", a, b);
13    }
```

下列何者的輸出結果是正確的？

(A) 4.70 7.00   (B) 4.00 7.00

(C) 3.50 2.60   (D) 3.50 3.80

解答 (A)

24.
```
01    int boo(int n, int k) {
02        if (k == 0)
03            return 1;
04        else if (k == 1)
05            return n;
06        else
07            return n * boo(n - 1, k - 1);
08    }
```

請問 boo(5, 4) 的回傳值為何？

(A) 120   (B) 60

(C) 24   (D) 48

解答 (A)

25.
```
01    void func(int n) {
02        printf("%d ", 2 * n);
03        if (n < 3)
04            func(n + 1);
05        printf("%d ", 2 * n + 1);
06    }
```

請問 func(2) 的回傳值為何?

(A) 4 6 7 5   (B) 2 4 6 7 5 3

(C) 6 7   (D) 8 9

解答 (A)

26.
```
01   void func(int n) {
02       if (n > 0) {
03           printf ("%d", n % 2);
04           func(n / 2);
05       }
06   }
```

請問 func(22) 的回傳值為何?

(A) 10101   (B) 00101

(C) 01101   (D) 11101

解答 (C)

MEMO

指標與串列

指標（Pointer）在 C 的語法中，是初學者較難掌握的一個課題，因為它使用了「間接參考」的觀念，使得初學者往往無法將記憶體位址與變數值間的關係串連在一起。「間接參考」是什麼呢？我們都知道資料在電腦中會先載入至記憶體中再進行運算，而電腦為了要能正確地存取記憶體中的資料，於是賦予記憶體中每個空間擁有各自的位址。當需要存取某個資料時，就指出是存取哪一個位址的

記憶體空間，而指標的工作就是用來記錄這個位址，並可以藉由指標變數間接存取該變數的內容。各位可以想像成指標就好比房間門口的指示牌，跟著指示牌中就能找到想要的資料。

6-1 ▶ 認識指標

之前的章節中我們曾經說明，在 C 中可以宣告變數來儲存數值，而指標其實就可以看成是一種變數，所不同的是指標並不儲存數值，而是記憶體的位址。也就是說，指標與記憶體有著相當密切的關係。

現在請各位思考一個問題，變數是用來儲存數值，而這個數值到底儲存在記憶體的哪個位址上呢？相當簡單，如果要了解變數所在記憶體位址，只要透過 &（取址運算子）就能求出變數所在的位址。語法格式如下：

```
& 變數名稱;
```

在一般情況下，我們並不會直接處理記憶體位址的問題，因為變數就已經包括了記憶體位址的資訊，它會直接告訴程式，應該到記憶體中的何處取出數值。

6-1-1　宣告指標變數

在 C 中要儲存與操作記憶體的位址，最直接的方法就是使用指標變數，指標變數的作用類似於變數，但功能比一般變數更為強大，因為指標變數是專門用來儲存記憶體位址、進行與位址相關的運算、指定給另一個變數等動作。由於指標變數也是一種變數，命名規則與一般我們常用的變數相同。

　　各位宣告指標變數時，首先必須定義指標的資料型態，並於資料型態後加上「*」字號（稱為取值運算子或反參考運算子），再給予指標名稱，即可宣告一個指標變數。「*」的功用可取得指標所指向變數的內容。指標的宣告方式如下兩種：

```
資料型態 * 指標名稱 ;
或
資料型態 * 指標名稱 ;
```

　　以下是幾個指標變數的宣告方式：

```
int* x;
int *x, *y;
```

　　在宣告指標時，我們可以將 * 置放於型態宣告的關鍵字旁，或是變數名稱旁邊，通常若要宣告兩個以上的變數，會將 * 靠在變數名稱旁，增加可讀性。當然指標變數宣告時也可設定初值為 0 或是 NULL 來增加可讀性：

```
int *x=0;
int *y=NULL;
```

　　如果使用以下的方式宣告指標變數，並不是宣告兩個指標變數，而是 x 為一個指標變數，但 y 卻只是個整數變數：

```
int* x, y;
```

　　在指標宣告之後，如果沒有指定其初值，則指標所指向的記憶體位址將是木知的，各位不能對未初始化的指標進行存取，因為它可能指向一個正在使用的記憶體位址。要指定指標的值，可以使用 & 取址運算子將變數所指向的記憶體位址指定給指標，如下所示：

```
資料型態 * 指標變數 ;
指標變數 =& 變數名稱 ; /* 變數名稱已定義或宣告 */
```

　　例如：

```
int num1 = 10;
int *address1;
address1 = &num1;
```

此外，也不能直接將指標變數的初始值設定為數值，這樣會造成指標變數指向不合法位址。例如：

```
int* piVal=10;   /* 不合法指令 */
```

以下是很經典的指標範例，主要是說明指標變數 address1 的儲存內容是 num1 的位址，*address1 則是 address1 所指向的變數值（也就是 num1 的數值），而 &address1 則是指標變數本身的位址。下圖是用來表示數值、變數、記憶體與指標間的關係：

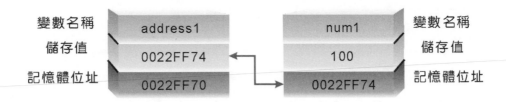

特別補充一點，當程式中一旦確定指標所指向的資料型態，就不能再更改了。另外指標變數也不能指向不同資料型態的指標變數，但在相同資料型態中可以重新設定所要指向目標。

接著我們再舉出一個簡單的例子來說明。假設程式碼中宣告了三個變數 a1、a2 與 a3，其值分別為 40、58，以及 71。程式碼敘述如下：

```
int a1=40, a2=58, a3=71;    /* 宣告三個整數變數 */
```

首先假設這三個變數在記憶體中分別佔用第 102、200 與 202 號的位址。接下來，我們以 * 運算子來宣告三個指標變數 p1、p2，以及 p3，如以下程式碼所示：

```
int *p1,*p2,*p3;            /* 使用 * 符號宣告指標變數 */
```

其中，*p1、*p2 與 *p3 前方的 int 表示這三個變數都是指向整數型態。接下來，我們以 & 運算子取出 a1、a2 與 a3 這三個變數的位址，並儲存至 p1、p2 與 p3 三個變數，如以下程式碼：

```
p1 = &a1;
p2 = &a2;
p3 = &a3;
```

p1、p2 與 p3 這三個變數的內容分別是 102、200，以及 202。如下圖所示，每一個整數變數佔用 4 個位元組，所以記憶體位址編號會相差 4。

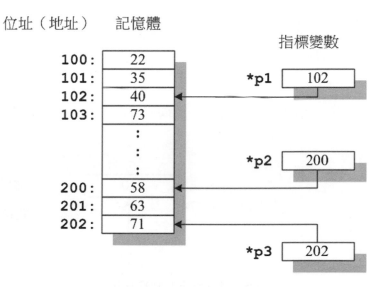

指標與記憶體的關係說明圖

6-1-2　多重指標

由於指標變數所儲存的是所指向的記憶體位址，當然對於它本身所佔有的記憶體空間也擁有一個位址，因此我們可以宣告「指標的指標」（pointer of pointer），就是「指向指標變數的指標變數」來儲存指標所使用到的記憶體位址與存取變數的值，或者可稱為「多重指標」。

❑　雙重指標

所謂雙重指標，就是指向指標的指標，通常是以兩個 * 表示，也就是「**」。事實上，雙重指標並不是一個困難的概念。各位只要想像原本的指標是指向基本資料型態，例如整數、浮點數等等。而現在的雙重指標一樣是一個指標，只是它指向目標是另一個指標。雙重指標的語法格式如下：

```
資料型態 ** 指標變數；
```

以下我們利用一個範例說明，假設整數 a1 設定為 10，指標 ptr1 指向 a，而指標 ptr2 指向 ptr1。則程式碼如下所示：

```
int a1=10;              /* 設定基本整數值 a 為 10*/
int *ptr1, **ptr2;      /* 整數指標 ptr1 與雙重指標 ptr2*/
ptr1=&a1;               /* 將 a1 位址指定給 ptr1 */
ptr2=&ptr1;             /* 將 ptr1 位址指定給雙重指標 ptr2 */
```

至於整數 a1、指標 ptr1，與指標 ptr2 之間的關係，上述的程式碼可以由下圖來加以說明：

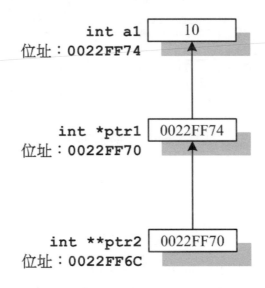

其中 int **ptr2 就是雙重指標，指向「整數指標」。而 int *ptr1 存放的是 a1 變數的位址，而 ptr2 變數存放的是 ptr1 變數的位址。在上圖中可以發現，變數 a1、指標變數 *ptr1，以及雙重指標變數 *ptr2 皆佔有記憶體位址，分別為 0022FF74、0022FF70，與 0022FF6C。

事實上，從單一指標 int *ptr1 來看，*ptr1 變數本身可以視為指向「int」型態的指標。而從雙重指標 int **ptr2 來看，**ptr2 變數不就是指向「int *」型態的指標了嗎？

❑ 三重指標

既然有雙重指標，那可否有三重指標或是更多重的指標呢？當然是可以的。就像前面所說的，雙重指標就是指向指標的指標，例如三重指標就是指向「雙重指標」的指標，語法格式為：

```
資料型態  *** 指標變數名稱；
```

在此我們仍然延續上一小節的範例，假設整數 a1 設定為 10，指標 ptr1 指向 a1，而指標 ptr2 指向 ptr1，而指標 ptr3 指向 ptr2。則程式碼如下所示：

```
int a1=10;           /* 設定基本整數值 a 為 10*/
int *ptr1, **ptr2;   /* 整數指標 ptr1 與雙重指標 ptr2*/
int ***ptr3;         /* 三重指標 ptr3*/
ptr1=&a1;            /* 將 a1 位址指定給 ptr1*/
ptr2=&ptr1;          /* 將 ptr1 位址指定給雙重指標 ptr2*/
ptr3=&ptr2;          /* 將 ptr2 位址指定給雙重指標 ptr3*/
```

除了原本的 a1、*ptr1、**ptr2 之外，我們又再新增三重指標 ***ptr3。藉由 ptr3=&ptr2; 的敘述可將雙重指標 **ptr2 的位址指定給三重指標 ***ptr3。因此，ptr3 指標變數的內容為 0022FF6C，即為 ptr2 的位址。接下來，使用 ***ptr3 則可存取 a 變數的內容，所以 ***ptr3 之值即為 10。如下圖所示：

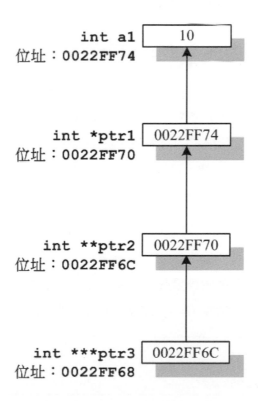

各位或許發現一點，如果從以上的概念圖來解釋的話，多一個「*」符號其實就是往前推進一個箭號。因此，針對 ***ptr3 而言，就是自本身變數起移動三個箭號，便可以存

取到 a1 變數的內容。所以一重指標就是「指向基本資料」的指標，雙重指標是指向「一重指標」的指標，三重指標只是「指向雙重指標」的指標，其他更多重的指標便可依此類推。例如以下的四重指標：

```
int   a1= 10;
int *ptr1 = &num;
int **ptr2 = &ptr1;
int ***ptr3 = &ptr2;
int ****ptr4 = &ptr3;
```

6-1-3 指標運算

學會了使用指標儲存變數的記憶體位址之後，各位也可以針對指標使用 + 運算子或 - 運算子來進行運算。然而當你對指標使用這兩個運算子時，並不是進行如數值般的加法或減法運算，而是針對所存放的位址來運算，也就是向右或左移動某幾個單元的記憶體位址，而移動的單位則視所宣告的資料型態所佔位元組而定。不過對於指標的加法或減法運算，只能針對常數值（如 +1 或 -1）來進行，不可以做指標變數之間的相互運算。因為指標變數內容只是存放位址，而位址間的運算並沒有任何實質意義，而且容易讓指標變數指向不合法位址。

我們可以換個角度來想，在現實生活中的門牌號碼，雖然是以數字的方式呈現，但是否能夠運算？運算後又有什麼樣的意義呢？例如將中山路 10 號加 2，其實可以知道是往門牌號碼較大的一方移動 2 號，可以得到中山路 12 號；同樣地，如果將中山路 10 號減 2，可得到中山路 8 號。這樣來說，位址的加法與減法才算有意義。

由於不同的變數型態，在記憶體中所佔空間也不同，所以當指標變數加一或減一時，是以指標變數所宣告型態的記憶體大小為單位，來決定向右或向左移動多少單位。例如以下程式碼表示一個整數指標變數，名稱為 piVal，當指標宣告時所取得 iVal 的位址值為 0x2004，之後 piVal 作遞增（++）運算，其值將改變為 0x2008：

```
int iVal=10;
int* piVal=&iVal; /* piVal=0x2004 */
piVal++; /* piVal=0x2008 */
```

6-1-4　指標與陣列

　　我們從之前的說明中知道陣列是由系統配置一段連續的記憶體空間,且「陣列名稱」可以代表該陣列在記憶體中的起始位址,因此各位可以將指標的觀念應用於陣列上,並配合索引值來存取陣列內的元素。在撰寫 C 程式碼時,各位不但可以把陣列名稱直接當成一種指標常數來運作,也可以將指標變數指到陣列的起始位址,並且間接就能藉由指標變數來存取陣列中的元素值。首先我們來看以下陣列宣告:

```
int arr[6]={312,16,35,65,52,111};
```

　　這時陣列名稱 arr 就是一個指標常數,也是這個陣列的起始位址。例如只要在陣列名稱上加 1,或透過取址運算子「&」取得該陣列元素的位址,就可表示移動一個陣列元素記憶體的位移量。而既然陣列元素是個指標常數,便可以利用指標方式與取值運算子「*」來直接存取陣列內的元素值。使用語法如下:

```
陣列名稱 [ 索引值 ]=> * 陣列名稱 (+ 索引值 )
或
陣列名稱 [ 索引值 ]= >*(& 陣列名稱 [ 索引值 ])
```

　　由以上範例中各位應該可以理解到,為何 C 的陣列索引值總是從 0 開始,因為直接使用陣列名稱 arr 來進行指標的加法運算時,在陣列名稱上加 1,表示移動一個記憶體的位移量。當然我們也可以將陣列的記憶體位址指派給一個指標變數,並使用此指標變數來間接顯示陣列元素內容。有關指標變數取得 一維陣列位址的方式如下:

```
資料型態 * 指標變數 = 陣列名稱 ;
或
資料型態 * 指標變數 =& 陣列名稱 [0];
```

　　以上介紹的都是一維陣列,接下來介紹多維陣列與指標的關係。例如二維陣列的觀念其實就使用到了雙重指標,由於記憶體的構造是線性的,所以即使是多維陣列也是以線性方式配置陣列的可用空間,當然二維陣列的名稱同樣也代表了陣列中第一個元素的記憶體位址。

　　不過二維陣列具有兩個索引值,這意味著二維陣列會有兩個值來控制指定元素相對於第一個元素的位移量,為了說明方便,我們以下面這個宣告為例:

```
int  no[2][4];
```

在這個例子中，*(no+0) 將表示陣列中維度 1 的第一個元素的記憶體位址，也就是 &no[0][0]；而 *(no+1) 表示陣列中維度 2 的第一個元素的記憶體位址，也就是 &no[1][0]，而 *(no+i) 表示陣列中維 i+1 的第一個元素的記憶體位址。

例如要取得 no[1][2] 的記憶體位址，則要使用 *(no+1)+2 來取得，依此類推。也就是要取得元素 no[i][j] 的記憶體位址，則要使用 *(no+i)+j 來取得。此外，由於二維陣列是佔用連續記憶體空間，當然也可藉由指標變數指向二維陣列的起始位址來取得陣列的所有元素值，這樣的作法會更加靈活。宣告方式如下：

```
資料型態 指標變數 =& 二維陣列名稱 [0][0];
```

6-1-5 　指標與字串

在 C 語言中，字串是以字元陣列來表現，指標既然可以運用在陣列的表示，則當然也可以適用於字串。例如以下都是字串宣告的合法方式：

```
char name[] = { 'J', 'u', 's', 't', '\0'};
char name1[] = "Just";
char *ptr = "Just";
```

在這邊請各位先回憶一下，字串與字元陣列唯一的不同，在於字串最後一定要連接一個空字元 '\0'，以表示字串結束；上例中的第三個字串宣告方式為指標的運用，因為使用 "" 來括住，它會自動加上一個空字元 '\0'。使用指標的觀念來處理字串，會比使用陣列來得方便許多，宣告格式如下：

```
char * 指標變數 =" 字串內容 ";
```

以字元陣列或指標來宣告字串，如上述三個宣告，其中 name、name1 都看成是一種指標常數，都是指向字串中第一個位元的位址，也不可改變其值。而 ptr 是指標變數，其值可改變並加以運算，相較起來靈活許多。

6-2 ▸ 串列結構

串列（Linked List）是由許多相同資料型態的項目，依特定順序排列而成的線性串列，特性是在電腦記憶體中位置是以不連續、隨機（Random）的方式儲存，優點是資料的插入或刪除都相當方便。當有新資料加入就向系統要一塊記憶體空間，資料刪除後，就把空間還給系統，不需要移動大量資料。缺點就是設計資料結構時較為麻煩，另外在搜尋資料時，也無法像靜態資料一般可隨機讀取資料，必須循序直到找到該資料為止。

日常生活中有許多鏈結串列的抽象運用，例如可以把「單向鏈結串列」想像成自強號火車，有多少人就只掛多少節的車廂，當假日人多時，需要較多車廂時可多掛些車廂，人少了就把車廂數量減少，作法十分彈性。或者像遊樂場中的摩天輪也是一種「環狀鏈結串列」的應用，可以自由增加坐廂數量。

在動態配置記憶體空間時，最常使用的就是「單向串列」（Single Linked List）。基本上，一個單向串列節點由兩個欄位：資料欄及指標欄組成，而指標欄將會指向下一個元素的記憶體所在位置。如下圖所示：

1	資料欄位
2	鏈結欄位

在「單向鏈結串列」中第一個節點是「串列指標首」，而指向最後一個節點的鏈結欄位設為 NULL，表示它是「串列指標尾」，代表不指向任何地方。例如串列 A={a, b, c, d, x}，其單向串列資料結構如下：

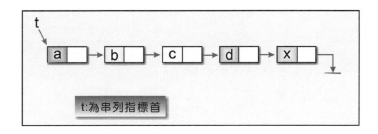

由於串列中所有節點都知道節點本身的下一個節點在那裡，但是對於前一個節點卻是沒有辦法知道，所以在串列的各種動作中，「串列指標首」就顯得相當重要，只要有串列首存在，就可以對整個串列進行走訪、加入及刪除節點等動作，並且除非必要否則不可移動串列指標首。

6-2-1 建立單向串列

在 C 中，如果以動態配置產生鏈結點的方式，必須先行自訂一個結構資料型態，接著在結構中定義一個指標欄位其資料型態與結構相同，用意在指向下一個鏈結點，及至少一個資料欄位。例如我們宣告一學生成績串列節點的結構宣告，並且包含下面兩個資料欄位；姓名（name）、成績（score），與一個指標欄位（next）。如下所示：

```
struct student
{
    char name[20];
    int score;
    struct student *next;
} s1,s2;
```

當各位完成結構資料型態定義，就可以動態建立鏈結串列中的每個節點。假設我們現在要新增一個結點至串列的尾端，且 ptr 指向串列的第一個節點，在程式上必須設計四個步驟：

1. 動態配置記憶體空間給新節點使用。

2. 將原串列尾端的指標欄（next）指向新元素所在的記憶體位置。

3. 將 ptr 指標指向新節點的記憶體位置，表示這是新的串列尾端。

4. 由於新節點目前為串列最後一個元素，所以將它的指標欄（next）指向 NULL。

例如要將 s1 的 next 變數指向 s2 的記憶體位址，而且 s2 的 next 變數指向 NULL：

```
s1.next = &s2;
s2.next = NULL;
```

由於串列的基本特性就是 next 變數將會指向下一個節點的記憶體位址，這時 s1 節點與 s2 節點間的關係就如下圖所示：

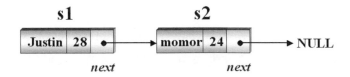

以下 C 程式片段是建立學生節點的單向鏈結串列的演算法：

```
typedef struct student s_data;
s_data *ptr;         /* 存取指標 */
s_data *head;        /* 串列開頭指標 */
s_data *new_data;    /* 新增元素所在位置指標 */
```

```
head = (s_data*) malloc(sizeof(s_data));    /* 新增串列開頭元素 */
ptr = head;     /* 設定存取指標位置 */
ptr->next = NULL;      /* 目前無下個元素 */
    do
    {
        printf("(1) 新增  (2) 離開 =>");
        scanf("%d", &select);
        if (select != 2)
        {
            printf(" 姓名 學號 數學成績 英文成績 :");
            scanf("%s %s %d %d",ptr->name,ptr->no,&ptr->Math,&ptr->Eng);
            new_data = (s_data*) malloc(sizeof(s_data));    /* 新增下一元素 */
            ptr->next=new_data; /* 存取指標設定為新元素所在位置 */
            new_data->next =NULL;     /* 下一元素的 next 先設定為 null */
            ptr=ptr->next;
        }
    } while (select != 2);
```

6-2-2　走訪單向串列

　　單向串列的走訪（traverse），是使用指標運算來拜訪串列中的每個節點。在此我們延續上一節中的演算法範例，如果要走訪已建立三個節點的單向鏈結串列，可利用結構指標 ptr 來作為串列的讀取旗標，一開始是指向串列首。每次讀完串列的一個節點，就將 ptr 往下一個節點位址移動，直到 ptr 指向 NULL 為止。如下圖所示：

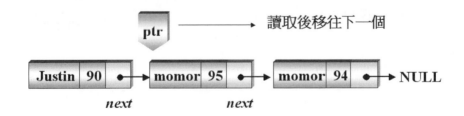

　　C 的演算法如下：

```
ptr = head;     /* 設定存取指標從頭開始 */
while (ptr->next != NULL)
{
    printf(" 姓名 :%s\t 學號 :%s\t 數學成績 :%d\t 英文成績 :%d\n",
    ptr->name,ptr->no,ptr->Math,ptr->Eng);
    head = head ->next;     /* 將 head 移往下一元素 */
    ptr = head;     /* 設定存取指標為目前 head 所在位置 */
}
```

6-2-3　單向串列插入新節點

在單向串列中插入新節點，如同一列火車中加入新的車箱，有三種情況：加於第 1 個節點之前、加於最後一個節點之後以及加於此串列中間任一位置。接下來，我們利用圖解方式說明如下：

- **新節點插入第一個節點之前，即成為此串列的首節點**：只需把新節點的指標指向串列的原來第一個節點，再把串列指標首移到新節點上即可。

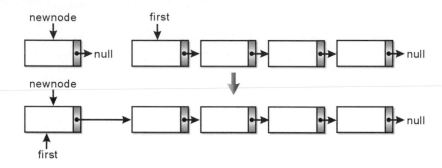

C 的演算法如下：

```
newnode->next=first;
first-=newnode;
```

- **新節點插入最後一個節點之後**：只需把串列的最後一個節點的指標指向新節點，新節點再指向 NULL 即可。

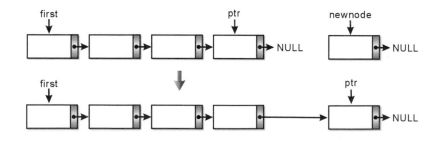

C 的演算法如下：

```
ptr->next=newnode;
newnode->next=NULL;
```

● **將新節點插入串列中間的位置**：例如插入的節點是在 X 與 Y 之間，只要將 X 節點的指標指向新節點，新節點的指標指向 Y 節點即可。如下圖所示：

如果插入的節點是在 X 與 Y 之間，只要將 X 節點的指標指向新節點，新節點的指標指向 Y 節點即可。

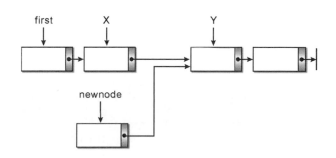

接著把插入點指標指向的新節點：

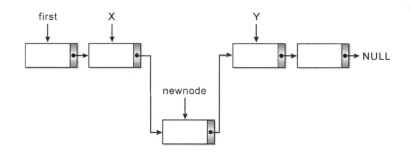

C 的演算法如下：

```
newnode->next=x->next;
x->next=newnode;
```

6-2-4　單向串列刪除節點

在單向鏈結型態的資料結構中，如果要在串列中刪除一個節點，如同一列火車中拿掉原有的車箱，依據所刪除節點的位置會有三種不同的情形：

● **刪除串列的第一個節點**：只要把串列指標首指向第二個節點即可。如下圖所示：

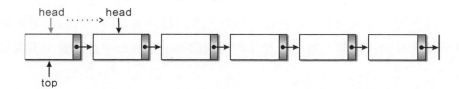

C 的演算法如下：

```
top=head;
head=head->next;
free(top);
```

- **刪除串列後的最後一個節點**：只要指向最後一個節點 ptr 的指標，直接指向 NULL 即可。如下圖所示：

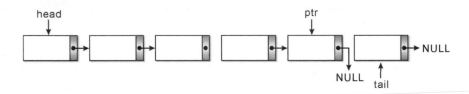

C 的演算法如下：

```
ptr->next=tail;
ptr->next=NULL;
free(tail);
```

- **刪除串列內的中間節點**：只要將刪除節點的前一個節點的指標，指向欲刪除節點的下一個節點即可。如下圖所示：

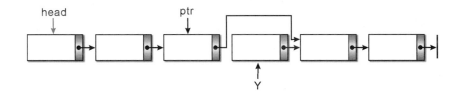

C 的演算法如下：

```
Y=ptr->next;
ptr->next=Y->next;
free(Y);
```

6-2-5 單向串列的反轉

看完了節點的刪除及插入後，各位可以發現在這種具有方向性的鏈結串列結構中增刪節點是相當容易的一件事。就是要從頭到尾列印整個串列似乎也不難，不過如果要反轉過來列印就真得需要某些技巧了。我們知道在鏈結串列中的節點特性是知道下一個節點的位置，可是卻無從得知它的上一個節點位置，不過如果要將串列反轉，則必須使用三個指標變數。請看下圖說明：

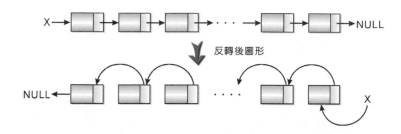

C 的演算法如下：

```
struct list /* 串列結構宣告 */
{
    int num;   /* 學生號碼 */
    int score;/ * 學生分數 */
    char name[10]; /* 學生姓名 */
    struct list *next; /* 指向下一個節點 */
};
typedef struct list node;   /* 定義 node 新的資料型態 */
typedef node *link; /* 定義 link 新的資料型態指標 */
link invert(link x) /*  x 為串列的開始指標 */
{
    link p,q,r;
    p=x; /* 將 p 指向串列的開頭 */
    q=NULL; /*q 是 p 的前一個節點 */
    while(p!=NULL)
    {
        r=q; /* 將 r 接到 q 之後 */
        q=p; /* 將 q 接到 p 之後 */
        p=p->next; /*p 移到下一個節點 */
        q->next=r; /*q 連結到之前的節點 */
    }
    return q;
}
```

在以上演算法 invert(X) 中，我們使用了 p、q、r 三個指標變數，它的運算過程如下：

❑ 執行 while 迴路前

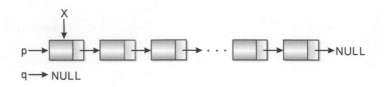

❑ 第一次執行 while 迴路

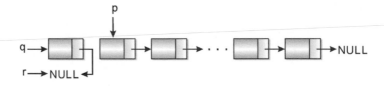

❑ 第二次執行 while 迴路

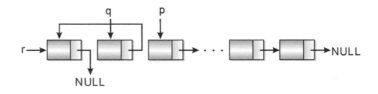

當執行到 p=NULL 時，整個串列也就整個反轉過來了。

6-3 ▶ 環狀串列

在單向鏈結串列中，維持串列首是相當重要的事，因為單向鏈結串列有方向性，所以如果串列首指標被破壞或遺失，則整個串列就會遺失，並且浪費整個串列的記憶體空間。

如果我們把串列的最後一個節點指標指向串列首，而不是指向 NULL，整個串列就成為一個單方向的環狀結構。如此一來便不用擔心串列首遺失的問題了，因為每一個節點都可以是串列首，也可以從任一個節點來追縱其他節點。通常可作為記憶體工作區與輸出入緩衝區的處理及應用。如下圖所示：

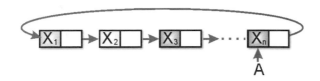

6-3-1　環狀串列的建立與走訪

　　簡單來說，環狀串列（Circular Linked List）的特點是在串列中的任何一個節點，都可以到達此串列內的各節點，建立的過程與單向鏈結串列相似，唯一的不同點是必須要將最後一個節點指向第一個節點。事實上，環狀鏈結串列的優點是可以從任何一個節點追蹤所有節點，而且回收整個串列所需時間是固定的，與長度無關，缺點是需要多一個鏈結空間，而且插入一個節點需要改變兩個鏈結。以下程式片段是延續上節建立學生節點的環狀串列的演算法：

```c
struct student
{
    char name[20];
    char no[10];
    struct student *next;
};
typedef struct student s_data;
s_data *ptr;          /* 存取指標 */
s_data *head;         /* 串列開頭指標 */
s_data *new_data;     /* 新增元素所在位置指標 */
head = (s_data*) malloc(sizeof(s_data));   /* 新增串列開頭元素 */
ptr = head;     /* 設定存取指標位置 */
ptr->next = NULL;     /* 目前無下個元素 */
do
{
    printf("(1) 新增 (2) 離開 =>");
    scanf("%d", &select);
    if (select != 2)
    {
        printf(" 姓名 學號 :");
        scanf("%s %s",ptr->name,ptr->no);
        new_data = (s_data*) malloc(sizeof(s_data));   /* 新增下一元素 */
        ptr->next = new_data;     /* 連接下一元素 */
        new_data->next = NULL;    /* 下一元素的 next 先設定為 null */
        ptr = new_data;      /* 存取指標設定為新元素所在位置 */
    }
} while (select != 2);
ptr->next = head;     /* 將最後一個節點的指標欄指向串列首 */
```

環狀串列的走訪與單向串列十分相似，不過檢查串列結束的條件是 ptr->next != head，以下 C 程式片段是環狀鏈結串列節點走訪的演算法：

```
ptr=head;
do
{
    printf(" 姓名：%s\t 學號 :%s\n",
    ptr->name,ptr->no);
    ptr = ptr ->next;       /* 將 head 移往下一元素 */
} while(ptr->next!= head); /* 表示已走完整個環狀串列 */
```

6-3-2 環狀串列的插入新節點

對於環狀串列的節點插入，與單向串列的插入方式是有不同，由於每一個節點的指標欄都是指向下一個節點，所以沒有所謂從串列尾插入的問題。通常會出現兩種狀況：

- **將新節點插在第一個節點前成為串列首**：首先將新節點 X 的指標指向原串列首節點，並移動整個串列，將串列首指向新節點。圖形如下：

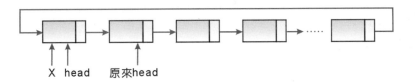

X head   原來head

C 的演算法如下：

```
x->next=head;
CurNode=head;
while(CurNode->next!=head)
    CurNode=CurNode->next;  /* 找到串列尾後將它的指標指向新增節點 */
CurNode->next=x;
head=x;/* 將串列首指向新增節點 */
```

- **將新節點 X 插在串列中任意節點 I 之後**：首先將新節 X 的指標指向 I 節點的下一個節點，並將 I 節點的指標指向 X 節點。圖形如下：

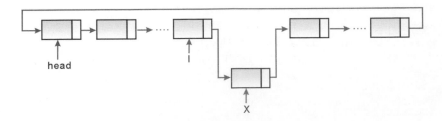

head

I

X

C 的演算法如下：

```
X->next=I->next;
I->next=X
```

6-3-3 環狀串列的刪除節點

環狀串列的節點刪除與插入方法類似，也可區分為兩種情況，分別討論如下：

- **刪除環狀串列的第一個節點**：首先將串列首移到下一個節點，將最後一個節點的指標移到新的串列首，新的串列首是原串列的第二個節點。圖形如下：

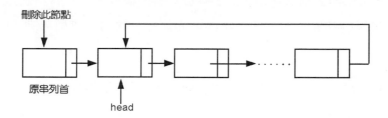

C 的演算法如下：

```
CurNode=head;
while(CurNode->next!=head)
    CurNode=CurNode->next;/* 找到最後一個節點並記錄下來 */
TailNode=CurNode;  /*(1) 將串列首移到下一個節點 */
head=head->next;/*(2) 將串列最後一個節點的指標指向新的串列首 */
TailNode->next=head;
```

- **刪除環狀串列的中間節點**：首先找到節點 Y 的前一個節點 previous，. 將 previous 節點的指標指向節點 Y 的下一個節點。圖形如下：

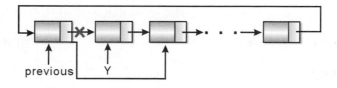

C 的演算法如下：

```
CurNode=head;
while(CurNode->next!=del)
    CurNode=CurNode->next;
```

```
/*(1) 找到要刪除節點的前一個節點並記錄下來 */
PreNode=CurNode;/* 要刪除的節點 */
CurNode=CurNode->next;
/*(2) 將要刪除節點的前一個指標指向要刪除節點的下一個節點 */
PreNode->next=CurNode->next;
```

6-4 ▸ 雙向串列

單向串列和環狀串列都是屬於擁有方向性的串列，不過只能單向走訪，萬一不幸其中有一個鏈結斷裂，那麼後面的串列資料便會遺失而無法復原了。因此我們可以將兩個方向方向不同的鏈結串列結合起來，除了存放資料的欄位外，它有兩個指標欄位，其中一個指標指向後面的節點，另一個則指向前面節點，這稱為雙向串列（Double Linked List）。

由於每個節點都有兩個指標所以可以雙向通行，所以能夠輕鬆找到前後節點，同時從串列中任一節點也可以找到其他節點，而不需經過反轉或比對節點等處理，執行速度較快。另外如果任一節點的鏈結斷裂，可經由反方向串列走訪，快速完整重建鏈結。

雙向串列的最大優點是有兩個指標分別指向節點前後兩個節點，所以能夠輕鬆找到前後節點，同時從串列中任一節點也可以找到其他節點，而不需經過反轉或比對節點等處理，執行速度較快。缺點是由於雙向串列有兩個鏈結，所以在加入或刪除節點時都得花更多時間來移動指標，不過較為浪費空間。

6-4-1　雙向串列的建立與走訪

首先來介紹雙向串列的資料結構。對每個節點而言，具有三個欄位，中間為資料欄位。左右各有兩個鏈結欄位，分別為 LLINK 及 RLINK，其中 RLINK 指向下一個節點，LLINK 指向上一個節點。如右圖所示：

| llink | data | rlink |

以 C 宣告的結構如下：

```
struct Node
{
    int DATA;
    struct  Node* llink;
    struct  Node* elink;
```

```
};
typedef struct Node dnode;
dnode *ptr;          /* 存取指標 */
dnode_data *head;        /* 串列開頭指標 */
dnode *new_data;   /* 新增元素所在位置指標 */
```

此外，假設 ptr 為一指向此串列上任一節點的鏈結，則有：

```
ptr=RLINK(LLINK(ptr))=LLINK(RLINK(ptr))
```

事實上，雙向串列可以是環狀，也可以不是環狀，如果最後一個節點的右指標欄指向首節點，而首節點的左指標欄指向最後節點，就稱為環狀雙向結串列。另外為了使用方便，通常加上一個串列首，資料欄不存放任何資料，其左邊鏈結欄指向串列最後一個節點，而右邊鏈結指向第一個節點。至於建立雙向串列，其實主要就是多了一個指標欄。C 的演算法如下：

```
typedef struct student s_data;
    s_data *ptr;          /* 存取指標 */
    s_data *head;          /* 串列開頭指標 */
    s_data *new_data;     /* 新增元素所在位置指標 */

    head = (s_data*) malloc(sizeof(s_data)); /* 建立首節點 */
    head->llink=NULL;
    head->rlink=NULL;
    ptr = head;    /* 設定存取指標開始位置   */
    do
    {
        printf("(1) 新增 (2) 離開 =>");
        scanf("%d", &select);
        if (select != 2)
        {
            printf(" 姓名 學號 數學成績 英文成績:");
            new_data = (s_data*) malloc(sizeof(s_data));  /* 新增下一元素 */
            scanf("%s %s %d %d",new_data->name,
            new_data->no,&new_data->Math,&new_data->Eng);
            /* 輸入節點結構中的資料 */
            ptr->rlink=new_data;
            new_data->rlink = NULL;    /* 下一元素的 next 先設定為 NULL */
            new_data->llink=ptr;    /* 存取指標設定為新元素所在位置 */
            ptr=new_data;
        }
    } while (select != 2);
```

　　雙向串列的走訪相當靈活，因為可以有往右或往左兩方向來進行的兩種方式，如果是向右走訪，則和單向鏈結串列的走訪相似。C 的走訪節點演算法如下：

```
ptr = head->rlink;      /* 設定存取指標從串列首的右指標欄所指節點開始 */
while (ptr!= NULL)
{
    printf(" 姓名 :%s\t 學號 :%s\t 數學成績 :%d\t 英文成績 :%d\n",
    ptr->name,ptr->no,ptr->Math,ptr->Eng);
    ptr = ptr ->rlink;      /* 將 ptr 移往右邊下一元素 */
}
```

6-5 ▶ 本章相關模擬試題

1. 右列程式片段中，假設 a, a_ptr 和 a_ptrptr 這三個變數都有被正確宣告，且呼叫 G() 函式時的參數為 a_ptr 及 a_ptrptr。G() 函式的兩個參數型態該如何宣告？　　【105 年 10 月觀念題】

    (A) (A)*int, (B)*int

    (B) (A)*int, (B)**int

    (C) (A)int*, (B)int*

    (D) (A)int*, (B)int**

```
void G ( (a) a_ptr, (b) a_ptrptr) {
 …
}
void main () {
    int a = 1;
    // 加入 a_ptr, a_ptrptr 變數的宣告
    …
    a_ptr = &a;
    a_ptrptr = &a_ptr;
    G (a_ptr, a_ptrptr);
}
```

解答 (D)

2.
```
01   #include <stdio.h>
02
03   int main()
04   {
05       int iVal=10;
06       double dVal=123.45;
07
08       int* piVal=NULL;
09       piVal= &iVal;
10       double* pdVal=&dVal;
11
```

```
12      printf("%d",*piVal);
13      *piVal=20;
14      printf(" %d",iVal);
15      *pdVal=18.8;
16      printf(" %2.2f ",dVal);
17
18      return 0;
19  }
```

則下列何者為正確的輸出結果？

(A) 10 20 123.45

(B) 10 20 18.90

(C) 10 10 18.80

(D) 10 20 18.80

解答 (D)

3. List 是一個陣列，裡面的元素是 element，它的定義如下。List 中的每一個 element 利用 next 這個整數變數來記錄下一個 element 在陣列中的位置，如果沒有下一個 element，next 就會記錄 -1。所有的 element 串成了一個串列（linked list）。例如在 list 中有三筆資料：

1	2	3
data = 'a' next = 2	data = 'b' next = -1	data = 'c' next = 1

它所代表的串列如下圖：

RemoveNextElement 是一個程序，用來移除串列中 current 所指向的下一個元素，但是必須保持原始串列的順序。例如，若 current 為 3（對應到 list[3]），呼叫完 RemoveNextElement 後，串列應為

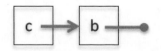

```
struct element {
    char data;
    int next;
}
void RemoveNextElement (element list[], int current) {
    if (list[current].next != -1) {
    /* 移除 current 的下一個 element*/



    }
}
```

請問在空格中應該填入的程式碼為何？

(A) list[current].next = current ;

(B) list[current].next = list[list[current].next].next ;

(C) current = list[list[current].next].next ;

(D) list[list[current].next].next = list[current].next ;

解答 (B)

必考演算法
解析與實作

演算法是程式設計中最基本的內涵，一個程式能否快速而有效率的完成預定的任務，取決於是否選對了演算法，而程式是否能清楚而正確的把問題解決，則取決於演算法。在韋氏辭典中演算法定義為：「在有限步驟內解決數學問題的程序。」如果運用在計算機領域中，我們也可以把演算法定義成：「為了解決某一個工作或問題，所需要有限數目的機械性或重覆性指令與計算步驟。」

7-1 ▸ 演算法簡介

當認識了演算法的定義後，我們還要說明演算法必須符合的五個條件：

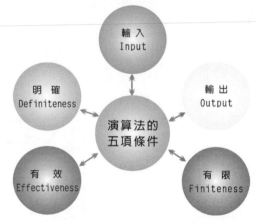

演算法的五項條件

演算法特性	內容與說明
輸入（Input）	0 個或多個輸入資料，這些輸入必須有清楚的描述或定義。
輸出（Output）	至少會有一個輸出結果，不可以沒有輸出結果。
明確性（Definiteness）	每一個指令或步驟必須是簡潔明確而不含糊的。
有限性（Finiteness）	在有限步驟後一定會結束，不會產生無窮迴路。
有效性（Effectiveness）	步驟清楚且可行，能讓使用者用紙筆計算而求出答案。

7-1-1　演算法表示方式

當各位認識了演算法的定義與條件後，接著要來思考到該用什麼方法來表達演算法最為適當呢？其實演算法的主要目的是在提供給人們閱讀了解所執行的工作流程與步驟，只要能夠清楚表現演算法的五項特性即可。常用的演算法表示方式如下：

- **一般文字敘述**：中文、英文、數字等。文字敘述法的特色是使用文字或語言敘述來說明演算步驟。例如以下就是一個學生小華早上上學並買早餐的簡單文字演算法：

- **虛擬語言（Pseudo-Language）**：接近高階程式語言的寫法，也是一種不能直接放進電腦中執行的語言。一般都需要一種特定的前置處理器（preprocessor），或者用手寫轉換成真正的電腦語言，經常使用的有 SPARKS、PASCAL-LIKE 等語言。以下是用 SPARKS 寫成的單向串列反轉的演算法：

```
Procedure Invert(X)
    P←x; Q←Nil;
    WHILE P ≠ NIL do
        r←q; q←p;
        p←LINK(p);
        LINK(q) ←r;
    END
    x←q;
END
```

- **表格或圖形**：如陣列、樹狀圖、矩陣圖等。

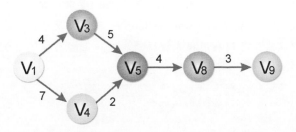

- **流程圖**：流程圖（Flow Diagram）算是一種通用的表示法，必須使用某些圖型符號。例如請您輸入一個數值，並判別是奇數或偶數。

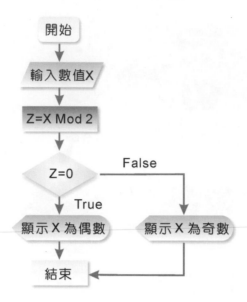

- **程序語言**：目前演算法也能夠直接以可讀性高的高階語言來表示，例如 Visual Basic 語言、C 語言、C++ 語言、Java、Python 語言。以下演算法是以 C 語言來計算所輸入兩數 x、y 的 x^y 值函數 Pow()：

```c
float Pow( float x, int y )
{
    float p = 1;
    int i;
    for( i = 1; i <= y; i++ )
        p *= x;

    return p;
}
```

TIPS

演算法和程序（procedure）有何不同？與流程圖又有什麼關係？

演算法和程序是有區別，因為程序不一定要滿足有限性的要求，如作業系統或機器上的運作程序。除非當機，否則永遠在等待迴路（waiting loop），這也違反了演算法五大原則之一的「有限性」。另外只要是演算法都能夠利用程式流程圖表現，但因為程序流程圖可包含無窮迴路，所以無法利用演算法來表達。

7-1-2 演算法效能分析

對一個程式（或演算法）效能的評估，經常是從時間與空間兩種因素來做考量。時間方面是指程式的執行時間，稱為「時間複雜度」（Time Complexity）。空間方面則是此程式在電腦記憶體所佔的空間大小，稱為「空間複雜度」（Space Complexity）。

❑ 空間複雜度

「空間複雜度」是一種以概量精神來衡量所需要的記憶體空間。而這些所需要的記憶體空間，通常可以區分為「固定空間記憶體」（包括基本程式碼、常數、變數等）與「變動空間記憶體」（隨程式或進行時而改變大小的使用空間，例如參考型態變數）。由於電腦硬體進展的日新月異及牽涉到所使用電腦的不同，所以純粹從程式（或演算法）的效能角度來看，應該以演算法的執行時間為主要評估與分析的依據。

❑ 時間複雜度

例如程式設計師可以就某個演算法的執行步驟計數來衡量執行時間的標準，但是同樣是兩行指令：

```
a=a+1 與 a=a+0.3/0.7*10005
```

由於涉及到變數儲存型態與運算式的複雜度，所以真正絕對精確的執行時間一定不相同。不過話又說回來，如此大費周章的去考慮程式的執行時間往往窒礙難行，而且毫無意義。這時可以利用一種「概量」的觀念來做為衡量執行時間，我們就稱為「時間複雜度」（Time Complexity）。詳細定義如下：

> 在一個完全理想狀態下的計算機中，我們定義一個 $T(n)$ 來表示程式執行所要花費的時間，其中 n 代表資料輸入量。當然程式的執行時間或最大執行時間（Worse Case Executing Time）作為時間複雜度的衡量標準，一般以 Big-oh 表示。
> 由於分析演算法的時間複雜度必須考慮它的成長比率（Rate of Growth）往往是一種函數，而時間複雜度本身也是一種「漸近表示」（Asymptotic Notation）。

$O(f(n))$ 可視為某演算法在電腦中所需執行時間不會超過某一常數倍的 $f(n)$，也就是說當某演算法的執行時間 $T(n)$ 的時間複雜度（Time Complexity）為 $O(f(n))$（讀成 Big-oh of f(n) 或 Order is f(n)）。意謂存在兩個常數 c 與 n_0，則若 $n \geq n_0$，則 $T(n) \leq cf(n)$，f(n) 又稱之為執行時間的成長率（rate of growth）。

時間複雜度只是執行次數的一個概略的量度層級，並非真實的執行次數。而 Big-oh 則是一種用來表示最壞執行時間的表現方式，它也是最常使用在描述時間複雜度的漸近式表示法。常見的 Big-oh 有下列幾種：

Big-oh	特色與說明
O(1)	稱為常數時間（constant time），表示演算法的執行時間是一個常數倍。
O(n)	稱為線性時間（linear time），執行的時間會隨資料集合的大小而線性成長。
$O(\log_2 n)$	稱為次線性時間（sub-linear time），成長速度比線性時間還慢，而比常數時間還快。
$O(n^2)$	稱為平方時間（quadratic time），演算法的執行時間會成二次方的成長。
$O(n^3)$	稱為立方時間（cubic time），演算法的執行時間會成三次方的成長。
(2^n)	稱為指數時間（exponential time），演算法的執行時間會成二的 n 次方成長。例如解決 Nonpolynomial Problem 問題演算法的時間複雜度即為 $O(2^n)$。
$O(n\log_2 n)$	稱為線性乘對數時間，介於線性及二次方成長的中間之行為模式。

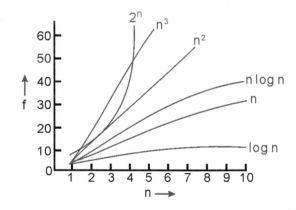

對於 $n \geq 16$ 時，時間複雜度的優劣比較關係如下：

$$O(1) < O(\log_2 n) < O(n) < O(n\log_2 n) < O(n^2) < O(n^3) < O(2^n)$$

7-2 ▸ APCS 必備演算法

我們可以這樣形容，演算法就是用電腦來算數學的學問，必須了解這些演算法如何運作，以及他們是怎麼樣在各層面影響我們的生活。懂得善用演算法，當然是培養程式設計素養的重要步驟，許多實際的問題都可以利用多種可行的演算法來解決，但是要從中找出最佳的演算法就是一個挑戰。接下來我們將為各位介紹一些 APCS 檢定中可能會命題的演算法，能幫助您更加瞭解不同演算法的觀念與得分技巧。

7-2-1 分治演算法

分治法（Divide and conquer）是一種很重要的演算法，我們可以應用分治法來逐一拆解複雜的問題，核心精神就是將一個難以直接解決的大問題依照不同概念，分割成兩個或更多的子問題，以便各個擊破，分而治之。以一個實際例子來說明，以下如果有 8 張很難畫的圖，我們可以分成 2 組各四幅畫來完成，如果還是覺得太複雜，繼續再分成四組，每組各兩幅畫來完成，利用相同模式反覆分割問題，這就是最簡單的分治法核心精神。如下圖所示：

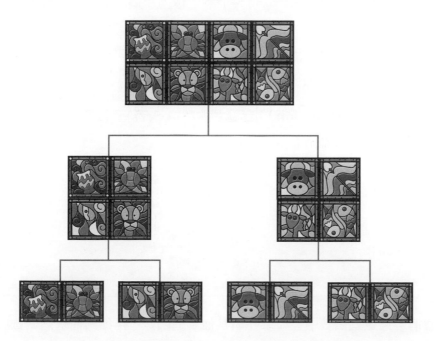

其實任何一個可以用程式求解的問題，所需的執行時間都與其規模與複雜度有關，問題的規模越小，越容易直接求解，可以使子問題規模卻不斷縮小，直到這些子問題足

夠簡單到可以解決，最後將各子問題的解答合併得到原問題的真正解答，透過分治法可以讓原先複雜的問題，變成規則更簡單、數量更少、速度加速且更容易輕易解決的小問題。

7-2-2 遞迴演算法 - 費伯納數列

遞迴是一種很特殊的演算法，這部分也是 APCS 檢定中最常見的命題種類。分治法和遞迴法很像一對孿生兄弟，都是將一個複雜的演算法問題，讓規模越來越小，最終使子問題容易求解，遞迴原理就是分治法的精神。遞迴在早期人工智慧所用的語言。如 Lisp、Prolog 幾乎都是整個語言運作的核心，現在許多程式語言，包括 C、C++、Java 、Python 等，都具備遞迴功能。簡單來說，對程式設計師的實作而言，「函數」（或稱副程式）不單純只是能夠被其他函數呼叫（或引用）的程式單元，在某些語言還提供了自身引用的功能，這種功用就是所謂的「遞迴」。遞迴的考題在 APCS 的歷年考題中佔的比重更是相當高，當然在 C 中也有提供這項功能，因為它們的繫結時間可以延遲至執行時才動態決定。

談到遞迴的定義，我們可以正式這樣形容，假如一個函數或副程式，是由自身所定義或呼叫的，就稱為遞迴（Recursion），它至少要定義 2 種條件，包括一個可以反覆執行的遞迴過程，與一個跳出執行過程的出口。遞迴因為呼叫對象的不同，可以區分為以下兩種：

- **直接遞迴（Direct Recursion）**：指遞迴函數中，允許直接呼叫該函數本身，稱為直接遞迴（Direct Recursion）。如下例：

```
int Fun(...)
{
    ...
        if(...)
            Fun(...)
    ...
}
```

- **間接遞迴**：指遞迴函數中，如果呼叫其他遞迴函數，再從其他遞迴函數呼叫回原來的遞迴函數，我們就稱做間接遞迴（Indirect Recursion）。

```
int Fun1(...)          int Fun2(...)
{                      {
      .                      .
      .                      .
   if(...)                if(...)
      Fun2(...)              Fun1(...)                .
      ...                    ...
}                      }
```

許多人經常困惑的問題是：「何時才是使用遞迴的最好時機？」，是不是遞迴只能解決少數問題？事實上，任何可以用 if-else 和 while 指令編寫的函數，都可以用遞迴來表示和編寫。

TIPS

「尾歸遞迴」（Tail Recursion）就是程式的最後一個指令為遞迴呼叫，因為每次呼叫後，再回到前一次呼叫的第一行指令就是 return，所以不需要再進行任何計算工作。

例如我們知道階乘函數是數學上很有名的函數，對遞迴式而言，也可以看成是很典型的範例，我們一般以符號 "！" 來代表階乘。如 4 階乘可寫為 4!，n! 可以寫成：

```
n!=n×(n-1)*(n-2)……*1
```

各位可以一步分解它的運算過程，觀察出一定的規律性：

```
5! = (5 * 4!)
   = 5 * (4 * 3!)
   = 5 * 4 * (3 * 2!)
   = 5 * 4 * 3 * (2 * 1)
   = 5 * 4 * (3 * 2)
   = 5 * (4 * 6)
   = (5 * 24)
   = 120
```

以下 C 程式碼就是以遞迴演算法來計算所 1~n! 的函數值，請注意其間所應用的遞迴基本條件：一個反覆的過程，以及一個跳出執行的缺口。

```
int factorial(int i)
{
    int sum;
```

```
        if(i == 0)/* 遞迴終止的條件 */
            return(1);
        else
            sum = i * factorial(i-1); /* sum=n*(n-1)!所以直接呼叫本身 */
        return sum;
}
```

我們再來看一個很有名氣的費伯那序列（Fibonacci），首先看看費伯那序列的基本定義：

$$
F_n= \begin{cases} 0 & n=0 \\ 1 & n=1 \\ F_{n-1}+F_{n-2} & n=2,3,4,5,6\cdots\cdots(n\ 為正整) \end{cases}
$$

簡單來說，就是一序列的第零項是 0、第一項是 1，其他每一個序列中項目的值是由其本身前面兩項的值相加所得。從費伯那序列的定義，也可以嘗試把它設計轉成遞迴形式：

```
int fib(int n)
{
    if(n==0)return 0;
    if(n==1)
        return 1;
    else
        return fib(n-1)+fib(n-2);/* 遞迴引用本身 2 次 */
}
```

7-2-3　遞迴演算法 - 河內塔問題

法國數學家 Lucas 在 1883 年介紹了一個十分經典的河內塔（Tower of Hanoi）智力遊戲，是典型使用遞迴式觀念來解決問題的範例。內容是說在古印度神廟，廟中有三根木樁，天神希望和尚們把某些數量大小不同的圓盤，由第一個木樁全部移動到第三個木樁。

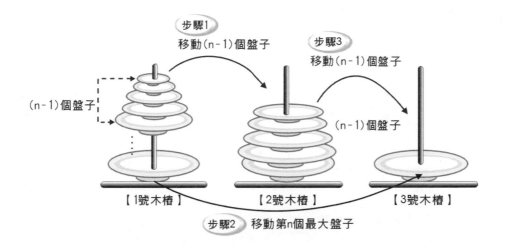

更精確來說，河內塔問題可以這樣形容：假設有 A、B、C 三個木樁和 n 個大小均不相同的套環（Disc），由小到大編號為 1,2,3...n，編號越大直徑越大。開始的時候，n 個套環境套在 A 木樁上，現在希望能找到將 A 木樁上的套環藉著 B 木樁當中間橋樑，全部移到 C 木樁上最少次數的方法。不過在搬動時還必須遵守下列規則：

1. 直徑較小的套環永遠置於直徑較大的套環上。
2. 套環可任意地由任何一個木樁移到其他的木樁上。
3. 每一次僅能移動一個套環，而且只能從最上面的套環開始移動。

現在我們考慮 n=1~3 的狀況，以圖示方式為各位示範處理河內塔問題的步驟：

❏ n=1 個套環

（當然是直接把盤子從 1 號木樁移動到 3 號木樁。）

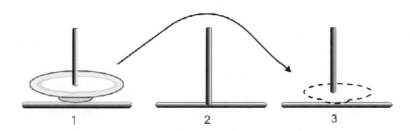

❑ n=2 個套環

1. 將套環從 1 號木樁移動到 2 號木樁

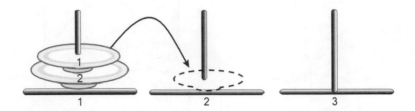

2. 將套環從 1 號木樁移動到 3 號木樁

3. 將套環從 2 號木樁移動到 3 號木樁，就完成了

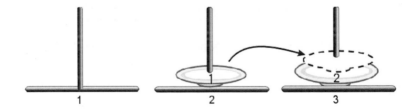

完成

結論：移動了 $2^2-1=3$ 次，盤子移動的次序為 1,2,1（此處為盤子次序）

步驟為：1 → 2，1 → 3，2 → 3（此處為木樁次序）

❑ n=3 個套環

1. 將套環從 1 號木樁移動到 3 號木樁

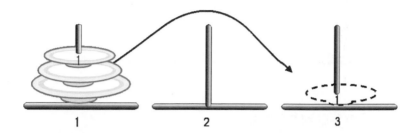

2. 將套環從 1 號木樁移動到 2 號木樁

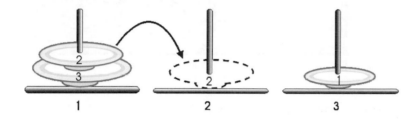

3. 將套環從 3 號木樁移動到 2 號木樁

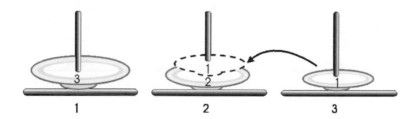

4. 將套環從 1 號木樁移動到 3 號木樁

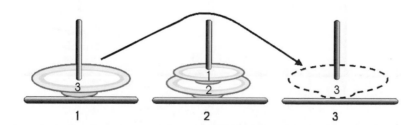

5. 將套環從 2 號木樁移動到 1 號木樁

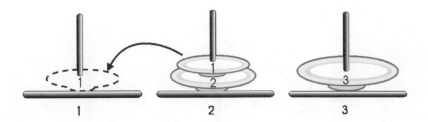

6. 將套環從 2 號木樁移動到 3 號木樁

7. 將套環從 1 號木樁移動到 3 號木樁，就完成了

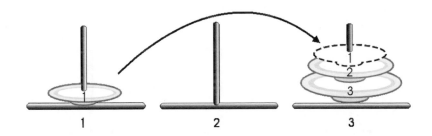

完成

結論：移動了 $2^3-1=7$ 次，盤子移動的次序為 1,2,1,3,1,2,1（盤子次序）

步驟為 1→3，1→2，3→2，1→3，2→1，2→3，1→3（木樁次序）

當有 4 個盤子時，我們實際操作後（在此不作圖說明），盤子移動的次序為 1213121412 13121，而移動木樁的順序為 1→2，1→3，2→3，1→2，3→1，3→2，1→2，1→3，2→3，2→1，3→1，2→3，1→2，1→3，2→3，而移動次數為 2^4-1=15。

當 n 不大時，各位可以逐步用圖示解決，但 n 的值較大時，那可就十分傷腦筋了。事實上，我們可以得到一個結論，例如當有 n 個盤子時，可將河內塔問題歸納成三個步驟：

步驟 1 | 將 n-1 個盤子，從木樁 1 移動到木樁 2。

步驟 2 | 將第 n 個最大盤子，從木樁 1 移動到木樁 3。

步驟 3 | 將 n-1 個盤子，從木樁 2 移動到木樁 3。

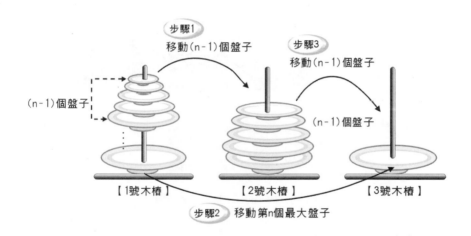

由上圖中，各位應該發現河內塔問題是非常適合以遞迴式與堆疊來解決。因為它滿足了遞迴的兩大特性①有反覆執行的過程②有停止的出口。以下則以遞迴式來表示河內塔遞迴函數演算法：

```c
void hanoi(int n, int p1, int p2, int p3)
{
    if (n==1) /* 遞迴出口 */
        printf(" 套環從 %d 移到 %d\n", p1, p3);
    else
    {
        hanoi(n-1, p1, p3, p2);
        printf(" 套環從 %d 移到 %d\n", p1, p3);
        hanoi(n-1, p2, p1, p3);
    }
}
```

7-2-4　動態規劃演算法

前面費伯納數列是用遞迴法解決，我們也可以改用更進階的動態規劃法求解，也就是已計算過資料而不必計算，也不會再往下遞迴，會達到增進效能的目的。所謂動態規劃法（Dynamic Programming Algorithm, DPA）類似分治法，由 20 世紀 50 年代初美國數學家 R. E. Bellman 所發明，用來研究多階段決策過程的優化與求得一個問題的最佳解。

動態規劃法算是分治法的延伸，當遞迴分割出來的問題，一而再、再而三出現，就運用記憶法儲存這些問題的解答，也就是動態規劃法多使用了記憶（memorization）的機制，將處理過的子問題答案記錄下來，避免重複計算。例如我們想求取第 4 個費伯那數 Fib(4)，它的遞迴過程可以利用以下圖形表示：

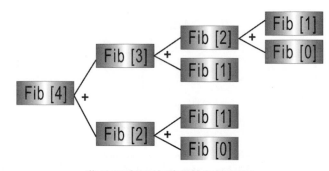

費伯那序列的遞迴執行路徑圖

從路徑圖中可以得知遞迴呼叫 9 次，而執行加法運算 4 次，Fib(1) 執行了 3 次，浪費了執行效能，我們依據動態規劃法的精神，依照這演算法可以繪製出如下的示意圖：

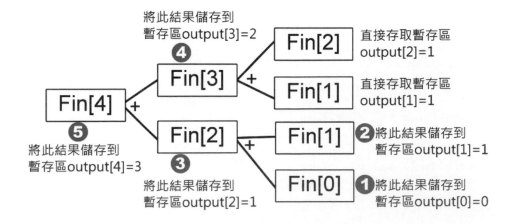

　　動態規劃寫法的精神就是已經計算過資料不必再重複計算，為了達到這個目的，我們可以先設置一個用來紀綠該費伯那數是否已計算過的陣列 output，該陣列中每一個元素是用來紀綠已被計算過的費伯那數。以下 C 演算法將利用遞迴與動態規畫法來計算第 1~n 項所有費伯那序列的值，相信各位更能體會出與遞迴法實作之間的差異！

```c
int fib(int n)            /* 定義函數 fib()*/
{

    if (n==0)
        return 0; /* 如果 n=0 則傳回 0*/
    else if(n==1 || n==2)   /* 如果 n=1 或 n=2，則傳回 1 */
        return 1;
    else                  /* 否則傳回 fib(n-1)+fib(n-2) */
        return (fib(n-1)+fib(n-2));
}
```

7-2-5　貪心演算法

　　貪心演算法（Greed Method）又稱為貪婪演算法，方法就是從某一個起點開始，在每一個解決問題步驟使用貪心原則，都採取在當前狀態下最有利或最優化的選擇，也就是每一步都不管大局的影響，只求局部解決的方法，不斷的改進該解答，持續在每一步驟中選擇最佳的方法，並且逐步逼近給定的目標，透過一步步的選擇局部最佳解來得到問題的解答。當達到某一步驟不能再繼續前進時，演算法停止，以盡可能快的地求得更好的解、幾乎可以解決大部份的最佳化問題。

　　貪心法的精神雖然是把求解的問題分成若干個子問題，不過不能保證求得的最後解是最佳的，貪心法的原理容易過早做決定，只能求滿足某些約束條件的可行解的範圍，不過在有些問題卻可以得到最佳解。我們來看一個簡單的貪心法例子，假設你今天去便利商店買了一罐可樂，要價 24 元，你付給售貨員 100 元，希望找的錢全部都是硬幣，而且你不喜歡拿太多銅板，硬幣的數量越少越好，所以應該要如何找錢？目前的硬幣有 50 元、10 元、5 元、1 元四種，從貪心法的策略來說，應找的錢總數是 76 元，所以一開始選擇 50 元一枚，接下來就是 10 元兩枚，再來是 5 元一枚及最後 1 元一枚，總共四枚銅板，這個結果也確實是最佳的解答。

　　貪心法也很適合作為前往某些旅遊景點的判斷，假如我們要從下圖中的頂點 5 走到頂點 3 最短的路徑該怎麼走才好？以貪心法來說，當然是先走到頂點 1 最近，接著選擇走到頂點 2，最後從頂點 2 走到頂點 5，這樣的距離是 28，可是從下圖中我們發現直接從頂點 5 走到頂點 3 才是最短的距離，也就是在這種情況下，沒辦法從貪心法規則找到最佳的解答。

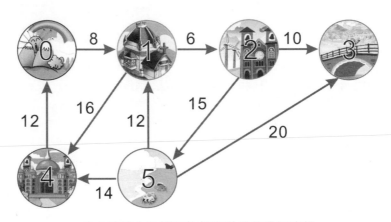

貪心法適合計算前往旅遊點景的最短路徑

7-2-6　巴斯卡三角形演算法

　　巴斯卡（Pascal）三角形演算法，基本上就是計算出每一個三角形位置的數值。在巴斯卡三角形上的每一個數字各對應一個 $_rC_n$，其中 r 代表 row（列），而 n 為 column（欄），其中 r 及 n 都由數字 0 開始。巴斯卡三角形如下：

$$_0C_0$$
$$_1C_0 \ _1C_1$$
$$_2C_0 \ _2C_1 \ _2C_2$$
$$_3C_0 \ _3C_1 \ _3C_2 \ _3C_3$$
$$_4C_0 \ _4C_1 \ _4C_2 \ _4C_3 \ _4C_4$$

巴斯卡三角形對應的數據如下圖所示：

如何計算三角形中的 $_rC_n$，各位可以使用以下的公式：

```
rC0 = 1
rCn = rCn-1 * (r - n + 1) / n
```

上述兩個式子所代表的意義是每一列第 0 欄的值一定為 1。例如：$_0C_0 = 1$、$_1C_0 = 1$、$_2C_0 = 1$、$_3C_0 = 1$...... 以此類推。

一旦每一列第 0 欄元素的值確立為數字 1 後，該列每一欄的元素值，都可以由同一列前一欄的值，依據底下公式計算得到：

```
rCn = rCn-1 * (r - n + 1) / n
```

舉例來說：

1. 第 0 列巴斯卡三角形的求值過程：

    當 r=0，n=0，即第 0 列（row=0）、第 0 欄（column=0），所對應的數字為 0。

    此時的巴斯卡三角形外觀如下：

    1

2. 第 1 列巴斯卡三角形的求值過程：

    - 當 r=1，n=0，代表第 1 列第 0 欄，所對應的數字 $_1C_0$ =1。

    - 當 r=1，n=1，即第 1 列（row=1）、第 1 欄（column=1），所對應的數字 $_1C_1$。

請代入公式 $_rC_n = {}_rC_{n-1} * (r - n + 1) / n$：（其中 r=1，n=1）

可以推演出底下的式子：

$$_1C_1 = {}_1C_0 * (1 - 1 + 1) / 1 = 1*1 = 1$$

得到的結果是 $_1C_1 = 1$

此時的巴斯卡三角形外觀如下：

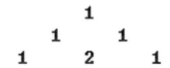

3. 第 2 列巴斯卡三角形的求值過程：

依上述的計算每一列中各元素值的求值過程，可以推得 $_2C_0 = 1$、$_2C_1 = 2$、$_2C_2 = 1$。

此時的巴斯卡三角形外觀如下：

```
        1
     1     1
  1     2     1
```

4. 第 3 列巴斯卡三角形的求值過程：

依上述的計算每一列中各元素值的求值過程，可以推得 $_3C_0 = 1$、$_3C_1 = 3$、$_3C_2 = 3$、$_3C_3 = 1$。

此時的巴斯卡三角形外觀如下：

```
         1
      1     1
   1     2     1
1     3     3     1
```

同理，可以陸續推算出第 4 列、第 5 列、第 6 列、…等所有巴斯卡三角形各列的元素。

7-2-7 枚舉演算法

枚舉法，又稱為窮舉法，枚舉法是一種常見的數學方法，是我們在日常中使用到的最多的一個演算法，它的核心思想就是：枚舉所有的可能。根據問題要求，一一枚舉問題的解答，或者為方便解決問題，把問題分為不重複、不遺漏的有限種情況，一一枚舉各種情況，並加以解決，最終達到解決整個問題的目的。枚舉法這種分析問題、解決問題的方法，得到的結果總是正確的，不過缺點就是速度太慢。

例如我們想將 A 與 B 兩字串連接起來，也就是將 B 字串接到 A 字串後方，就是利用將 B 字串的每一個字元，從第一個字元開始逐步連結到 A 字串的最後一個字元。

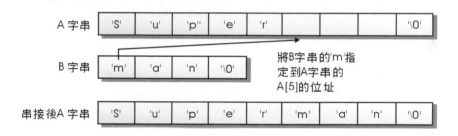

再來看一個例子，當某數 1000 依次減去 1,2,3.... 直到哪一數時，相減的結果開始為負數，這是很單純的枚舉法應用，只要依序減去 1,2,3,4,5,6,8.... ？

1000-1-2-3-4-5-6....- ？ ＜0

用 C 寫成的演算法如下：

```c
int x;
int num;
x=1;
num=1000;
while (num>=0) /* while 迴圈 */
{
    num-=x;
    x=x+1;
}
printf("%d",x-1);
```

簡單來說，枚舉法的核心概念就是將要分析的項目在不遺漏的情況下逐一枚舉列出，再從列出的項目中找到自己需要的目標物。我們再舉一個例子來加深各位的印象，如果你希望列出 1 到 500 所有 5 的倍數的整數，以枚舉法的作法就是 1 開始到 500 逐一列出所有的整數，並一邊枚舉，一邊檢查該枚舉的數字是否為 5 的倍數，如果不是，不加以理會，如果是，則加以輸出。如果以 C 語言來示範，其演算法如下：

```
for(num=1;num<=500;num++)
    if (num%5 ==0)
        printf("%d是 5 的倍數 \n",num);
```

7-2-8 回溯演算法 - 老鼠走迷宮

回溯演算法（Backtracking）也算是枚舉法中的一種，對於某些問題而言，回溯法是一種可以找出所有（或一部分）解的一般性演算法，是隨時避免枚舉不正確的數值，一旦發現不正確的數值，就不遞迴至下一層，而是回溯至上一層，節省時間，這種走不通就退回再走的方式。主要是在搜尋過程中尋找問題的解，當發現已不滿足求解條件時，就回溯返回，嘗試別的路徑，避免無效搜索。

例如老鼠走迷宮就是一種回溯法（Backtracking）的應用。老鼠走迷宮問題的陳述是假設把一隻大老鼠被放在一個沒有蓋子的大迷宮盒的入口處，盒中有許多牆使得大部份的路徑都被擋住而無法前進。老鼠可以依照嘗試錯誤的方法找到出口。不過老鼠必須具備走錯路時就會重來一次並把走過的路記起來，避免重複走同樣的路，直到找到出口為止。簡單說來，老鼠行進時，必須遵守以下三個原則：

① 一次只能走一格。
② 遇到牆無法往前走時，退回去找找看是否有其他的路可以走。
③ 走過的路不會再走第二次。

在建立走迷宮程式前，我們先來了解如何在電腦中表現一個模擬迷宮的方式。這時可以利用二維陣列 MAZE[row][col]，並符合以下規則：

```
MAZE[i][j] =1  表示 [i][j] 處有牆，無法通過
           =0  表示 [i][j] 處無牆，可通行
MAZE[1][1] 是入口，MAZE[m][n] 是出口
```

下圖就是一個使用 10x12 二維陣列的模擬迷宮地圖表示圖：

【迷宮原始路徑】

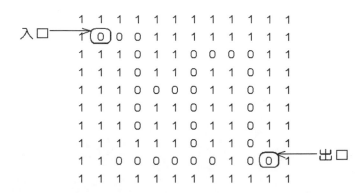

假設老鼠由左上角的 MAZE[1][1] 進入，由右下角的 MAZE[8][10] 出來，老鼠目前位置以 MAZE[x][y] 表示，那麼我們可以將老鼠可能移動的方向表示如下：

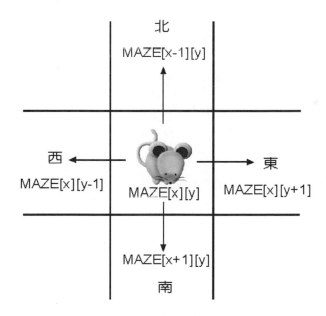

如上圖所示，老鼠可以選擇的方向共有四個，分別為東、西、南、北。但並非每個位置都有四個方向可以選擇，必須視情況來決定，例如 T 字型的路口，就只有東、西、南三個方向可以選擇。

我們可以記錄走過的位置，並且將走過的位置的陣列元素內容標示為 2，然後將這個位置放入堆疊再進行下一次的選擇。如果走到死巷子並且還沒有抵達終點，那麼就必退出上一個位置，並退回去直到回到上一個叉路後再選擇其他的路。由於每次新加入的位置必定會在堆疊的最末端，因此堆疊末端指標所指的方格編號便是目前搜尋迷宮出口的老鼠所在的位置。如此一直重覆這些動作直到走到出口為止。

例如下圖是以小球來代表迷宮中的老鼠：

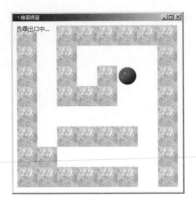 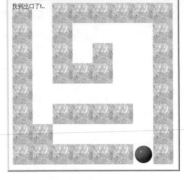

在迷宮中搜尋出口　　　　　　　終於找到迷宮出口

上面這樣的一個迷宮搜尋的概念，底下利用 C 演算法來加以描述：

```
1    if(上一格可走)
2    {
3          加入方格編號到堆疊;
4          往上走;
5          判斷是否為出口;
6    }
7    else if(下一格可走)
8    {
9          加入方格編號到堆疊;
10         往下走;
11          判斷是否為出口;
12   }
13   else if(左一格可走)
14   {
15         加入方格編號到堆疊;
16         往左走;
17         判斷是否為出口;
18   }
19   else if(右一格可走)
20   {
21         加入方格編號到堆疊;
22         往右走;
23         判斷是否為出口;
24   }
```

```
25  else
26  {
27      從堆疊刪除一方格編號；
28      從堆疊中取出一方格編號；
29      往回走；
30  }
```

上面的演算法是每次進行移動時所執行的內容，其主要是判斷目前所在位置的上、下、左、右是否有可以前進的方格，若找到可移動的方格，便將該方格的編號加入到記錄移動路徑的堆疊中，並往該方格移動，而當四週沒有可走的方格時（第 25 行），也就是目前所在的方格無法走出迷宮，必須退回前一格重新再來檢查是否有其它可走的路徑，所以在上面演算法中的第 27 行會將目前所在位置的方格編號從堆疊中刪除，之後第 28 行再取出的就是前一次所走過的方格編號。

7-3 ▶ 排序演算法

排序（Sorting）演算法幾乎可以算最常使用到的一種演算法，目的是將一串不規則的數值資料依照遞增或是遞減的方式重新編排。所謂「排序」，就是將一群資料按照某一個特定規則重新排列，使其具有遞增或遞減的次序關係。按照特定規則，用以排序的依據，我們稱為鍵（Key），它所含的值就稱為「鍵值」。 通常鍵值資料型態有數值型態、中文字串型態及非中文字串型態三種。

參加比賽最重要是分出排名順序

在排序的過程中，電腦中資料的移動方式可分為「直接移動」及「邏輯移動」兩種。「直接移動」是直接交換儲存資料的位置，而「邏輯移動」並不會移動資料儲存位置，僅改變指向這些資料的輔助指標的值。

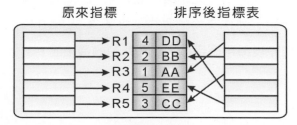

直接移動排序　　　　　邏輯移動排序

　　兩者間優劣在於直接移動會浪費許多時間進行資料的更動，而邏輯移動只要改變輔助指標指向的位置就能輕易達到排序的目的，例如在資料庫中可在報表中可顯示多筆記錄，也可以針對這些欄位的特性來分組並進行排序與彙總，這就是屬於邏輯移動，而不是真正移動實際改變檔案中的位置。基本上，資料在經過排序後，會有下列三點好處：

> ① 資料較容易閱讀。
> ② 資料較利於統計及整理。
> ③ 可大幅減少資料搜尋的時間。

　　排序的各種演算法稱得上是資料科學這門學科的精髓所在。每一種排序方法都有其適用的情況與資料種類。排序演算法的選擇將影響到排序的結果與績效，我們將介紹兩種必考的排序演算法。

7-3-1　氣泡排序法

　　氣泡排序法又稱為交換排序法，是由觀察水中氣泡變化構思而成，原理是由第一個元素開始，比較相鄰元素大小，若大小順序有誤，則對調後再進行下一個元素的比較，就彷彿氣泡逐漸由水底逐漸冒升到水面上一樣。如此掃瞄過一次之後就可確保最後一個元素是位於正確的順序。接著再逐步進行第二次掃瞄，直到完成所有元素的排序關係為止。

　　以下排序我們利用 55、23、87、62、16 的排序過程，您可以清楚知道氣泡排序法的演算流程：

　　由小到大排序：

原始值：55　23　87　62　16

　　第一次掃瞄會先拿第一個元素 55 和第二個元素 23 作比較，如果第二個元素小於第一個元素，則作交換的動作。接著拿 55 和 87 作比較，就這樣一直比較並交換，到第 4 次比較完後即可確定最大值在陣列的最後面。

第一次掃瞄：

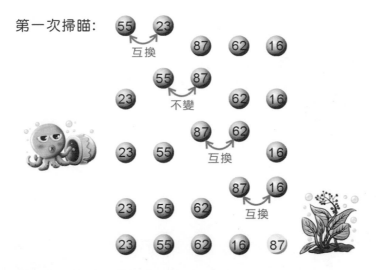

第二次掃瞄亦從頭比較起，但因最後一個元素在第一次掃瞄就已確定是陣列最大值，故只需比較 3 次即可把剩餘陣列元素的最大值排到剩餘陣列的最後面。

第二次掃瞄：

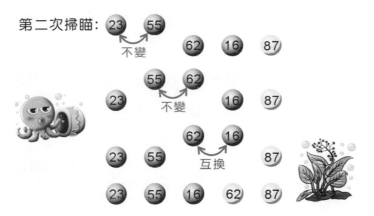

第三次掃瞄完，完成三個值的排序

第三次掃瞄：

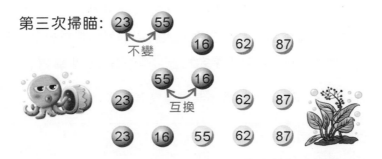

第四次掃瞄完，即可完成所有排序

由此可知 5 個元素的氣泡排序法必須執行 5-1 次掃瞄，第一次掃瞄需比較 5-1 次，共比較 4+3+2+1=10 次

❏ **氣泡演算法分析**

1. 最壞清況及平均情況均需比較：$(n-1)+(n-2)+(n-3)+\cdots+3+2+1=\dfrac{n(n-1)}{2}$ 次；時間複雜度為 $O(n^2)$，最好情況只需完成一次掃瞄，發現沒有做交換的動作則表示已經排序完成，所以只做了 n-1 次比較，時間複雜度為 $O(n)$。

2. 由於氣泡排序為相鄰兩者相互比較對調，並不會更改其原本排列的順序，所以是穩定排序法。

3. 只需一個額外的空間，所以空間複雜度為最佳。

4. 此排序法適用於資料量小或有部份資料已經過排序。

7-3-2　快速排序法

快速排序（Quicksort）是由 C. A. R. Hoare 所發展的，又稱分割交換排序法，是目前公認最佳的排序法，也是使用分治法（Divide and Conquer）的方式，主要會先在資料中找到一個隨機會自行設定一個虛擬中間值，並依此中間值將所有打算排序的資料分為兩部份。其中小於中間值的資料放在左邊而大於中間值的資料放在右邊，再以同樣的方式分別處理左右兩邊的資料，直到排序完為止。操作與分割步驟如下：

假設有 n 筆 R1、R2、R3...Rn 記錄，其鍵值為 K_1、K_2、K_3...K_n：

---

① 先假設 K 的值為第一個鍵值。

② 由左向右找出鍵值 K_i，使得 $K_i>K$。

③ 由右向左找出鍵值 K_j 使得 $K_j<K$。

---

④ 如果 i<j，那麼 K_i 與 K_j 互換，並回到步驟②。

⑤ 若 i≥j 則將 K 與 K_j 交換，並以 j 為基準點分割成左右部份。然後再針對左右兩邊
進行步驟①至⑤，直到左半邊鍵值＝右半邊鍵值為止。

下面為您示範快速排序法將下列資料的排序過程：

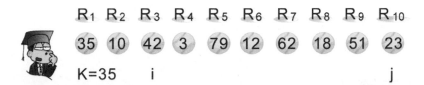

因為 i<j 故交換 K_i 與 K_j，然後繼續比較：

因為 i<j 故交換 K_i 與 K_j，然後繼續比較：

因為 i≥j 故交換 K 與 K_j，並以 j 為基準點分割成左右兩半：

由上述這幾個步驟，各位可以將小於鍵值 K 放在左半部；大於鍵值 K 放在右半部，
依上述的排序過程，針對左右兩部份分別排序。過程如下：

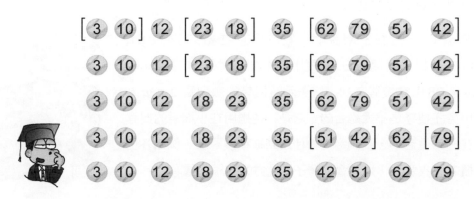

❏ 快速排序演算法分析

1. 在最快及平均情況下，時間複雜度為 $O(n\log_2 n)$。最壞情況就是每次挑中的中間值不是最大就是最小，其時間複雜度為 $O(n^2)$。

2. 快速排序法不是穩定排序法。

3. 在最差的情況下，空間複雜度為 $O(n)$，而最佳情況為 $O(\log_2 n)$。

4. 快速排序法是平均執行時間最快的排序法。

7-4 ▸ 搜尋演算法

在資料處理過程中，是否能在最短時間內搜尋到所需要的資料，是一個相當值得資訊從業人員關心的議題。所謂搜尋（Search）指的是從資料檔案中找出滿足某些條件的記錄之動作，用以搜尋的條件稱為「鍵值」（Key），就如同排序所用的鍵值一樣，我們平常在電話簿中找某人的電話，那麼這個人的姓名就成為在電話簿中搜尋電話資料的鍵值。電腦搜尋資料的優點是快速，但是當資料量很龐大時，如何在最短時間內有效的找到所需資料，是一個相當重要的課題；影響搜尋時間長短的主要因素包括有演算法、資料儲存的方式及結構。以下我們介紹兩種常見的演算法。

7-4-1 循序搜尋演算法

循序搜尋法又稱線性搜尋法，是一種最簡單的搜尋法。它的方法是將資料一筆一筆的循序逐次搜尋。所以不管資料順序為何，都是得從頭到尾走訪過一次。此法的優點是檔案在搜尋前不需要作任何的處理與排序，缺點為搜尋速度較慢。如果資料沒有重覆，找到資料就可中止搜尋的話，在最差狀況是未找到資料，需作 n 次比較，最好狀況則是一次就找到，只需 1 次比較。

我們就以一個例子來說明，假設已存在數列 74,53,61,28,99,46,88，如果要搜尋 28 需要比較 4 次；搜尋 74 僅需比較 1 次；搜尋 88 則需搜尋 7 次，這表示當搜尋的數列長度 n 很大時，利用循序搜尋是不太適合的，它是一種適用在小檔案的搜尋方法。在日常生活中，我們經常會使用到這種搜尋法，例如各位想在衣櫃中找衣服時，通常會從櫃子最上方的抽屜逐層尋找。

在抽屜中逐層找尋東西，也是一種循序搜尋法的應用

❏ **循序搜尋演算法分析**

1. 時間複雜度：如果資料沒有重覆，找到資料就可中止搜尋的話，在最差狀況是未找到資料，需作 n 次比較，時間複雜度為 O(n)。

2. 在平均狀況下，假設資料出現的機率相等，則需 (n+1)/2 次比較。

3. 當資料量很大時，不適合使用循序搜尋法。但如果預估所搜尋的資料在檔案前端則可以減少搜尋的時間。

7-4-2　二分搜尋演算法

如果要搜尋的資料已經事先排序好，則可使用二分搜尋法來進行搜尋。二分搜尋法是將資料分割成兩等份，再比較鍵值與中間值的大小，如果鍵值小於中間值，可確定要找的資料在前半段的元素，否則在後半部。如此分割數次直到找到或確定不存在為止。例如以下已排序數列 2、3、5、8、9、11、12、16、18，而所要搜尋值為 11 時：

首先跟第五個數值 9 比較：

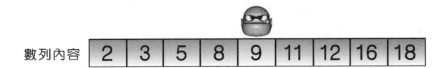

數列內容　| 2 | 3 | 5 | 8 | 9 | 11 | 12 | 16 | 18

因為 11 > 9，所以和後半部的中間值 12 比較：

數列內容　| 不處理 | 11 | 12 | 16 | 18

因為 11 < 12，所以和前半部的中間值 11 比較：

數列內容　| 不處理 | 11 | 不處理

因為 11=11，表示搜尋完成，如果不相等則表示找不到。

❏ **二分搜尋演算法**

1. 時間複雜度：因為每次的搜尋都會比上一次少一半的範圍，最多只需要比較 $\lceil \log_2 n \rceil +1$ 或 $\lceil \log_2(n+1) \rceil$，時間複雜度為 O(log n)。

2. 二分搜尋法必須事先經過排序，且資料量必須能直接在記憶體中執行。

3. 此法適合用於不需增刪的靜態資料。

7-5 ▸ 本章相關模擬試題

1. 函數 f 定義如下，如果呼叫 f(1000)，指令 sum=sum+i 被執行的次數最接近下列何者？

    (A) 1000

    (B) 3000

    (C) 5000

    (D) 10000

    ```c
    int f (int n) {
        int sum=0;
        if (n<2) {
            return 0;
        }
        for (int i=1; i<=n; i=i+1) {
            sum = sum + i;
        }
        sum = sum + f(2*n/3);
        return sum;
    }
    ```

    解答 (B)3000，這道題目是一種遞迴的問題，這個題目在問如果如果呼叫 f(1000)，指令 sum=sum+i 被執行的次數。

2. 請問以 a(13,15) 呼叫 a() 函式，函式執行完後其回傳值為何？

    (A) 90

    (B) 103

    (C) 93

    (D) 60

    解答 (B)

    ```c
    int a(int n, int m) {
        if (n < 10) {
            if (m < 10) {
                return n + m ;
            }
            else {
                return a(n, m-2) + m ;
            }
        }
        else {
            return a(n-1, m) + n ;
        }
    }
    ```

3. 一個費式數列定義第一個數為 0 第二個數為 1 之後的每個數都等於前兩個數相加，如下所示：

0、1、1、2、3、5、8、13、21、34、55、89…。

下列的程式用以計算第 N 個 (N ≥ 2) 費式數列的數值，請問 (a) 與 (b) 兩個空格的敘述（statement）應該為何？

```
int a=0;
int b=1;
int i, temp, N;
...
for (i=2; i<=N; i=i+1) {
    temp = b;
        (a) ;
    a = temp;
    printf ("%d\n", (b) );
}
```

(A) (a)f[i]=f[i-1]+f[i-2]　　　(b)f[N]

(B) (a)a = a + b　　　(b)a

(C) (a)b = a + b　　　(b)b

(D) (a)f[i]=f[i-1]+f[i-2]　　　(b)f[i]

解答 (C)

4. 給定右側 g() 函式，g(13) 回傳值為何？

(A)16

(B)18

(C)19

(D)22

```
int g(int a) {
    if (a > 1) {
        return g(a - 2) + 3;
    }
    return a;
}
```

解答 (C)

直接帶入遞迴寫出過程：

g(13)=g(11)+3=g(9)+3+3=g(7)+3+6=g(5)+3+9=g(3)+3+12=g(1)+3+15=19

5. 給定右側函式 f1() 及 f2()。f1(1) 運算過程
    中，以下敘述何者為錯？

    (A) 印出的數字最大的是 4

    (B) f1 一共被呼叫二次

    (C) f2 一共被呼叫三次

    (D) 數字 2 被印出兩次

    解答 (C)

```c
void f1 (int m) {
    if (m > 3) {
        printf ("%d\n", m);
        return;
    }
    else {
        printf ("%d\n", m);
        f2(m+2);
        printf ("%d\n", m);
    }
}
void f2 (int n) {
    if (n > 3) {
        printf ("%d\n", n);
        return;
    }
    else {
        printf ("%d\n", n);
        f1(n-1);
        printf ("%d\n", n);
    }
}
```

6. 右側程式輸出為何？

    (A) bar: 6
        bar: 1
        bar: 8

    (B) bar: 6
        foo: 1
        bar: 3

    (C) bar: 1
        foo: 1
        bar: 8

    (D) bar: 6
        foo: 1
        foo: 3

    解答 (A)

```c
void foo (int i) {
    if (i <= 5) {
    printf ("foo: %d\n", i);
    }
    else {
        bar(i - 10);
    }
}
void bar (int i) {
    if (i <= 10) {
        printf ("bar: %d\n", i);
    }
    else {
        foo(i - 5);
    }
}
void main() {
    foo(15106);
    bar(3091);
    foo(6693);
}
```

7. 右側為一個計算 n 階層的函式，請問該如何修改才會得到正確的結果？

(A) 第 2 行，改為 int fac = n;

(B) 第 3 行，改為 if (n > 0) {

(C) 第 4 行，改為 fac = n * fun(n+1);

(D) 第 4 行，改為 fac = fac * fun(n-1);

解答 (B)

```
1. int fun (int n) {
2.     int fac = 1;
3.     if (n >= 0) {
4.         fac = n * fun(n - 1);
5.     }
6.     return fac;
7. }
```

8. 右側 g(4) 函式呼叫執行後，回傳值為何？

(A) 6

(B) 11

(C) 13

(D) 14

解答 (C)

```
int f (int n) {
    if (n > 3) {
        return 1;
    }
    else if (n == 2) {
        return (3 + f(n+1));
    }
    else {
        return (1 + f(n+1));
    }
}
int g(int n) {
    int j = 0;
    for (int i=1; i<=n-1; i=i+1) {
        j = j + f(i);
    }
    return j;
}
```

9. 右側 Mystery() 函式 else 部分運算式應為何，才能使得 Mystery(9) 的回傳值為 34。

(A) x + Mystery(x-1)

(B) x * Mystery(x-1)

(C) Mystery(x-2) + Mystery(x+2)

(D) Mystery(x-2) + Mystery(x-1)

解答 (D)

```
int Mystery (int x) {
    if (x <= 1) {
        return x;
    }
    else {
        return _____ ;
    }
}
```

10. 給定右側 G(), K() 兩函式，執行 G(3) 後
   所回傳的值為何？

   (A) 5

   (B) 12

   (C) 14

   (D) 15

   解答 (C)

```
int K(int a[], int n) {
    if (n >= 0)
        return (K(a, n-1) + a[n]);
    else
        return 0;
}
int G(int n){
    int a[] = {5,4,3,2,1};
    return K(a, n);
}
```

11. 右側函式以 F(7) 呼叫後回傳值為 12，
   則 <condition> 應為何？

   (A) a < 3

   (B) a < 2

   (C) a < 1

   (D) a < 0

   解答 (D)

```
int F(int a) {
    if ( <condition> )
        return 1;
    else
        return F(a-2) + F(a-3);
}
```

12. 右側主程式執行完三次 G() 的呼叫後，
   p 陣列中有幾個元素的值為 0？

   (A) 1

   (B) 2

   (C) 3

   (D) 4

   解答 (C)

```
int K (int p[], int v) {
    if (p[v]!=v) {
        p[v] = K(p, p[v]);
    }
    return p[v];
}
void G (int p[], int l, int r) {
    int a=K(p, l), b=K(p, r);
    if (a!=b) {
        p[b] = a;
    }
}
int main (void) {
    int p[5]={0, 1, 2, 3, 4};
    G(p, 0, 1);
    G(p, 2, 4);
    G(p, 0, 4);
    return 0;
}
```

13. 右側 G() 應為一支遞迴函式,已知當 a
    固定為 2,不同的變數 x 值會有不同的
    回傳值如下表所示。請找出 G() 函式中
    (a) 處的計算式該為何?

```
int G (int a, int x) {
    if (x == 0)
        return 1;
    else
        return (a) ;
}
```

a 值	x 值	G(a, x) 回傳值
2	0	1
2	1	6
2	2	36
2	3	216
2	4	1296
2	5	7776

(A) ((2*a)+2)*G(a,x-1)

(B) (a+5) * G(a-1, x - 1)

(C) ((3*a)-1) * G(a, x - 1)

(D) (a+6) * G(a, x - 1)

解答 (A)

14. 右側 G() 為遞迴函式,G(3, 7) 執行後回
    傳值為何?

    (A) 128

    (B) 2187

    (C) 6561

    (D) 1024

    解答 (B)

```
int G (int a, int x) {
    if (x == 0)
        return 1;
    else
        return (a * G(a, x - 1));
}
```

15. 右側函式若以 search(1,10,3) 呼叫時,
    search 函式總共會被執行幾次?

    (A) 2

    (B) 3

    (C) 4

    (D) 5

    解答 (C)

```
void search (int x, int y, int z) {
    if (x < y) {
        t = ceiling ((x + y)/2);
        if (z >= t)
            search(t, y, z);
        else
            search(x, t - 1, z);
    }
}
```

註:ceiling() 為無條件進位至整數位。例如
    ceiling(3.1)=4, ceiling(3.9)=4。

16. 若以 B(5,2) 呼叫右側 B() 函式，總共會印出幾次 "base case"？

    (A) 1

    (B) 5

    (C) 10

    (D) 19

    解答 (C)

```c
int B (int n, int k) {
    if (k == 0 || k == n){
        printf ("base case\n");
        return 1;
    }
    return B(n-1,k-1) + B(n-1,k);
}
```

17. 若以 G(100) 呼叫右側函式後，n 的值為何？

    (A) 25

    (B) 75

    (C) 150

    (D) 250

    解答 (D)

```c
int n = 0;
void K (int b) {
    n = n + 1;
    if (b % 4)
        K(b+1);
}
void G (int m) {
    for (int i=0; i<m; i=i+1) {
        K(i);
    }
}
```

18. 若以 F(15) 呼叫右側 F() 函式，總共會印出幾行數字？

    (A) 16 行

    (B) 22 行

    (C) 11 行

    (D) 15 行

    解答 (D)

```c
void F (int n) {
    printf ("%d\n" , n);
    if ((n%2 == 1) && (n > 1)){
        return F(5*n+1);
    }
    else {
    if (n%2 == 0)
        return F(n/2);
    }
}
```

19. 若以 F(5,2) 呼叫右側 F() 函式，執行完畢後回傳值為何？

    (A) 1

    (B) 3

    (C) 5

    (D) 8

    解答 (C)

```c
int F (int x,int y) {
    if (x<1)
        return 1;
    else
        return F(x-y,y)+F(x-2*y,y);
}
```

20.
```
01   void mysort(int a[], int n) {
02       int t;
03       for (int i = 0; i < n; i++) {
04           for (int j = i; j < n; j++) {
05               if (_____) {
06                   _____
07                   _____
08                   _____
09               }
10           }
11       }
12   }
```

上面的排序法可以由大到小排列，請問底下的下底線空白處，要填入哪些程式碼才是正確的？

(A) a[i] < a[j]
    t = a[i];
    a[j] = a[i];
    a[i] = t;

(C) a[i] < a[j]
    t = a[i];
    a[i] = a[j];
    a[j] = t;

(B) a[i] > a[j]
    t = a[i];
    a[j] = a[i];
    a[i] = t;

(D) a[i] > a[j]
    t = a[i];
    a[i] = a[j];
    a[j] = t;

解答 (C)

21.
```
01   int bin_search(int data[10],int val)
02   {
03       int low,mid,high;
04       low=0;
05       high=9;
06       while(low <= high && val !=-1)
07       {
08           mid=(low+high)/2;
09           if(val<data[mid])
10               high=mid-1;
11           else if(val>data[mid])
12               low=mid+1;
13           else
14               return mid;
15       }
16       return -1;
```

```
17   }
18
19   int main(void)
20   {
21       int num,val=1;
22       int data[10]={2, 6, 10, 13, 66, 68, 70, 78, 83, 99};
23       while (1)
24       {
25           num=0;
26           cout<<" 請輸入搜尋鍵值 (1-150)，輸入 -1 結束：";
27           cin>>val;
28           if(val==-1)
29               break;
30           num=bin_search(data,val);
31           if(num==-1)
32               cout<<" 沒有找到 "<<endl;
33           else
34               cout<<" 找到 "<<data[num]<<endl;
35       }
36       return 0;
37   }
```

請問在程式執行過程中輸入下列哪一個值，會輸出「沒有找到」的字串。

(A) 1   (B) 2

(C) 70   (D) 99

解答 (A)

22. 右側 F() 函式回傳運算式該如何寫，才
   會使得 F(14) 的回傳值為 40 ？

```
int F (int n) {
    if (n < 4)
        return n;
    else
        return    ?    ;
}
```

(A) n * F(n-1)

(B) n + F(n-3)

(C) n - F(n-2)

(D) F(3n+1)

解答 (B)

23. 右側函式兩個回傳式分別該如何撰寫，才能正確計算並回傳兩參數 a, b 之最大公因數（Greatest CommonDivisor）？

    (A) a, GCD(b,r)

    (B) b, GCD(b,r)

    (C) a, GCD(a,r)

    (D) b, GCD(a,r)

```
int GCD (int a, int b) {
    int r;
    r = a % b;
    if (r == 0)
        return _____;
    return _____;
}
```

解答 (B)

24. 下列程式片段執行後，count 的值為何？

```
int maze[5][5]= {{1, 1, 1, 1, 1}, {1, 0, 1, 0, 1},{1, 1, 0, 0, 1},{1, 0,
0, 1, 1},{1, 1, 1, 1, 1} };
int count=0;
for (int i=1; i<=3; i=i+1) {
    for (int j=1; j<=3; j=j+1) {
        int dir[4][2] = {{-1,0}, {0,1}, {1,0}, {0,-1}};
        for (int d=0; d<4; d=d+1) {
            if (maze[i+dir[d][0]][j+dir[d][1]]==1) {
                count = count + 1;
            }
        }
    }
}
```

(A) 36

(B) 20

(C) 12

(D) 3

解答 (B)

25. 哪組資料若依序存入陣列中，將無法直接使用二分搜尋法搜尋資料？

    (A) a, e, i, o, u

    (B) 3, 1, 4, 5, 9

    (C) 10000, 0, -10000

    (D) 1, 10, 10, 10, 100

解答 (B)

26. 一個 1x8 的陣列 A，A = {0, 2, 4,6, 8, 10, 12, 14}。右側函式 Search(X) 真正目的是找到 A 之中大於 x 的最小值。然而，這個函式有誤。請問下列哪個函式呼叫可測出函式有誤？

(A) Search(-1)

(B) Search(0)

(C) Search(10)

(D) Search(16)

解答 (D)

```c
int A[8]={0, 2, 4, 6, 8, 10, 12, 14};
int Search (int x) {
    int high = 7;
    int low = 0;
    while (high > low) {
        int mid = (high + low)/2;
        if (A[mid] <= x) {
            low = mid + 1;
        }
        else {
            high = mid;
        }
    }
    return A[high];
}
```

08

基礎資料結構導論

　　人們當初試圖建造電腦的主要原因之一，主要就是用來儲存及管理一些數位化資料清單與資料，這也是最初資料結構觀念的由來。當我們要求電腦解決問題時，必須以電腦了解的模式來描述問題，資料結構是資料的表示法，也就是指電腦中儲存資料的基本架構。

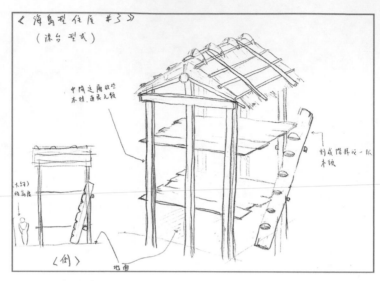

寫程式就像蓋房子一樣，先要規劃出房子的結構圖

　　簡單來說，資料結構的定義就是一種輔助程式設計最佳化的方法論，它不僅討論到儲存的資料與儲存資料的方法，同時也考慮到彼此之間的關係與運算，使達到讓程式加快執行速度與減少記憶體佔用空間等功用。

圖書館的書籍管理也是一種資料結構的應用

　　資料結構可透過程式語言所提供的資料型別、參照及其他操作加以實作，我們知道一個程式能否快速而有效率的完成預定的任務，取決於是否選對了資料結構，而程式是否能清楚而正確的把問題解決，則取決於演算法。所以各位可以直接這麼認為：「資料結構加上演算法等於有效率且可執行的程式。」

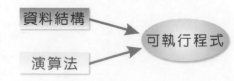

　　不同種類的資料結構適合於不同模式的應用，選擇適當的資料結構是讓程式發揮最大效能的主要考慮因素。接下來我們將為各位介紹一些常見與 APCS 試題中會涉及到的四種必考資料結構。

8-1 ▸▸ 堆疊

　　堆疊（Stack）是一群相同資料型態的組合，所有的動作均在頂端進行，具「後進先出」（Last In, First Out: LIFO）的特性。談到所謂後進先出（Last In, Frist Out）的觀念，其實就如同自助餐中餐盤由桌面往上一個一個疊放，且取用時由最上面先拿，這就是一種典型堆疊概念的應用。

電梯搭乘方式就是一種堆疊的應用

自助餐中餐盤存取就是一種堆疊的應用

　　由於堆疊是一種抽象型資料結構（Abstract Data Type, ADT），它有下列特性：

① 只能從堆疊的頂端存取資料。
② 資料的存取符合「後進先出」（LIFO, Last In First Out）的原則。

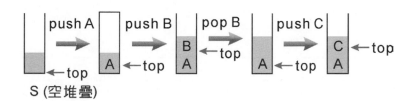

堆疊的基本運算可以具備以下五種工作定義：

create	建立一個空堆疊。
push	存放頂端資料，並傳回新堆疊。
pop	刪除頂端資料，並傳回新堆疊。
isEmpty	判斷堆疊是否為空堆疊，是則傳回 true，不是則傳回 false。
full	判斷堆疊是否已滿，是則傳回 true，不是則傳回 false。

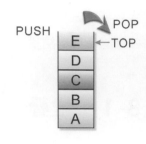

8-1-1 陣列實作堆疊

以陣列結構來製作堆疊的好處是製作與設計的演算法都相當簡單，但因為如果堆疊本身是變動的話，陣列大小並無法事先規劃宣告，太大時浪費空間，太小則不夠使用。C 的相關演算法如下：

```c
int isEmpty()   /* 判斷堆疊是否為空堆疊 */
{
    if(top==-1) return 1;
    else return 0;
}
```

```c
int push(int data)  /* 存放頂端資料，並傳回新堆疊 */
{
    if(top>=MAXSTACK)
    {
        printf(" 堆疊已滿，無法再加入 \n");
        return 0;
    }
    else
    {
        stack[++top]=data; /* 將資料存入堆疊 */
        return 1;

    }
}
```

```c
int pop()
{
    if(isEmpty())  /* 判斷堆疊是否為空，如果是則傳回 -1*/
        return -1;
    else
        return stack[top--]; /* 將資料取出後，再將堆疊指標往下移 */
}
```

8-2 ▸ 佇列

佇列（Queue）和堆疊都是一種有序串列，也屬於抽象型資料型態（ADT），它所有加入與刪除的動作都發生在不同的兩端，並且符合 "First In, First Out"（先進先出）的特性。佇列的觀念就好比搭捷運時買票的隊伍，先到的人當然可以優先買票，買完後就從前端離去準備搭捷運，而隊伍的後端又陸續有新的乘客加入排隊。

捷運買票的隊伍就是佇列原理的應用

佇列在電腦領域的應用也相當廣泛，例如計算機的模擬（simulation）、CPU 的工作排程（Job Scheduling）、線上同時週邊作業系統的應用與圖形走訪的先廣後深搜尋法（BFS）。堆疊只需一個 top 指標指向堆疊頂端，而佇列則必須使用 front 和 rear 兩個指標分別指向前端和尾端，如下圖所示：

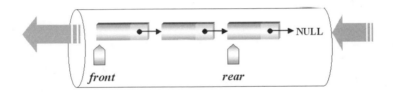

由於佇列是一種抽象型資料結構（Abstract Data Type, ADT），它有下列特性：

① 具有先進先出（FIFO）的特性。
② 擁有兩種基本動作加入與刪除，而且使用 front 與 rear 兩個指標來分別指向佇列的前端與尾端。

佇列的基本運算可以具備以下五種工作定義：

create	建立空佇列。
add	將新資料加入佇列的尾端，傳回新佇列。
delete	刪除佇列前端的資料，傳回新佇列。
front	傳回佇列前端的值。
empty	若佇列為空集合，傳回真，否則傳回偽。

8-2-1 陣列實作佇列

以陣列結構來製作佇列的好處是演算法相當簡單，不過與堆疊不同之處是需要擁有兩種基本動作加入與刪除，而且使用 front 與 rear 兩個註標來分別指向佇列的前端與尾端，缺點是陣列大小並無法事先規劃宣告。首先我們需要宣告一個有限容量的陣列，並以下列圖示說明：

```
#define MAXSIZE   4
int queue[MAXSIZE]; /* 佇列大小為 4 */
int front=-1;
int rear=-1;
```

1. 當開始時，我們將 front 與 rear 都預設為 -1，當 front=rear 時，則為空佇列。

事件說明	front	rear	Q(0)	Q(1)	Q(2)	Q(3)
空佇列 Q	-1	-1				

2. 加入 dataA，front=-1，rear=0，每加入一個元素，將 rear 值加 1：

加入 dataA	-1	0	dataA			

3. 加入 dataB、dataC，front=-1，rear=2：

加入 dataB、C	-1	1	dataA	dataB	dataC	

4. 取出 dataA，front=0，rear=2，每取出一個元素，將 front 值加 1：

取出 dataA	0	2		dataB	dataC	

5. 加入 dataD，front=0，rear=3，此時當 rear=MAXSIZE-1，表示佇列已滿。

加入 dataD	0	3		dataB	dataC	dataD

6. 取出 dataB，front=1，rear=3

取出 dataB	1	3			dataC	dataD

從以上實作的過程，以陣列操作佇列的 C 的相關演算法如下：

```
#defineMAX_SIZE 100  /* 佇列的最大容量 */
int queue[MAX_SIZE];
int front=-1;
int rear=-1;  /* 空佇列時，front=-1，rear=-1 */
/* front 及 rear 皆為全域變數 */
void  enqueue(int item)  /* 將新資料加入 Q 的尾端，傳回新佇列 */
{
    if (rear==MAX_SIZE-1)
        printf("%s"," 佇列已滿！ ");
    else
    {
        rear++;
        queue[rear]=item;
    } /* 加新資料到佇列的尾端 */
}
```

```
void dequeue(int item)  /* 刪除佇列前端資料，傳回新佇列 */
{
    if (front==rear)
        printf("%s"," 佇列已空！ ");
    else
    {
        front++;
        item=queue[front];
    }
} /* 刪除佇列前端資料 */
```

```
void FRONT_VALUE(int *queue)   /* 傳回佇列前端的值 */
{
    if (front==rear)
        printf("%s"," 這是空佇列 ");
    else
        printf("%s", queue[front]);
} /* 傳回佇列前端的值 */
```

8-2-2 環狀佇列

在上述章節中，當執行到步驟 6 之後，此佇列狀態如下圖所示：

取出 dataB	1	3			dataC	dataD

不過這裏出現一個問題就，是這個佇列事實上根本還有空間，即是 Q(0) 與 Q(1) 兩個空間，不過因為 rear=MAX_SIZE-1=3，這樣會使得新資料無法加入。怎麼辦？解決之道有二，請看以下説明：

1. 當佇列已滿時，便將所有的元素向前（左）移到 Q(0) 為止，不過如果佇列中的資料過多，搬移時將會造成時間的浪費。如下圖：

移動 dataB、C	-1	1	dataB	dataC		

2. 利用環狀佇列（Circular Queue），讓 rear 與 front 兩種指標能夠永遠介於 0 與 n-1 之間，也就是當 rear=MAXSIZE-1，無法存入資料時，如果仍要存入資料，就可將 rear 重新指向索引值為 0 處。

所謂環狀佇列（Circular Queue），其實就是一種環形結構的佇列，它仍是以一種 Q(0:n-1) 的線性一維陣列，同時 Q(0) 為 Q(n-1) 的下一個元素，可以用來解決無法判斷佇列是否滿溢的問題。指標 front 永遠以逆時鐘方向指向佇列中第一個元素的前一個位置，rear 則指向佇列目前的最後位置。一開始 front 和 rear 均預設為 -1，表示為空佇列，也就是説如果 front=rear 則為空佇列。另外有：

```
rear ← (rear+1) mod n
front ← (front+1) mod n
```

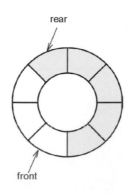

上述之所以將 front 指向佇列中第一個元素前一個位置，原因是環狀佇列為空佇列和滿佇列時，front 和 rear 都會指向同一個地方，如此一來我們便無法利用 front 是否等於 rear 這個判斷式來決定到底目前是空佇列或滿佇列。

為了解決此問題，除了上述方式僅允許佇列最多只能存放 n-1 個資料（亦即犧牲最後一個空間），當 rear 指標的下一個是 front 的位置時，就認定佇列已滿，無法再將資料加入，如下圖便是填滿的環狀佇列外觀：

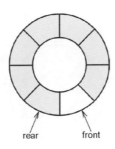

以下我們將整個過程以下圖來為各位說明：

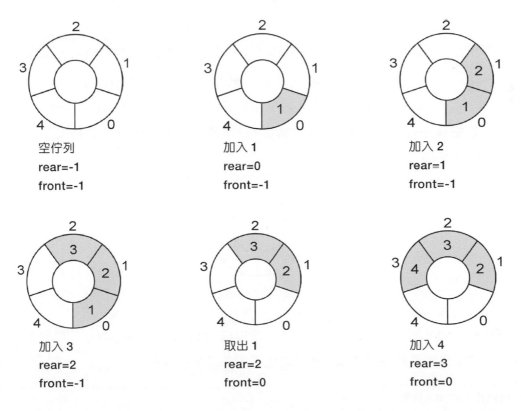

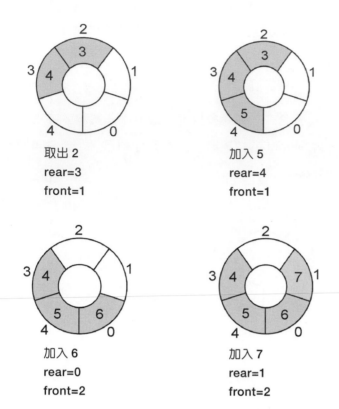

為了解決這個問題，可以讓 rear 指標的下一個目標是 front 的位置時，就認定佇列已滿，無法再將資料加入。在 enqueue 演算法中，我們先將 (rear+1)%n 後，再檢查佇列是否已滿。而在 dequeue 演算法中，則是先檢查佇列是否已空，再將 (front+1)%MAX_SIZE，所以造成佇列最多只能存放 n-1 個資料（亦即犧牲最後一個空間），如下圖便是填滿的環狀佇列外觀：

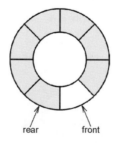

當 rear=front 時，則可代表佇列已空。所以在 enqueue 和 dequeue 的兩種工作定義和原先佇列工作定義的演算法就有不同之處了。必須改寫如下：

```
/* 環狀佇列的加入演算法 */
void AddQ (int item)
{
```

```
    rear=(rear+1)%MAX_SIZE;
    if (front==rear )
        printf("%s", "佇列已滿！");
    else
        queue[rear]=item;
}
```

```
/* 環形佇列的刪除演算法 */
void dequeue(int item)
{
    if (front==rear)
        printf("%s", "佇列是空的！");
    else
    {
        front=(front+1)%MAX_SIZE;
        item=Queue[front];
    }
}
```

8-2-3 雙向佇列

所謂雙向佇列（Double Ended Queues, Deque）為一有序串列，加入與刪除可在佇列的任意一端進行，請看下圖：

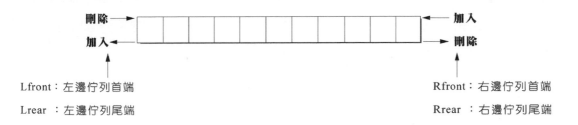

Lfront：左邊佇列首端	Rfront：右邊佇列首端
Lrear ：左邊佇列尾端	Rrear ：右邊佇列尾端

具體來説，雙向佇列就是允許兩端中的任意一端都具備有刪除或加入功能，而且無論左右兩端的佇列，首端與尾端指標都是朝佇列中央來移動。通常在一般的應用上，雙向佇列的應用可以區分為兩種：第一種是資料只能從一端加入，但可從兩端取出，另一種則是可由兩端加入，但由一端取出。

8-3 ▶ 樹狀結構

樹狀結構是一種日常生活中應用相當廣泛的非線性結構，舉凡從企業內的組織架構、家族內的族譜、籃球賽程、公司組織圖等，再到電腦領域中的作業系統與資料庫管理系統都是樹狀結構的衍生運用。

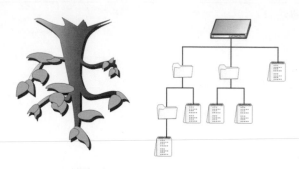

Windows 的檔案總管是以樹狀結構儲存各種資料檔案

8-3-1 樹的基本觀念

「樹」（Tree）是由一個或一個以上的節點（Node）組成，存在一個特殊的節點，稱為樹根（Root），每個節點可代表一些資料和指標組合而成的記錄。其餘節點則可分為 n ≧ 0 個互斥的集合，即是 $T_1, T_2, T_3 \cdots T_n$，則每一個子集合本身也是一種樹狀結構及此根節點的子樹。例如下圖：

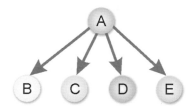

A 為根節點，**B、C、D、E** 均為 **A** 的子節點

一棵合法的樹，節點間可以互相連結，但不能形成無出口的迴圈。下圖就是一棵不合法的樹：

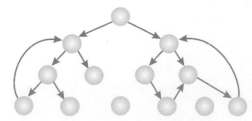

在樹狀結構中，有許多常用的專有名詞，我們利用下圖中這棵合法的樹，來為各位簡單介紹：

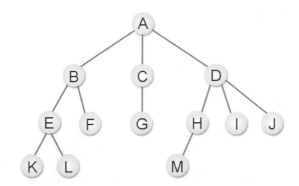

- **分支度（Degree）**：每個節點所有的子樹個數。例如像上圖中節點 B 的分支度為 2，D 的分支度為 3，F、K、I、J 等為 0。

- **階層或階度（level）**：樹的層級，假設樹根 A 為第一階層，BCD 節點即為階層 2，E、F、G、H、I、J 為階層 3。

- **高度（Height）**：樹的最大階度。例如上圖的樹高度為 4。

- **樹葉或稱終端節點（Terminal Nodes）**：分支度為零的節點，如上圖中的 K、L、F、G、M、I、J，下圖則有 4 個樹葉節點，如 ECHJ：

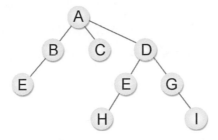

- **父節點（Parent）**：每一個節點有連結的上一層節點為父節點，例如 F 的父點為 B，M 的父點為 H，通常在繪製樹狀圖時，我們會將父節點畫在子節點的上方。

- **子節點（children）**：每一個節點有連結的下一層節點為子節點，例如 A 的子點為 B、C、D，B 的子點為 E、F。

- **祖先（ancestor）和子孫（descendant）**：所謂祖先，是指從樹根到該節點路徑上所包含的節點，而子孫則是在該節點往上追溯子樹中的任一節點。例如 K 的祖先為 A、B、E 節點，H 的祖先為 A、D 節點，節點 B 的子孫為 E、F、K、L。

- **兄弟節點（siblings）**：有共同父節點的節點為兄弟節點，例如 B、C、D 為兄弟，H、I、J 也為兄弟。

- **非終端節點（Nonterminal Nodes）**：樹葉以外的節點，如 A、B、C、D、E、H 等。

- **高度（Height）**：樹的最大階度，例如此樹形圖的高度為 4。

- **同代（Generation）**：具有相同階層數的節點，例如 E、F、G、H、I、J，或是 B、C、D。

- **樹林（forest）**：樹林是由 n 個互斥樹的集合 (n ≥ 0)，移去樹根即為樹林。例如下圖就為包含三棵樹的樹林。

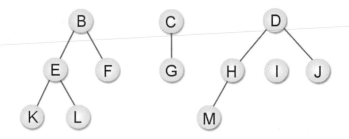

8-3-2　二元樹

由於一般樹狀結構在電腦記憶體中的儲存方式是以鏈結串列（Linked List）為主。不過對於 n 元樹（n-way 樹）來說，因為每個節點的分支度都不相同，所以為了方便起見，我們必須取 n 為鏈結個數的最大固定長度，而每個節點的資料結構如下：

在此請各位特別注意，那就是這種 n 元樹十分浪費鏈結空間。假設此 n 元樹有 m 個節點，那麼此樹共用了 n*m 個鏈結欄位。另外因為除了樹根外，每一個非空鏈結都指向一個節點，所以得知空鏈結個數為 n*m-(m-1)=m*(n-1)+1，而 n 元樹的鏈結浪費率為 $\frac{m*(n-1)+1}{m*n}$。因此我們可以得到以下結論：

n=2 時，2 元樹的鏈結浪費率約為 1/2

n=3 時，3 元樹的鏈結浪費率約為 2/3

n=4 時，4 元樹的鏈結浪費率約為 3/4

……………

當 n=2 時，它的鏈結浪費率最低，所以為了改進記空間浪費的缺點，因此我們最常使用二元樹（Binary Tree）結構來取代樹狀結構。

二元樹是一個由有限節點所組成的集合，此集合可以為空集合，或由一個樹根及左右兩個子樹所組成。簡單的説，二元樹最多只能有兩個子節點，就是分支度小於或等於 2。其電腦中的資料結構如下：

LLINK	Data	RLINK

至於二元樹和一般樹的不同之處，我們整理如下：

1. 樹不可為空集合，但是二元樹可以。
2. 樹的分支度為 d ≥ 0，但二元樹的節點分支度為 0 ≦ d ≦ 2。
3. 樹的子樹間沒有次序關係，二元樹則有。

以下就讓我們看一棵實際的二元樹，如下圖所示：

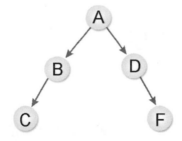

上圖是以 A 為根節點的二元樹，且包含了以 B、D 為根節點的兩棵互斥的左子樹與右子樹。

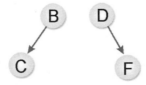

以上這兩個左右子樹都是屬於同一種樹狀結構，不過卻是二棵不同的二元樹結構，原因就是二元樹必須考慮到前後次序關係，這點請各位讀者特別留意。

8-3-3　陣列實作二元樹

如果使用循序的一維陣列來表示二元樹，首先可將此二元樹假想成一個完滿二元樹（Full Binary Tree），而且第 k 個階度具有 2^{k-1} 個節點，並且依序存放在此一維陣列中。首先來看看使用一維陣列建立二元樹的表示方法及索引值的配置：

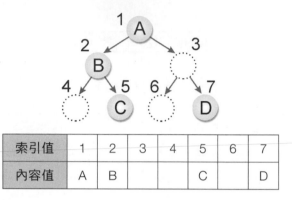

索引值	1	2	3	4	5	6	7
內容值	A	B			C		D

從上圖中，我們可以看到此一維陣列中的索引值有以下關係：

1. 左子樹索引值是父節點索引值 *2。
2. 右子樹索引值是父節點索引值 *2+1。

8-3-4　串列實作二元樹

所謂二元樹的串列表示法，就是利用鏈結串列來儲存二元樹。也就是運用動態記憶體及指標的方式來建立二元樹。其節點結構如下：

left *ptr	data	right *ptr
指向左子樹	節點值	指向右子樹

節點宣告方式如下：

```
class tree
{
    public:
    int data;
    class tree *left;
    class tree *right;
}
typedef class tree node;
typedef node *btree;
```

使用串列來表示二元樹的好處是對於節點的增加與刪除相當容易，缺點是很難找到父節點，除非在每一節點多增加一個父欄位。可以把下圖二元樹表示成：

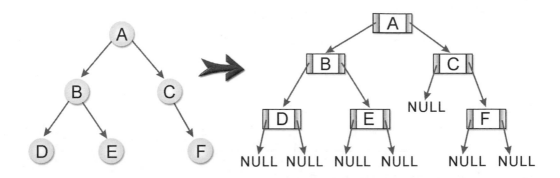

8-3-5　二元樹走訪

我們知道線性陣列或串列，都只能單向從頭至尾或反向走訪。所謂二元樹的走訪（Binary Tree Traversal），最簡單的說法就是「拜訪樹中所有的節點各一次」，並且在走訪後，將樹中的資料轉化為線性關係。就以下圖一個簡單的二元樹節點而言，每個節點都可區分為左右兩個分支。

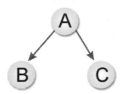

所以共有 ABC、ACB、BAC、BCA、CAB、CBA 等 6 種走訪方法。如果是依照二元樹特性，一律由左向右，那會只剩下三種走訪方式，分別是 BAC、ABC、BCA 三種。我們通常把這三種方式的命名與規則如下：

中序走訪（BAC, Preorder）：左子樹→樹根→右子樹

前序走訪（ABC, Inorder）：樹根→左子樹→右子樹

後序走訪（BCA, Postorder）：左子樹→右子樹→樹根

對於這三種走訪方式，各位讀者只需要記得樹根的位置就不會前中後序給搞混。例如中序法即樹根在中間，前序法是樹根在前面，後序法則是樹根在後面。而走訪方式也一定是先左子樹後右子樹。底下針對這三種方式，為各位作更詳盡的介紹。

❏ 中序走訪

中序走訪（Inorder Traversal）是 LDR 的組合，也就是從樹的左側逐步向下方移動，直到無法移動，再追蹤此節點，並向右移動一節點。如果無法再向右移動時，可以返回上層的父節點，並重覆左、中、右的步驟進行。如下所示：

1. 走訪左子樹。
2. 拜訪樹根。
3. 走訪右子樹。

如下圖的中序走訪為：FDHGIBEAC

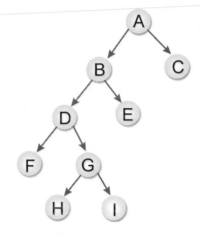

中序走訪的遞迴演算法如下：

```
void in(btree ptr)/* 中序走訪 */
{
    if (ptr != NULL)
    {
        in(ptr->left);
        printf("[%2d] ",ptr->data);
        in(ptr->right);
    }
}
```

❏ 後序走訪

後序走訪（Postorder Traversal）是 LRD 的組合，走訪的順序是先追蹤左子樹，再追蹤右子樹，最後處理根節點，反覆執行此步驟。如下所示：

1. 走訪左子樹。

2. 走訪右子樹。

3. 拜訪樹根。

如下圖的後序走訪為：FHIGDEBCA

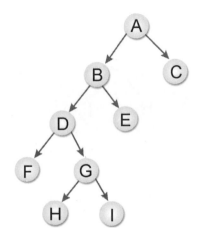

後序走訪的遞迴演算法如下：

```
void post(btree ptr)/* 後序走訪 */
{
    if (ptr != NULL)
    {
        post(ptr->left);
        post(ptr->right);
        printf("[%2d] ",ptr->data);
    }
}
```

❑ 前序走訪

前序走訪（Preorder Traversal）是 DLR 的組合，也就是從根節點走訪，再往左方移動，當無法繼續時，繼續向右方移動，接著再重覆執行此步驟。如下所示：

1. 拜訪樹根。

2. 走訪左子樹。

3. 走訪右子樹。

如下圖的前序走訪為：ABDFGHIEC

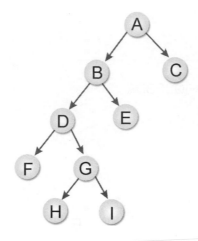

前序走訪的遞迴演算法如下：

```
void pre(btree ptr)/* 前序走訪 */
{
    if (ptr != NULL)
    {
        printf("[%2d] ",ptr->data);
        pre(ptr->left);
        pre(ptr->right);
    }
}
```

我們趕快來看以下範例，請問以下二元樹的中序、前序及後序表示法為何？

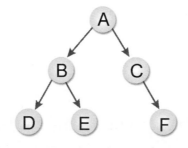

解答 ① 中序走訪為：DBEACF

② 前序走訪為：ABDECF

③ 後序走訪為：DEBFCA

接著再來看看下列二元樹的中序、前序及後序走訪的結果為何？

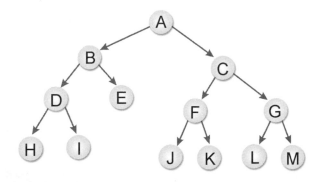

解答 ① 前序：ABDHIECFJKGLM

② 中序：HDIBEAJFKCLGM

③ 後序：HIDEBJKFLMGCA

8-3-6 二元搜尋樹

　　我們先來討論如何在所建立的二元樹中搜尋單一節點資料。基本上，建立一個二元搜尋樹，這是一種很好的排序應用模式，因為在建立二元樹的同時，資料已經經過初步的比較判斷，並依照二元樹的建立規則來存放資料。所謂二元搜尋樹具有以下特點：

> 1. 可以是空集合，但若不是空集合則節點上一定要有一個鍵值。
> 2. 每一個樹根的值需大於左子樹的值。
> 3. 每一個樹根的值需小於右子樹的值。
> 4. 左右子樹也是二元搜尋樹。
> 5. 樹的每個節點值都不相同。

　　由於二元搜尋樹在建立的過程中，是依據左子樹＜樹根＜右子樹的原則建立，因此只需從樹根出發比較鍵值，如果比樹根大就往右，否則往左而下，直到相等就可找到打算搜尋的值，如果比到 NULL，無法再前進就代表搜尋不到此值。

現在我們示範將一組資料 32、25、16、35、27，建立一棵二元搜尋樹：

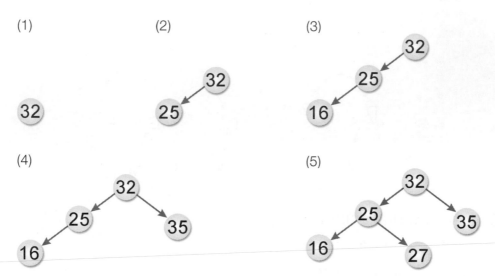

二元搜尋樹的 C 演算法：

```
btree search(btree ptr,int val)        /* 搜尋二元樹某鍵值的函數 */
{
    while(1)
    {
        if(ptr==NULL)                  /* 沒找到就傳回 NULL*/
            return NULL;
        if(ptr->data==val)             /* 節點值等於搜尋值 */
            return ptr;
        else if(ptr->data > val)       /* 節點值大於搜尋值 */
            ptr=ptr->left;
        else
            ptr=ptr->right;
    }
}
```

❏ 節點插入

談到二元樹節點插入的情況和搜尋相似，重點是插入後仍要保持二元搜尋樹的特性。如果插入的節點在二元樹中就沒有插入的必要，而搜尋失敗的狀況，就是準備插入的位置。如下所示：

```
if((search(ptr,data))!=NULL)        /* 搜尋二元樹 */
    printf(" 二元樹中有此節點了 !\n",data);
else
```

```
{
    ptr=creat_tree(ptr,data); /* 將此鍵值加入此二元樹 */
    inorder(ptr);
}
```

❑ **節點刪除**

二元樹節點的刪除則稍為複雜，可分為以下三種狀況：

1. 刪除的節點為樹葉：只要將其相連的父節點指向 NULL 即可。

2. 刪除的節點只有一棵子樹，如下圖刪除節點 1，就將其右指標欄放到其父節點的左指標欄：

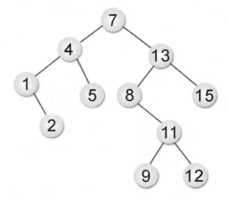

3. 刪除的節點有兩棵子樹，如下圖刪除節點 4，方式有兩種，雖然結果不同，但都可符合二元樹特性：

　(1) 找出中序立即前行者（inorder immediate successor），即是將欲刪除節點的左子樹最大者向上提，在此即為節點 2，簡單來説，就是在該節點的左子樹，往右尋找，直到右指標為 NULL，這個節點就是中序立即前行者。

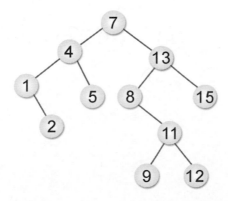

(2) 找出中序立即後繼者（inorder immediate successor），即是將欲刪除節點的右子樹最小者向上提，在此即為節點 5，簡單來說，就是在該節點的右子樹，往左尋找，直到左指標為 NULL，這個節點就是中序立即後繼者。

8-3-7 堆積樹

堆積樹（Heap tree）是一種特殊的二元樹，可分為最大堆積樹及最小堆積樹兩種。而最大堆積樹滿足以下 3 個條件：

1. 它是一個完整二元樹。
2. 所有節點的值都大於或等於它左右子節點的值。
3. 樹根是堆積樹中最大的。

而最小堆積樹則具備以下 3 個條件：

1. 它是一個完整二元樹。
2. 所有節點的值都小於或等於它左右子節點的值。
3. 樹根是堆積樹中最小的。

各位必須先認識如何將二元樹轉換成堆積樹（heap tree）。我們以下面實例進行說明。

假設有 9 筆資料 32、17、16、24、35、87、65、4、12，我們以二元樹表示如下：

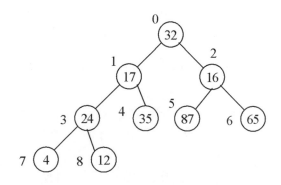

如果要將該二元樹轉換成堆積樹（heap tree）。我們可以用陣列來儲存二元樹所有節點的值，即

A[0]=32、A[1]=17、A[2]=16、A[3]=24、A[4]=35、A[5]=87、A[6]=65、A[7]=4、A[8]=12

① A[0]=32 為樹根，若 A[1] 大於父節點則必須互換。此處 A[1]=17<A[0]=32 故不交換。

② A[2]=16<A[0] 故不交換。

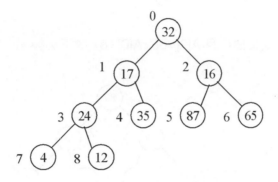

③ A[3]=24>A[1]=17 故交換。

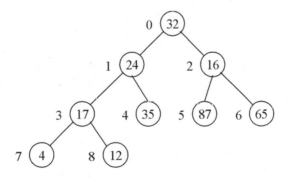

④ A[4]=35>A[1]=24 故交換，再與 A[0]=32 比較，A[1]=35>A[0]=32 故交換。

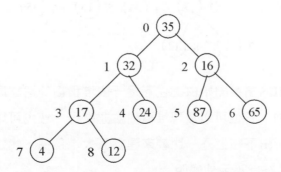

⑤　A[5]=87>A[2]=16 故交換，再與 A[0]=35 比較，A[2]=87>A[0]=35 故交換。

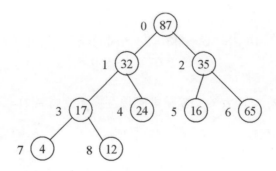

⑥　A[6]=65>A[2]=35 故交換，且 A[2]=65<A[0]=87 故不必換。

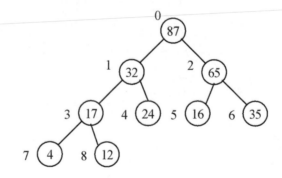

⑦　A[7]=4<A[3]=17 故不必換。

　　A[8]=12<A[3]=17 故不必換。

　　可得下列的堆積樹

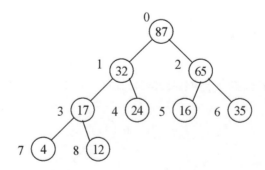

　　剛才示範由二元樹的樹根開始由上往下逐一依堆積樹的建立原則來改變各節點值，最終得到一最大堆積樹。各位可以發現堆積樹並非唯一，您也可以由陣列最後一個元素（例如此例中的 A[8]）由下往上逐一比較來建立最大堆積樹。建立最小堆積樹，作法和建立最大堆積樹類似，在此不另外說明。

8-4 ▶ 圖形結構

樹狀結構的最大不同是描述節點與節點之間「層次」的關係,但是圖形(graph)結構卻是討論兩個頂點之間「相連與否」的關係。圖形除了被活用在資料結構中最短路徑搜尋、拓樸排序外,還能應用在系統分析中以時間為評核標準的計劃評核術(Performance Evaluation and Review Technique, PERT),又或者像一般生活中的「IC 板設計」、「交通網路規劃」等都可以看作是圖形的應用。

捷運路線的規劃也是圖形的應用

圖形是由「頂點」和「邊」所組成的集合,通常用 G=(V,E) 來表示,其中 V 是所有頂點所成的集合,而 E 代表所有邊所成的集合。圖形的種類有兩種:一是無向圖形,一是有向圖形,無向圖形以 (V_1,V_2) 表示,有向圖形則以 $<V_1,V_2>$ 表示其邊線。

8-4-1 無向圖形

無向圖形(Graph)是一種具備同邊的兩個頂點沒有次序關係,例如 (V_1,V_2) 與 (V_2,V_1) 是代表相同的邊。如右圖所示:

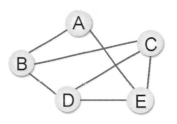

```
V={A,B,C,D,E}
E={(A,B),(A,E),(B,C),(B,D),(C,D),(C,E),(D,E)}
```

接下來是無向圖形的重要術語介紹:

● **完整圖形**:在「無向圖形」中,N 個頂點正好有 N(N-1)/2 條邊,則稱為「完整圖形」。如右圖所示:

● **路徑(Path)**:對於從頂點 V_i 到頂點 V_j 的一條路徑,是指由所經過頂點所成的連續數列,如圖 G 中,V_1 到 V_5 的路徑有 $\{(V_1,V_2)、(V_2, V_5)\}$ 及 $\{((V_1,V_2)、(V_2,V_3)、(V_3,V_4)、(V_4,V_5))\}$ 等等。

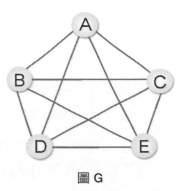

圖 G

- **簡單路徑（Simple Path）**：除了起點和終點可能相同外，其他經過的頂點都不同，在圖 G 中，(V_1,V_2)、(V_2,V_3)、(V_3,V_1)、(V_1,V_5) 不是一條簡單路徑。

- **路徑長度（Path Length）**：是指路徑上所包含邊的數目，在圖 G 中，(V_1,V_2)，(V_2,V_3)，(V_3,V_4)，(V_4,V_5)，是一條路徑，其長度為 4，且為一簡單路徑

- **循環（Cycle）**：起始頂點及終止頂點為同一個點的簡單路徑稱為循環。如上圖 G，$\{(V_1,V_2)，(V_2,V_4)，(V_4,V_5)，(V_5,V_3)，(V_3,V_1)\}$ 起點及終點都是 A，所以是一個循環。

- **依附（Incident）**：如果 V_i 與 V_j 相鄰，我們則稱 (V_i,V_j) 這個邊依附於頂點 V_i 及頂點 V_j，或者依附於頂點 V_2 的邊有 (V_1,V_2)、(V_2,V_4)、(V_2,V_5)、(V_2,V_3)。

- **子圖（Subgraph）**：當我們稱 G' 為 G 的子圖時，必定存在 $V(G')\subseteq V(G)$ 與 $E(G')\subseteq E(G)$，如右圖是上圖 G 的子圖。

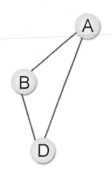

- **相鄰（Adjacent）**：如果 (V_i,V_j) 是 $E(G)$ 中的一邊，則稱 V_i 與 V_j 相鄰。

- **相連單元（Connected Component）**：在無向圖形中，相連在一起的最大子圖（Subgraph），如圖 G 有 2 個相連單元。

- **分支度**：在無向圖形中，一個頂點所擁有邊的總數為分支度。如上頁圖 G，頂點 1 的分支度為 4。

8-4-2　有向圖形

有向圖形（Digraph）是一種每一個邊都可使用有序對 $<V_1,V_2>$ 來表示，並且 $<V_1,V_2>$ 與 $<V_2,V_1>$ 是表示兩個方向不同的邊，而所謂 $<V_1,V_2>$，是指 V_1 為尾端指向為頭部的 V_2。如右圖所示：

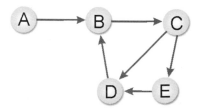

```
V={A,B,C,D,E}
E={<A,B>,<B,C>,<C,D>,<C,E>,<E,D>,<D,B>}
```

接下來則是有向圖形的相關定義介紹：

- **完整圖形（Complete Graph）**：具有 n 個頂點且恰好有 n*(n-1) 個邊的有向圖形，如右圖所示：

- **路徑（Path）**：有向圖形中從頂點 V_p 到頂點 V_q 的路徑是指一串由頂點所組成的連續有向序列。

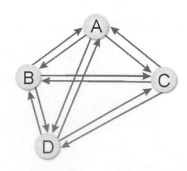

- **強連接（Strongly Connected）**：有向圖形中，如果每個相異的成對頂點 V_i、V_j 有直接路徑，同時，有另一條路徑從 V_j 到 V_i，則稱此圖為強連接。如右圖：

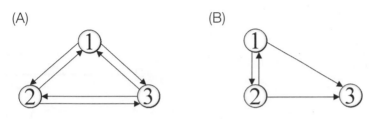

- **強連接單元（Strongly Connected Component）**：有向圖形中構成強連接的最大子圖，在下圖 (A) 中是強連接，但 (B) 就不是。

(A)   (B)

而圖 (B) 中的強連接單元如下：

- **出分支度（Out-degree）**：是指有向圖形中，以頂點 V 為箭尾的邊數目。
- **入分支度（In-degree）**：是指有向圖形中，以頂點 V 為箭頭的邊數目，如右圖中 V_4 的入分支度為 1，出分支度為 0，V_2 的入分支度為 4，出分支度為 1，

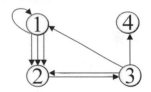

8-5 ▸▸ 圖形的走訪

樹的追蹤目的是欲拜訪樹的每一個節點一次，可用的方法有中序法、前序法和後序法等三種。而圖形追蹤的定義如下：

> 一個圖形 G=(V,E)，存在某一頂點 v∈V，我們希望從 v 開始，經由此節點相鄰的節點而去拜訪 G 中其它節點，這稱之為「圖形追蹤」。

也就是從某一個頂點 V_1 開始，走訪可以經由 V_1 到達的頂點，接著再走訪下一個頂點直到全部的頂點走訪完畢為止。在走訪的過程中可能會重複經過某些頂點及邊線。經由圖形的走訪可以判斷該圖形是否連通，並找出連通單元及路徑。圖形走訪的方法有兩種：「先深後廣走訪」及「先廣後深走訪」。

8-5-1　先深後廣法（DFS）

先深後廣走訪的方式有點類似前序走訪。是從圖形的某一頂點開始走訪，被拜訪過的頂點就做上已拜訪的記號，接著走訪此頂點的所有相鄰且未拜訪過的頂點中的任意一個頂點，並做上已拜訪的記號，再以該點為新的起點繼續進行先深後廣的搜尋。

這種圖形追蹤方法結合了遞迴及堆疊兩種資料結構的技巧，由於此方法會造成無窮迴路，所以必須加入一個變數，判斷該點是否已經走訪完畢。底下我們以下圖來看看這個方法的走訪過程：

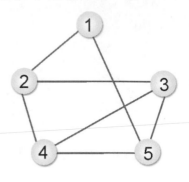

步驟 1　以頂點 1 為起點，將相鄰的頂點 2 及頂點 5 放入堆疊。

步驟 2　取出頂點 2，將與頂點 2 相鄰且未拜訪過的頂點 3 及頂點 4 放入堆疊。

步驟 3　取出頂點 3，將與頂點 3 相鄰且未拜訪過的頂點 4 及頂點 5 放入堆疊。

步驟 4　取出頂點 4，將與頂點 4 相鄰且未拜訪過的頂點 5 放入堆疊。

步驟 5　取出頂點 5，將與頂點 5 相鄰且未拜訪過的頂點放入堆疊，各位可以發現與頂點 5 相鄰的頂點全部被拜訪過，所以無需再放入堆疊。

步驟 6　將堆疊內的值取出並判斷是否已經走訪過了，直到堆疊內無節點可走訪為止。

故先深後廣的走訪順序為：**頂點 1、頂點 2、頂點 3、頂點 4、頂點 5**。

深度優先函數的 C 演算法如下：

```
void dfs(int current)                    /* 深度優先函數 */
{
    link ptr;
    run[current]=1;
    printf("[%d] ",current);
    ptr=head[current]->next;
    while(ptr!=NULL)
    {
        if (run[ptr->val]==0)            /* 如果頂點尚未走訪，*/
            dfs(ptr->val);               /* 就進行 dfs 的遞迴呼叫 */
        ptr=ptr->next;
    }
}
```

8-5-2 先廣後深法（BFS）

之前所談到先深後廣是利用堆疊及遞迴的技巧來走訪圖形，而先廣後深（Breadth-First Search, BFS）走訪方式則是以佇列及遞迴技巧來走訪，也是從圖形的某一頂點開始走訪，被拜訪過的頂點就做上已拜訪的記號。

接著走訪此頂點的所有相鄰且未拜訪過的頂點中的任意一個頂點，並做上已拜訪的記號，再以該點為新的起點繼續進行先廣後深的搜尋。底下我們以下圖來看看 BFS 的走訪過程：

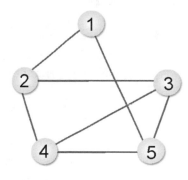

步驟 1 以頂點 1 為起點，與頂點 1 相鄰且未拜訪過的頂點 2 及頂點 5 放入佇列。

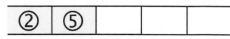

步驟 2 取出頂點 2，將與頂點 2 相鄰且未拜訪過的頂點 3 及頂點 4 放入佇列。

步驟 3 取出頂點 5，將與頂點 5 相鄰且未拜訪過的頂點 3 及頂點 4 放入佇列。

| 步驟 4 | 取出頂點 3，將與頂點 3 相鄰且未拜訪過的頂點 4 放入佇列。 |

④	③	④	④	

| 步驟 5 | 取出頂點 4，將與頂點 4 相鄰且未拜訪過的頂點放入佇列中，各位可以發現與頂點 4 相鄰的頂點全部被拜訪過，所以無需再放入佇列中。 |

③	④	④		

| 步驟 6 | 將佇列內的值取出並判斷是否已經走訪過了，直到佇列內無節點可走訪為止。 |

所以，先廣後深的走訪順序為：**頂點 1、頂點 2、頂點 5、頂點 3、頂點 4**。

先廣後深函數的 C 演算法如下：

```c
void bfs(int current)
{
    link tempnode; /* 臨時的節點指標 */
    enqueue(current); /* 將第一個頂點存入佇列 */
    run[current]=1; /* 將走訪過的頂點設定為 1*/
    printf("[%d]",current); /* 印出該走訪過的頂點 */
    while(front!=rear) { /* 判斷目前是否為空佇列 */
        current=dequeue(); /* 將頂點從佇列中取出 */
        tempnode=Head[current].first; /* 先記錄目前頂點的位置 */
        while(tempnode!=NULL)
        {
            if(run[tempnode->x]==0)
            {
                enqueue(tempnode->x);
                run[tempnode->x]=1; /* 記錄已走訪過 */
                printf("[%d]",tempnode->x);
            }
            tempnode=tempnode->next;
        }
    }
}
```

105 年 3 月
試題與完整解析

9-1 ▸ 觀念題

觀念題 ❶

（　　）下側程式正確的輸出應該如下：

```
        *
      ***
     *****
    *******
   *********
```

在不修改程式之第 4 行及第 7 行程式碼的前提下，最少需修改幾行程式碼以得到正確輸出？

(A) 1

(B) 2

(C) 3

(D) 4

```
01  int k = 4;
02  int m = 1;
03  for (int i=1; i<=5; i=i+1) {
04      for (int j=1; j<=k; j=j+1) {
05          printf (" ");
06      }
07      for (int j=1; j<=m; j=j+1) {
08          printf ("*");
09      }
10      printf ("\n");
11      k = k - 1;
12      m = m + 1;
13  }
```

解題說明

答案 **(A) 1**

遇到這類問題必須自行模擬 k 值及 m 值的變化，由句意得知第 4 行及第 7 行程式碼無法更動，我們可以在考試中以紙筆列出 k 值及 m 值，過程如下：

k=4, m=1 時會印出 1 個 *

k=3, m=2 時會印出 2 個 **

k=2, m=3 時會印出 3 個 ***

k=1, m=4 時會印出 4 個 ****

k=0, m=5 時會印出 5 個 *****

可以看出輸出的星號個數與題目的輸入結果不一致，各位只要只要將

第 12 行的「m = m + 1;」修改成「m = 2*i + 1;」就可以得到正確的輸出結果。

或是

第 12 行的「m = m + 1;」修改成「m = m + 2;」也可以得到正確的輸出結果。

完整的參考程式碼如下：105 年 03 月觀念題 /ex01.c

```c
01   #include <stdio.h>
02
03   int main(void)
04   {
05
06       int k = 4;
07       int m = 1;
08       for (int i=1; i<=5; i=i+1) {
09           for (int j=1; j<=k; j=j+1) {
10               printf (" ");
11           }
12           for (int j=1; j<=m; j=j+1) {
13               printf ("*");
14           }
15           printf ("\n");
16           k = k - 1;
17           m = 2*i + 1;
18       }
19       return 0;
20   }
```

執行結果

```
    *
   ***
  *****
 *******
*********

_____
Process exited after 0.1684 seconds with return value 0
請按任意鍵繼續 . . . ▮
```

觀念題 ❷

( )　給定一陣列 a[10]={ 1, 3, 9, 2, 5,8, 4, 9, 6, 7 }，i.e., a[0]=1, a[1]=3, ...,a[8]=6, a[9]=7，以 f(a, 10) 呼叫執行以下函式後，回傳值為何？

(A) 1

(B) 2

(C) 7

(D) 9

```c
int f (int a[], int n) {
    int index = 0;
    for (int i=1; i<=n-1; i=i+1) {
        if (a[i] >= a[index]) {
            index = i;
        }
    }
    return index;
}
```

解題說明

答案 **(C) 7**

以實際演算的方式列出下列 i、a[i]、index、a[index] 各值，可以看出演算過程如下：

i 值	a[i]	index	a[index]
1	3	0	1
2	9	1	3
3	2	2	9
4	5	2	9
5	8	2	9
6	4	2	9
7	9	2	9
8	6	7	9
9	7	7	9

完整的參考程式碼如下：105 年 03 月觀念題 /ex02.c

```c
01  #include <stdio.h>
02
03  int f (int a[], int n) {
04      int index = 0;
05      for (int i=1; i<=n-1; i=i+1) {
06          printf("i=%d a[%d]=%d \n", i,i,a[i]);
07          printf("index=%d a[%d]=%d \n", index,index,a[index]);
08          if (a[i] >= a[index]) {
09              index = i;
10          }
11      }
12      return index;
13  }
14  int main(void)
15  {
16      int a[10]={1,3,9,2,5,8,4,9,6,7};
17      printf(" 回傳後的 index= %d", f(a,10));
18      return 0;
19  }
```

執行結果

```
i=1 a[1]=3
index=0 a[0]=1
i=2 a[2]=9
index=1 a[1]=3
i=3 a[3]=2
index=2 a[2]=9
i=4 a[4]=5
index=2 a[2]=9
i=5 a[5]=8
index=2 a[2]=9
i=6 a[6]=4
index=2 a[2]=9
i=7 a[7]=9
index=2 a[2]=9
i=8 a[8]=6
index=7 a[7]=9
i=9 a[9]=7
index=7 a[7]=9
回傳後的 index= 7
------------------------------------
Process exited after 0.1962 seconds with return value 0
請按任意鍵繼續 . . . ▪
```

觀念題 ❸

( )　給定一整數陣列 a[0]、a[1]、…、a[99] 且 a[k]=3k+1，以 value=100 呼叫以下兩函式，假設函式 f1 及 f2 之 while 迴圈主體分別執行 n1 與 n2 次 (i.e, 計算 if 敘述執行次數，不包含 else if 敘述)，請問 n1 與 n2 之值為何？註：(low + high)/2 只取整數部分。

(A) n1=33, n2=4

(B) n1=33, n2=5

(C) n1=34, n2=4

(D) n1=34, n2=5

```c
int f1(int a[], int value) {
    int r_value = -1;
    int i = 0;
    while (i < 100) {
        if (a[i] == value) {
            r_value = i;
            break;
        }
        i = i + 1;
    }
    return r_value;
}
```

```c
int f2(int a[], int value) {
    int r_value = -1;
    int low = 0, high = 99;
    int mid;
    while (low <= high) {
        mid = (low + high)/2;
        if (a[mid] == value) {
            r_value = mid;
            break;
        }
        else if (a[mid] < value) {
            low = mid + 1;
        }
        else {
            high = mid - 1;
        }
    }
    return r_value;
}
```

解題說明

答案 **(D) n1=34, n2=5**

由函數的程式碼中可以看出 f1 函數是循序搜尋法，f2 函數是二分搜尋法，搜尋數列的規則性為 a[k]=3k+1，k=0…99，數列如下：

```
1,4,7,10,13,16……………298
```

如果要找到 value=100，表示 k=33，因為 k 從 0 開始搜尋，也就是說，f1 函數循序搜尋法必須搜尋 34 次才會到找到 value=100 的值，因此 n1=34。

至於 f2 函數是二分搜尋法的過程如下：

low	high	mid	n2
0	99	49	1
0	48	24	2
25	48	36	3
25	35	30	4
31	35	33	5

完整的參考程式碼如下：105 年 03 月觀念題 /ex03.c

```c
01  #include <stdio.h>
02
03  int f1(int a[], int value) {
04      int r_value = -1;
05      int i = 0;
06      int n1=0;
07      while (i < 100) {
08          n1=n1+1;
09          if (a[i] == value) {
10              r_value = i;
11              break;
12          }
13          i = i + 1;
14      }
15      printf("n1=%d\n", n1);
16      return r_value;
17  }
```

```
18
19   int f2(int a[], int value) {
20       int r_value = -1;
21       int low = 0, high = 99;
22       int mid;
23       int n2=0;
24       while (low <= high) {
25           n2=n2+1;
26           mid = (low + high)/2;
27           if (a[mid] == value) {
28               r_value = mid;
29               break;
30           }
31           else if (a[mid] < value) {
32               low = mid + 1;
33           }
34           else {
35               high = mid - 1;
36           }
37       }
38       printf("n2=%d\n", n2);
39       return r_value;
40   }
41
42   int main(void)
43   {
44       int a[100];
45       int i;
46       for (i=0;i<=99;i++)
47           a[i]=3*i+1;
48       f1(a,100);
49       f2(a,100);
50       return 0;
51   }
```

執行結果

```
n1=34
n2=5

--------------------------------
Process exited after 0.1629 seconds with return value 0
請按任意鍵繼續 . . . ▮
```

觀念題 ❹

(　　)　經過運算後，下列程式的輸出為何？

(A) 1275

(B) 20

(C) 1000

(D) 810

```
for (i=1; i<=100; i=i+1) {
    b[i] = i;
}
a[0] = 0;
for (i=1; i<=100; i=i+1) {
    a[i] = b[i] + a[i-1];
}
printf ("%d\n", a[50]-a[30]);
```

解題說明

答案 **(D) 810**

以人工方式追蹤數列變化：

b[1]=1, b[2]=2…. b[100]=100
a[0]=0
a[1]=b[1]+a[0]=1+0=1
a[2]=b[2]+a[1]=2+1=3
a[3]=b[3]+a[2]=3+3=6
a[4]=b[4]+a[3]=4+6=10
a[5]=b[5]+a[4]=5+10=15
………

以此類推，可以導出一個規則性，即

a[n]=n+(1+2+3+4+5+…+n-1)=n*(n+1)/2

因此

a[30]=30+(1+2+3+4+5+…+29)=30*31/2=465
a[50]=50+(1+2+3+4+5+…+49)=50*51/2=1275

所以

a[50]- a[30]=1275-465=810

完整的參考程式碼如下：105 年 03 月觀念題 /ex04.c

```
01   #include <stdio.h>
02
03   int main(void)
04   {
05       int i;
06       int a[101],b[101];
07       for (i=1; i<=100; i=i+1) {
08           b[i] = i;
09       }
10       a[0] = 0;
11       for (i=1; i<=100; i=i+1) {
12           a[i] = b[i] + a[i-1];
13       }
14       printf ("%d\n", a[50]-a[30]);
15       return 0;
16   }
```

執行結果

```
810
_____
Process exited after 0.1375 seconds with return value 0
請按任意鍵繼續 . . . ■
```

觀念題 ❺

( )　函數 f 定義如下，如果呼叫 f(1000)，指令 sum=sum+i 被執行的次數最接近下列何者？

(A) 1000

(B) 3000

(C) 5000

(D) 10000

```
int f (int n) {
    int sum=0;
    if (n<2) {
        return 0;
    }
    for (int i=1; i<=n; i=i+1) {
        sum = sum + i;
    }
    sum = sum + f(2*n/3);
    return sum;
}
```

解題說明

答案 **(B) 3000**

這道題目是一種遞迴的問題，遞迴的考題在 APCS 的歷年考題中佔的比重相當高。這個題目在問如果呼叫 f(1000)，指令 sum=sum+i 被執行的次數，此處的重點是令 sum=sum+i 的執行次數，但是這道指令被置放在如下的迴圈中：

```
for (int i=1; i<=n; i=i+1) {
    sum = sum + i;
}
```

因此 sum=sum+i 的執行次數和此 for 迴圈要執行的次數 n 一樣。我們可以直接將數字 n=1000 呼叫此函數來觀察 sum=sum+i 的執行次數。

1. 第一次呼叫 f(1000) 函數，此時 n=1000，也就是說 for 迴圈要執行的次數為 1000 次，這句話的意思等同於 sum=sum+i 的執行次數為 1000 次。for 迴圈執行完畢後，會執行下一道指令：

```
sum = sum + f(2*n/3);
```

這道指令會遞迴呼叫 f(2*n/3) 函數，即呼叫 f(1000*2/3)。

2. 第二次呼叫 f(1000*2/3) 函數，此時 n=1000*2/3，也就是說 for 迴圈要執行的次數為 1000*2/3 次，這句話的意思等同於 sum=sum+i 的執行次數為 1000*2/3 次。for 迴圈執行完畢後，會執行下一道指令：

```
sum = sum + f(2*n/3);
```

這道指令會遞迴呼叫 f(2*n/3) 函數，即呼叫 f(1000*2/3*2/3)。

3. 第一次呼叫 f(1000*2/3*2/3) 函數，此時 n=1000*2/3*2/3，也就是說 for 迴圈要執行的次數為 1000*2/3*2/3 次，這句話的意思等同於 sum=sum+i 的執行次數為 1000*2/3*2/3 次。for 迴圈執行完畢後，會執行下一道指令：

```
sum = sum + f(2*n/3);
```

這道指令會遞迴呼叫 f(2*n/3) 函數，即呼叫 f(1000*2/3*2/3*2/3)。

4. ……以此類推。

由上面推演的結果可以得知 sum=sum+i 的執行次數為下列各數的總和：

總次數 $=1000+1000*2/3+1000*(2/3)^2+1000*(2/3)^3+1000*(2/3)^4+\cdots\cdots$

這個式子剛好符合等比級數，在計算等比級數的總和，其公式如下：

$$S_n=a_1+a_1*r+a_1*r^2+a_1*r^3+\cdots a_1*r^n$$
$$=a_1*(1-r^n)/(1-r)\quad (當\ r<1\ 時)$$

此處將 $a_1=1000$、$r=2/3$ 代入等比級數的公式中，當 n 很大時，且 r<1 時，r^n 會逼近於 0。

$$S_n=1000*(1-0)/(1-2/3)=3000$$

實際跑程式時，因為只要計算 sum=sum+i 的執行次數，此處可以用一個小技巧，將 sum=sum+i 改用 sum=sum+1 取代，最後印出的 sum 值就是 sum=sum+i 的執行次數，程式跑出的正確執行次數為 2980 次，最接近的數字是選項 (B) 3000。

完整的參考程式碼如下：105 年 03 月觀念題 /ex05.c

```
01   #include <stdio.h>
02   int f (int n) {
03       int sum=0;
04       printf("n= %d\n",n);
05       if (n<2) {
06           return 0;
07       }
08       for (int i=1; i<=n; i=i+1) {
09           sum = sum + 1;
10       }
11       sum = sum + f(2*n/3);
12       return sum;
13   }
14   int main(void)
15   {
16     int temp;
17       printf(" 執行次數 : %6d\n",f(1000));
18       return 0;
19   }
```

執行結果

```
n= 1000
n= 666
n= 444
n= 296
n= 197
n= 131
n= 87
n= 58
n= 38
n= 25
n= 16
n= 10
n= 6
n= 4
n= 2
n= 1
執行次數:    2980

------------------------------------
Process exited after 0.2183 seconds with return value 0
請按任意鍵繼續 . . .
```

觀念題 ❻

（　） List 是一個陣列，裡面的元素是 element，它的定義如右。List 中的每一個 element 利用 next 這個整數變數來記錄下一個 element 在陣列中的位置，如果沒有下一個 element，next 就會記錄 -1。所有的 element 串成了一個串列（linked list）。例如在 list 中有三筆資料：

	1	2	3
	data='a' next=2	data='b' next=-1	data='c' next=1

它所代表的串列如下圖：

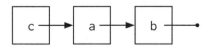

RemoveNextElement 是一個程序，用來移除串列中 current 所指向的下一個元素，但是必須保持原始串列的順序。例如，若 current 為 3（對應到 list[3]），呼叫完 RemoveNextElement 後，串列應為

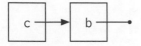

```
struct element {
    char data;
    int next;
}
void RemoveNextElement (element list[], int current) {
    if (list[current].next != -1) {
        /* 移除 current 的下一個 element*/



    }
}
```

請問在空格中應該填入的程式碼為何？

(A) list[current].next = current ;

(B) list[current].next = list[list[current].next].next ;

(C) current = list[list[current].next].next ;

(D) list[list[current].next].next = list[current].next ;

解題說明

答案 **(B) list[current].next = list[list[current].next].next ;**

此題為資料結構的串列問題，題目中使用的 struct 語法漏掉了分號；

```
struct element {
    char data;
    int next;
};
```

觀念題 ❼

( )　請問以 a(13,15) 呼叫右側 a() 函式，
函式執行完後其回傳值為何？

(A) 90

(B) 103

(C) 93

(D) 60

```
int a(int n, int m) {
    if (n < 10) {
        if (m < 10) {
            return n + m ;
        }
        else {
            return a(n, m-2) + m ;
        }
    }
    else {
        return a(n-1, m) + n ;
    }
}
```

解題說明

答案 (B) 103

此題也是遞迴的問題，過程如下：

a(13,15)=a(12,15)+13=a(11,15)+12+13=a(10,15)+11+25=a(9,15)+10+36=a(9,13)+15+46
=a(9,11)+13+61=a(9,9)+11+74=18+11+74=103

完整的參考程式碼如下：105 年 03 月觀念題 /ex07.c

```
01  #include <stdio.h>
02  int a(int n, int m) {
03      if (n < 10) {
04          if (m < 10) {
05              return n + m ;
06          }
07          else {
08              return a(n, m-2) + m ;
09          }
10      }
11      else {
12          return a(n-1, m) + n ;
13      }
14  }
15  int main(void)
16  {
17      printf(" 結果值： %d\n",a(13,15));
18      return 0;
19  }
```

執行結果

```
結果值: 103

------------------------------------------
Process exited after 0.184 seconds with return value 0
請按任意鍵繼續 . . .
```

觀念題 ⑧

( )　一個費式數列定義第一個數為 0 第二個數
為 1 之後的每個數都等於前兩個數相加，
如下所示：

0、1、1、2、3、5、8、13、21、34、
55、89⋯。

右列的程式用以計算第 N 個 (N ≥ 2) 費式數
列的數值，請問 (a) 與 (b) 兩個空格的敘述
(statement) 應該為何？

```
int a=0;
int b=1;
int i, temp, N;
   ...
for (i=2; i<=N; i=i+1) {
    temp = b;
        (a)        ;
    a = temp;
    printf ("%d\n",   (b)   );
}
```

(A) (a) f[i]=f[i-1]+f[i-2]　　　(b) f[N]

(B) (a) a = a + b　　　(b) a

(C) (a) b = a + b　　　(b) b

(D) (a) f[i]=f[i-1]+f[i-2]　　　(b) f[i]

解題說明

答案 **(C) (a) b = a + b (b) b**

完整的參考程式碼如下：105 年 03 月觀念題 /ex08.c

```
01   #include <stdio.h>
02
03   int main(void)
04   {
05       int a=0;
```

```
06      int b=1;
07      int i, temp, N;
08      N=8;
09      for (i=2; i<=N; i=i+1) {
10          temp = b;
11          b=a+b ;
12          a = temp;
13          printf ("%d\n", b );
14      }
15      return 0;
16  }
```

執行結果

```
1
2
3
5
8
13
21

_____
Process exited after 0.1614 seconds with return value 0
請按任意鍵繼續 . . .
```

觀念題 ❾

( ) 請問右側程式輸出為何？

(A) 1

(B) 4

(C) 3

(D) 33

```
int A[5], B[5], i, c;
...
for (i=1; i<=4; i=i+1) {
    A[i] = 2 + i*4;
    B[i] = i*5;
}
c = 0;
for (i=1; i<=4; i=i+1) {
    if (B[i] > A[i]) {
        c = c + (B[i] % A[i]);
    }
    else {
        c = 1;
    }
}
printf ("%d\n", c);
```

解題說明

答案 **(B) 4**

i	A[i]	B[i]	c
1	6	5	1
2	10	10	1
3	14	15	2
4	18	20	4

完整的參考程式碼如下：105 年 03 月觀念題 /ex09.c

```
01    #include <stdio.h>
02    int main(void)
03    {
04        int A[5], B[5], i, c;
05
06        for (i=1; i<=4; i=i+1) {
07            A[i] = 2 + i*4;
08            B[i] = i*5;
09        }
10        c = 0;
11        for (i=1; i<=4; i=i+1) {
12            if (B[i] > A[i]) {
13                c = c + (B[i] % A[i]);
14            }
15            else {
16                c = 1;
17            }
18        }
19        printf ("%d\n", c);
20
21        return 0;
22    }
```

執行結果

```
4
_____
Process exited after 0.1549 seconds with return value 0
請按任意鍵繼續 . . .
```

觀念題 ⑩

( )　給定右側 g() 函式，g(13) 回傳值為何？

(A) 16

(B) 18

(C) 19

(D) 22

```
int g(int a) {
    if (a > 1) {
        return g(a - 2) + 3;
    }
    return a;
}
```

解題說明

答案 **(C) 19**

直接帶入遞迴寫出過程：

g(13)=g(11)+3=g(9)+3+3=g(7)+3+6=g(5)+3+9=g(3)+3+12=g(1)+3+15=19

完整的參考程式碼如下：105 年 03 月觀念題 /ex10.c

```
01   #include <stdio.h>
02
03   int g(int a) {
04       if (a > 1) {
05           return g(a - 2) + 3;
06       }
07       return a;
08   }
09   int main(void)
10   {
11       printf ("%d\n", g(13));
12
13       return 0;
14   }
```

執行結果

```
19
----------------------------------
Process exited after 0.2137 seconds with return value 0
請按任意鍵繼續 . . . ▪
```

觀念題 ⑪

( )　定義 a[n] 為一陣列 (array)，陣列元素的指標為 0 至 n-1。若要將陣列中 a[0] 的元素移到 a[n-1]，右側程式片段空白處該填入何運算式？

(A) n+1

(B) n

(C) n-1

(D) n-2

```
int i, hold, n;
…
for (i=0; i<=     ; i=i+1) {
    hold = a[i];
    a[i] = a[i+1];
    a[i+1] = hold;
}
```

解題說明

答案 **(D) n-2**

這個例子有點像氣泡排序法，差別是氣泡排序法會先行比較大小，符合條件才會進行資料位置的交換，本例則是陣列的基本觀念的應用，這支程式的作用在於逐一交換位置，最後將陣列中 a[0] 的元素移到 a[n-1]，此例空白處只要填入 n-2 就可以達到題目的要求。

完整的參考程式碼如下：105 年 03 月觀念題 /ex11.c

```
01   #include <stdio.h>
02
03   int g(int a) {
04       if (a > 1) {
05           return g(a - 2) + 3;
06       }
07       return a;
08   }
09   int main(void)
10   {
11
12       int i, hold, n;
13       n=8;
14       int a[]={1,3,5,7,9,6,7,8};
15
16       for (i=0; i<= n-2; i=i+1) {
17           hold = a[i];
18           a[i] = a[i+1];
```

```
19          a[i+1] = hold;
20      }
21      for(i=0;i<=n-1;i++) {
22          printf ("%d\n", a[i]);
23      }
24      return 0;
25  }
```

執行結果

```
3
5
7
9
6
7
8
1
_____
Process exited after 0.1491 seconds with return value 0
請按任意鍵繼續 . . .
```

觀念題 ⑫

（　）　給定右側函式 f1() 及 f2()。f1(1) 運算過程
中，以下敘述何者為錯？
(A) 印出的數字最大的是 4
(B) f1 一共被呼叫二次
(C) f2 一共被呼叫三次
(D) 數字 2 被印出兩次

```
void f1 (int m) {
    if (m > 3) {
        printf ("%d\n", m);
        return;
    }
    else {
        printf ("%d\n", m);
        f2(m+2);
        printf ("%d\n", m);
    }
}
void f2 (int n) {
    if (n > 3) {
        printf ("%d\n", n);
        return;
    }
    else {
        printf ("%d\n", n);
        f1(n-1);
        printf ("%d\n", n);
    }
}
```

解題說明

答案 (C) f2 一共被呼叫三次

各位可以在程式中去追蹤 f1(1) 的遞迴過程，可以試著在程式輸出所在的函數位置，就可以發現選項 (C) f2 一共被呼叫三次這個選項是錯誤的，應該修正成 (C) f2 一共被呼叫二次。

完整的參考程式碼如下：105 年 03 月觀念題 /ex12.c

```
01   #include <stdio.h>
02
03   void f1(int m);
04   void f2(int n);
05   void f1 (int m) {
06       printf ("I am in f1\n");
07       if (m > 3) {
08           printf ("%d\n", m);
09           return;
10       }
11       else {
12           printf ("%d\n", m);
13           f2(m+2);
14           printf ("%d\n", m);
15       }
16   }
17   void f2 (int n) {
18     printf ("I am in f2\n");
19       if (n > 3) {
20           printf ("%d\n", n);
21           return;
22       }
23       else {
24           printf ("%d\n", n);
25           f1(n-1);
26           printf ("%d\n", n);
27       }
28   }
29   int main(void)
30   {
31       f1(1);
32       return 0;
33   }
```

執行結果

```
I am in f1
1
I am in f2
3
I am in f1
2
I am in f2
4
2
3
1

------------------------------------
Process exited after 0.1562 seconds with return value 0
請按任意鍵繼續 . . .
```

觀念題 ⑬

( )　右側程式片段擬以輾轉除法求 i 與 j 的最大
公因數。請問 while 迴圈內容何者正確？

(A) k = i % j;

　　i = j;

　　j = k;

(B) i = j;

　　j = k;

　　k = i % j;

(C) i = j;

　　j = i % k;

　　k = i;

(D) k = i;

　　i = j;

　　j = i % k;

```
i = 76;
j = 48;
while ((i % j) != 0) {

    _____

    _____

    _____
}
printf ("%d\n", j);
```

解題說明

答案 (A) k = i % j;

　　　i = j;

　　　j = k;

這個例子是用輾轉相除法來求取兩數 i 與 j 兩數的最大公因數，完整的參考程式碼如下：105 年 03 月觀念題 /ex13.c

```
01   #include <stdio.h>
02
03   int main(void)
04   {
05       int i,j,k;
06       i = 76;
07       j = 48;
08       while ((i % j) != 0) {
09           k = i % j;
10           i = j;
11           j = k;
12       }
13       printf ("%d\n", j);
14
15       return 0;
16   }
```

執行結果

```
4
_____
Process exited after 0.1415 seconds with return value 0
請按任意鍵繼續 . . .
```

觀念題 ⓮

（　） 右側程式輸出為何？

(A) bar: 6

　　 bar: 1

　　 bar: 8

(B) bar: 6

　　 foo: 1

　　 bar: 3

(C) bar: 1

　　 foo: 1

　　 bar: 8

(D) bar: 6

　　 too: 1

　　 foo: 3

```c
void foo (int i) {
    if (i <= 5) {
        printf ("foo: %d\n", i);
    }
    else {
        bar(i - 10);
    }
}
void bar (int i) {
    if (i <= 10) {
        printf ("bar: %d\n", i);
    }
    else {
        foo(i - 5);
    }
}
void main() {
    foo(15106);
    bar(3091);
    foo(6693);
}
```

解題說明

答案 **(A)** **bar: 6**

　　　　 bar: 1

　　　　 bar: 8

本題的數字太大，建議先行由小字數開始尋找規律性，這個例子主要考各位兩個函數間的遞迴呼叫，foo 函數的遞迴結束條件是 i 小於或等於 5，如果不符合結束條件則會呼叫 bar 函數，同時 i 值會減少 10。類似的情況，bar 函數的遞迴結束條件是 i 小於或等於 10，如果不符合結束條件則會呼叫 foo 函數，同時 i 值會減少 5。也就是說每一輪遞迴互相呼叫，i 值會減少 15。因為我們可以將原題目的大數字簡化為較小的數字，再去用人工的方式去遞迴推算，就可以得到答案，如下：

■ foo(15106)=foo(15*1006+16) 等同於呼叫 foo(16)，帶入 foo 函數，接著執行 bar(6)，符合 bar 函數的遞迴結束條件是 i 小於或等於 10，直接輸出「bar: 6」。

- bar(3091)=bar(15*205+16) 等同於呼叫 bar(16) ，帶入 bar 函數，接著執行 foo(11)，
  再呼收 bar(1)，直接輸出「bar: 1」。

- foo(6693)= bar(15*445+18) 等同於呼叫 foo(18) ，帶入 foo 函數 bar(8)，符合 bar 函
  數的遞迴結束條件是 i 小於或等於 10，直接輸出「bar: 8」。

完整的參考程式碼如下：105 年 03 月觀念題 /ex14.c

```
01   #include <stdio.h>
02   void foo (int i);
03   void bar (int i);
04   void foo (int i) {
05       if (i <= 5) {
06           printf ("foo: %d\n", i);
07       }
08       else {
09           bar(i - 10);
10       }
11   }
12   void bar (int i) {
13       if (i <= 10) {
14           printf ("bar: %d\n", i);
15       }
16       else {
17           foo(i - 5);
18       }
19   }
20
21   int main(void)
22   {
23       foo(15106);
24       bar(3091);
25       foo(6693);
26
27       return 0;
28   }
```

執行結果

```
bar: 6
bar: 1
bar: 8

------------------------------------
Process exited after 0.231 seconds with return value 0
請按任意鍵繼續 . . .
```

觀念題 ⓯

（ ）　若以 f(22) 呼叫右側 f() 函式，總共會印出

多少數字？

(A) 16

(B) 22

(C) 11

(D) 15

```c
void f(int n) {
    printf ("%d\n", n);
    while (n != 1) {
        if ((n%2)==1) {
            n = 3*n + 1;
        }
        else {
            n = n / 2;
        }
        printf ("%d\n", n);
    }
}
```

解題說明

答案 (A) 16

試著將 n=22 帶入 f(22) 再觀察所有的輸出過程，參考如下：

一進入函數會先印出「22」。接著進入 while 迴圈，當程式的 n 等於 1 時，則結束 while 迴圈。過程如下：

迴圈次數	奇數或偶數	執行敘述	n 輸出過程
1	偶數	n=n/2=22/2=11	11
2	奇數	n=3*n+1=33+1=34	34
3	偶數	n=n/2=34/2=17	17
4	奇數	n=3*n+1=51+1=52	52
5	偶數	n=n/2=52/2=26	26
6	偶數	n=n/2=26/2=13	13
7	奇數	n=3*n+1=39+1=40	40
8	偶數	n=n/2=40/2=20	20
9	偶數	n=n/2=20/2=10	10
10	偶數	n=n/2=10/2=5	5
11	奇數	n=3*n+1=15+1=16	16
12	偶數	n=n/2=16/2=8	8
13	偶數	n=n/2=8/2=4	4
14	偶數	n=n/2=4/2=2	2
15	偶數	n=n/2=2/2=1	1

整個程式總共輸出了 16 個數字。完整的參考程式碼如下：105 年 03 月觀念題 /ex15.c

```
01   #include <stdio.h>
02   void f(int n) {
03       printf ("%d\n", n);
04       while (n != 1) {
05           if ((n%2)==1) {
06               n = 3*n + 1;
07           }
08           else {
09               n = n / 2;
10           }
11           printf ("%d\n", n);
12       }
13   }
14
15   int main(void)
16   {
17       f(22);
18       return 0;
19   }
```

執行結果

```
22
11
34
17
52
26
13
40
20
10
5
16
8
4
2
1
------------------------------------
Process exited after 0.1601 seconds with return value 0
請按任意鍵繼續 . . . ▁
```

觀念題 ⑯

( )　右側程式執行過後所輸出數值為何？

(A) 11

(B) 13

(C) 15

(D) 16

```c
void main () {
    int count = 10;
    if (count > 0) {
        count = 11;
    }
    if (count > 10) {
        count = 12;
        if (count % 3 == 4) {
            count = 1;
        }
        else {
            count = 0;
        }
    }
    else if (count > 11) {
        count = 13;
    }
    else {
        count = 14;
    }
    if (count) {
        count = 15;
    }
    else {
        count = 16;
    }
    printf ("%d\n", count);
}
```

解題說明

答案 (D) 16

執行的 if 判斷式	count 值的變化，預設值 count=10
if(count>0)	count=11
if(count>10)	count=12
if(count%3==4)	count=0
if(count)	count=16

完整的參考程式碼如下：105 年 03 月觀念題 /ex16.c

```
01   #include <stdio.h>
02
03   int main(void)
04   {
05       int count = 10;
06       if (count > 0) {
07           count = 11;
08       }
09       if (count > 10) {
10           count = 12;
11           if (count % 3 == 4) {
12               count = 1;
13           }
14           else {
15               count = 0;
16           }
17       }
18       else if (count > 11) {
19           count = 13;
20       }
21       else {
22           count = 14;
23       }
24       if (count) {
25           count = 15;
26       }
27       else {
28           count = 16;
29       }
30       printf ("%d\n", count);
31
32       return 0;
33   }
```

執行結果

```
16
---------------------------------
Process exited after 0.1433 seconds with return value 0
請按任意鍵繼續 . . .
```

觀念題 ⑰

( )　右側程式片段主要功能為：輸入
六個整數，檢測並印出最後一個
數字是否為六個數字中最小的
值。然而，這個程式是錯誤的。
請問以下哪一組測試資料可以測
試出程式有誤？

(A) 11 12 13 14 15 3

(B) 11 12 13 14 25 20

(C) 23 15 18 20 11 12

(D) 18 17 19 24 15 16

```c
#define TRUE 1
#define FALSE 0
int d[6], val, allBig;
…
for (int i=1; i<=5; i=i+1) {
    scanf ("%d", &d[i]);
}
scanf ("%d", &val);
allBig = TRUE;
for (int i=1; i<=5; i=i+1) {
    if (d[i] > val) {
        allBig = TRUE;
    }
    else {
        allBig = FALSE;
    }
}
if (allBig == TRUE) {
    printf ("%d is the smallest.\n",
val);
    }
    else {
    printf ("%d is not the smallest.\
n",val);
    }
}
```

解題說明

答案 (B) 11 12 13 14 25 20

將四個選項的值依序帶入，只要找到不符合程式原意的資料組，就可以判斷程式出現
問題，我們會發現 (B) 11 12 13 14 25 20 會輸出「20 is the smallest.」，但事實上 20
並不是最小的數字，這是因為原程式是由最後一個值來決定 allBig 值。

完整的參考程式碼如下：105 年 03 月觀念題 /ex17.c

```c
01  #include <stdio.h>
02  #define TRUE 1
03  #define FALSE 0
04
```

```
05   int main(void)
06   {
07       int d[6], val, allBig;
08
09       for (int i=1; i<=5; i=i+1) {
10           scanf ("%d", &d[i]);
11       }
12       scanf ("%d", &val);
13       allBig = TRUE;
14       for (int i=1; i<=5; i=i+1) {
15           if (d[i] > val) {
16               allBig = TRUE;
17           }
18           else {
19               allBig = FALSE;
20           }
21       }
22       if (allBig == TRUE) {
23           printf ("%d is the smallest.\n", val);
24       }
25       else {
26           printf ("%d is not the smallest.\n", val);
27       }
28       return 0;
29   }
```

執行結果

```
11 12 13 14 25 20
20 is the smallest.

------------------------------------
Process exited after 5.916 seconds with return value 0
請按任意鍵繼續 . . .
```

觀念題 ⑱

( )　程式編譯器可以發現下列哪種錯誤？

(A) 語法錯誤

(B) 語意錯誤

(C) 邏輯錯誤

(D) 以上皆是

解題說明

答案 (A) 語法錯誤

觀念題 ⑲

（ ） 大部分程式語言都是以列為主的方式儲存陣列。在一個 8x4 的陣列 (array) A 裡，若每個元素需要兩單位的記憶體大小，且若 A[0][0] 的記憶體位址為 108（十進制表示），則 A[1][2] 的記憶體位址為何？

(A) 120

(B) 124

(C) 128

(D) 以上皆非

解題說明

答案 (A) 120

此題先找到 A[1][2] 與 A[0][0] 間相差多少元素，就可以由 A[0][0] 推算出 A[1][2] 的記憶體位址。本範例提到大部分程式語言都是以列為主的方式儲存陣列，以 8x4 的陣列 A 陣列為例，其陣列元素的先後關係如下：

A[0][0]	A[0][1]	A[0][2]	A[0][3]
A[1][0]	A[1][1]	A[1][2]	A[1][3]
A[2][0]	A[2][1]	A[2][2]	A[2][3]
………	……	……	……
A[7][0]	A[7][1]	A[7][2]	A[7][3]

由上表中可以得知，如果以列為優先，其元表的順序為：

A[0][0]　A[0][1]　A[0][2]　A[0][3]　A[1][0]　A[1][1]　A[1][2]　A[1][3]

因此可以得知 A[1][2] 與 A[0][0] 兩者間相差 6 個位置，但每個元素需要兩單位的記憶體大小，因此得知 A[1][2] 的記憶體位址為 A[0][0]+6*2=108+12=120。

觀念題 ⑳

( )　右側為一個計算 n 階層的函式，
請問該如何修改才會得到正確的結
果？

(A) 第 2 行，改為 int fac = n;

(B) 第 3 行，改為 if (n > 0) {

(C) 第 4 行，改為 fac = n * fun(n+1);

(D) 第 4 行，改為 fac = fac * fun(n-1);

```
1.  int fun (int n) {
2.   int fac = 1;
3.   if (n >= 0) {
4.     fac = n * fun(n - 1);
5.   }
6.   return fac;
7.  }
```

解題說明

答案 **(B) 第 3 行，改為 if (n > 0) {**

本範例的程式碼遞迴次數會多乘一次，應該是當 n=1 時作為遞迴的結束條件，所以必
須將第 3 行中的等號去掉，第 3 行，改為 if (n > 0) {

觀念題 ㉑

( )　右側程式碼，執行時的輸出為何？

(A) 0 2 4 6 8 10

(B) 0 1 2 3 4 5 6 7 8 9 10

(C) 0 1 3 5 7 9

(D) 0 1 3 5 7 9 11

```
void main() {
    for (int i=0; i<=10; i=i+1) {
        printf ("%d ", i);
        i = i + 1;
    }
    printf ("\n");
}
```

解題說明

答案 **(A) 0 2 4 6 8 10**

上述程式中的 for (int i=0; i<=10; i=i+1) 中每執行一次 i 的值要加 1，但因為在 for 迴圈
內又多了一道指令「i = i + 1;」，因此每執行一次迴，變數 i 的值會增加 2。又本迴圈
的起始條件是 i=0，結束條件是 i=10，所以會印出「0 2 4 6 8 10」。

完整的參考程式碼如下：105 年 03 月觀念題 /ex21.c

```
01   #include <stdio.h>
02
03   int main(void)
04   {
05       for (int i=0; i<=10; i=i+1) {
06           printf ("%d ", i);
07           i = i + 1;
08       }
09       printf ("\n");
10       return 0;
11   }
```

執行結果

```
0 2 4 6 8 10
--------------------------------
Process exited after 0.3861 seconds with return value 0
請按任意鍵繼續 . . .
```

觀念題 ㉒

( )　右側 f() 函式執行後所回傳的值為何？

(A) 1023

(B) 1024

(C) 2047

(D) 2048

```
int f() {
    int p = 2;
    while (p < 2000) {
        p = 2 * p;
    }
    return p;
}
```

解題說明

答案 (D) 2048

起始值：p=2

第一次迴圈：p = 2 * p=2*2=4=2^2

第二次迴圈：p = 2 * p=2*4=8=2^3

第三次迴圈：p = 2 * p=2*8=16=2^4

第四次迴圈：p = 2 * p=2*16=32=2^5

…

第十次迴圈：p = 2 * p=2*1024=2048

完整的參考程式碼如下：105 年 03 月觀念題 /ex22.c

```
01   #include <stdio.h>
02
03   int f() {
04       int p = 2;
05       while (p < 2000) {
06           p = 2 * p;
07       }
08       return p;
09   }
10   int main(void)
11   {
12       f();
13       printf("f()=%d",f());
14       return 0;
15   }
```

執行結果

```
f()=2048
----------------------------------
Process exited after 0.1506 seconds with return value 0
請按任意鍵繼續 . . .
```

觀念題 ㉓

( )　右側 f() 函式 (a), (b), (c) 處需分別填入哪些數
字，方能使得 f(4) 輸出 2468 的結果？

(A) 1, 2, 1

(B) 0, 1, 2

(C) 0, 2, 1

(D) 1, 1, 1

```
int f(int n) {
    int p = 0;
    int i = n;
    while (i >= _(a)_ ) {
        p = 10 - _(b)_ * i;
        printf ("%d", p);
        i = i - _(c)_ ;
    }
}
```

解題說明

答案 **(A) 1, 2, 1**

第一個列印的數字是 2，即 p = 10 – (b) * i=2，此處題目傳入的 i 值為 4，因此 (b)=2，目前符合條件只有選項 (A) 及選項 (C)，但由於最終印出的數字是 4 個，也就說迴圈執行的次數為 4 次，因此選項 (A) 的迴圈執行次數為 4，因此 (a)=1。

完整的參考程式碼如下：105 年 03 月觀念題 /ex23.c

```
01   #include <stdio.h>
02
03   int f(int n) {
04       int p = 0;
05       int i = n;
06       while (i >= 1) {
07           p=10-2*i;
08           printf ("%d", p);
09           i = i - 1 ;
10       }
11   }
12   int main(void)
13   {
14       f(4);
15       return 0;
16   }
```

執行結果

```
2468
------------------------------------
Process exited after 0.1375 seconds with return value 0
請按任意鍵繼續 . . .
```

觀念題 ㉔

（　）右側 g(4) 函式呼叫執行後，回傳值為何？

(A) 6

(B) 11

(C) 13

(D) 14

```c
int f (int n) {
    if (n > 3) {
        return 1;
    }
    else if (n == 2) {
        return (3 + f(n+1));
    }
    else {
        return (1 + f(n+1));
    }
}
int g(int n) {
    int j = 0;
    for (int i=1; i<=n-1; i=i+1) {
        j = j + f(i);
    }
    return j;
}
```

解題說明

答案 (C) 13

由 g() 函式內的 for 迴圈可以看出：

```
g(4)=f(1)+f(2)+f(3)
    =(1+f(2))+(3+f(3))+(1+f(4))
    =(1+3+f(3))+(3+1+f(4))+(1+1))
    =(1+3+1+f(4))+(3+1+1)+(1+1)
    =(1+3+1+1)+(3+1+1)+(1+1)
    =6+5+2
    =13
```

完整的參考程式碼如下：105 年 03 月觀念題 /ex24.c

```c
01  #include <stdio.h>
02
03  int f (int n) {
04      if (n > 3) {
05          return 1;
06      }
07      else if (n == 2) {
```

```
08          return (3 + f(n+1));
09      }
10      else {
11          return (1 + f(n+1));
12      }
13  }
14  int g(int n) {
15      int j = 0;
16      for (int i=1; i<=n-1; i=i+1) {
17          j = j + f(i);
18      }
19      return j;
20  }
21
22  int main(void)
23  {
24      printf("g(4)=%d",g(4));
25      return 0;
26  }
```

執行結果

```
g(4)=13
----------------------------------
Process exited after 0.1877 seconds with return value 0
請按任意鍵繼續 . . . ▬
```

觀念題 ㉕

( ) 右側 Mystery() 函式 else 部分運算式應為
何，才能使得 Mystery(9) 的回傳值為 34。

(A) x + Mystery(x-1)

(B) x * Mystery(x-1)

(C) Mystery(x-2) + Mystery(x+2)

(D) Mystery(x-2) + Mystery(x-1)

```
int Mystery (int x) {
    if (x <= 1) {
        return x;
    }
    else {
        return _____ ;
    }
}
```

解題說明

答案 **(D) Mystery(x-2) + Mystery(x-1)**

此題在考費氏數列的問題，費氏級數：0,1,1,2,3,5,8,13,21,34,55,89,…。也就是除了第 0 及第 1 個元素外，每個值都是前兩個值的加總。因此，Mystery(9)= Mystery(7)+ Mystery(8)=13+21=34。

各位也可以分別將選項 (A)、(B)、(C) 帶入驗證，其中選項 (A) 得到的值為 9+8+7+..+1=45，選項 (B) 得到的值為 9*8*7*..*1 遠大於 34，選項 (C) 中的 Mystery(x+2) 是無法結束的遞迴。

完整的參考程式碼如下：105 年 03 月觀念題 /ex25.c

```c
01  #include <stdio.h>
02
03  int Mystery (int x) {
04      if (x <= 1) {
05          return x;
06      }
07      else {
08          return Mystery(x-2) + Mystery(x-1) ;
09      }
10  }
11
12  int main(void)
13  {
14      printf("Mystery(9)=%d",Mystery(9));
15      return 0;
16  }
```

執行結果

```
Mystery(9)=34
------------------------------------
Process exited after 0.208 seconds with return value 0
請按任意鍵繼續 . . .
```

9-2 ▶ 實作題

第 ❶ 題：成績指標

問題描述

一次考試中，於所有及格學生中獲取最低分數者最為幸運，反之，於所有不及格同學中，獲取最高分數者，可以說是最為不幸，而此二種分數，可以視為成績指標。

請你設計一支程式，讀入全班成績（人數不固定），請對所有分數進行排序，並分別找出不及格中最高分數，以及及格中最低分數。

當找不到最低及格分數，表示對於本次考試而言，這是一個不幸之班級，此時請你印出：「worst case」；反之，當找不到最高不及格分數時，請你印出「best case」。註：假設及格分數為 60，每筆測資皆為 0~100 間整數，且筆數未定。

輸入格式

第一行輸入學生人數，第二行為各學生分數（0~100 間），分數與分數之間以一個空白間格。每一筆測資的學生人數為 1~20 的整數。

輸出格式

每筆測資輸出三行。

第一行由小而大印出所有成績，兩數字之間以一個空白間格，最後一個數字後無空白；

第二行印出最高不及格分數，如果全數及格時，於此行印出 best case；第三行印出最低及格分數，當全數不及格時，於此行印出 worst case。

範例一：輸入
```
10
0 11 22 33 55 66 77 99 88 44
```
範例一：正確輸出
```
0 11 22 33 44 55 66 77 88 99
55
66
```
【説明】不及格分數最高為 55，及格分數最低為 66

範例二：輸入

1
13

範例二：正確輸出

13
13
worst case

【說明】由於找不到最低及格分，因此第三行須印出「worst case」。

範例三：輸入

2
73 65

範例三：正確輸出

65 73
best case
65

【說明】由於找不到不及格分，因此第二行須印出「best case」。

評分說明

輸入包含若干筆測試資料，每一筆測試資料的執行時間限制 (time limit) 均為 2 秒，依正確通過測資筆數給分。

解題重點分析

本題目的輸出有三列：

1. 第一列成績的由小到大的排列，這一行只要將所輸入的資料以陣列儲存，再去呼叫排序程式的函數，並將排序後的陣列內容輸出即可。此處各位可以自行寫排序程式。

```
void sort(int *a, int l) {
    int i, j;
    int v;
    // 開始排序
    for(i = 0; i < l - 1; i ++)
        for(j = i+1; j < l; j ++)
        {
```

```
            if(a[i] > a[j])
            {
                v = a[i];
                a[i] = a[j];
                a[j] = v;
            }
        }
}
```

2. 第二列及第三列的輸出則有底下三種情況：

- 如果所有成績都及格，則第二列輸出「best case」，第三行則輸出陣列的第一個元素，印出最低及格分數，即 num[0]。

```
if (num[0]>=60) {
    printf("best case \n");// 如果全部分數都大於 60, 表示最佳狀況
    printf("%d \n",num[0]);// 印出最低及格分數
}
```

- 如果所有成績都不及格，則第二列輸出陣列的最後一個元素，印出印出最高不及格分數，即 num[n-1]，第三列輸出「worst case」。

```
else if (num[n-1]<60){
    printf("%d \n",num[n-1]);// 印出最高不及格分數
    printf("worst case \n"); // 如果全部分數都小於 60, 表示最差狀況
}
```

- 以迴圈的作法，從陣列最大的元素由後往前找，直到第一個不及格分數，則在第二列輸出該分數，即印出最高不及格分數。第三列則是陣列最小的元素由前往後找，直到第一個及格分數，則在第三列輸出該分數，即印出最低及格分數。

```
else {
    for (i=n-1;i>=0;i--)
        if (num[i] <60){
            printf("%d\n",num[i]);
            break;
        }
    for (i=0;i<=n-1;i++)
        if (num[i] >=60){
            printf("%d\n",num[i]);
            break;
        }
}
```

參考解答程式碼：成績指標 .c

```c
01   #include <stdio.h>
02   #include <stdlib.h>
03
04   void sort(int *a, int l) {
05      int i, j;
06      int v;
07      // 開始排序
08      for(i = 0; i < l - 1; i ++)
09           for(j = i+1; j < l; j ++)
10           {
11                   if(a[i] > a[j])
12                   {
13                           v = a[i];
14                           a[i] = a[j];
15                           a[j] = v;
16                   }
17           }
18   }
19
20   int main(void) {
21      int i;
22      int n;
23      printf(" 請輸入學生人數： ");
24      scanf("%d", &n);
25      int num[21];
26      printf(" 請輸入學生成績： ");
27      for (i=0;i<=n-1;i++)
28           scanf("%d", &num[i]);
29      sort(num,n);// 將成績進行排序
30
31      // 將排序後的成積由小到大印出
32      for (i=0;i<=n-1;i++)
33           printf("%d ",num[i]);
34      printf("\n");
35
36      if (num[0]>=60) {
37           printf("best case \n");// 如果全部分數都大於 60, 表示最佳狀況
38           printf("%d \n",num[0]);// 印出最低及格分數
39      }
40      else if (num[n-1]<60){
41           printf("%d \n",num[n-1]);// 印出最高不及格分數
42           printf("worst case \n"); // 如果全部分數都小於 60, 表示最差狀況
43      }
```

```
44    else {
45        for (i=n-1;i>=0;i--)
46            if (num[i] <60){
47                printf("%d\n",num[i]);
48                break;
49            }
50        for (i=0;i<=n-1;i++)
51            if (num[i] >=60){
52                printf("%d\n",num[i]);
53                break;
54            }
55    }
56    return 0;
57 }
```

範例一執行結果

```
請輸入學生人數: 10
請輸入學生成績: 0 11 22 33 55 66 77 99 88 44
0 11 22 33 44 55 66 77 88 99
55
66

------------------------------------
Process exited after 37.65 seconds with return value 0
請按任意鍵繼續 . . .
```

範例二執行結果

```
請輸入學生人數: 1
請輸入學生成績: 13
13
13
worst case

------------------------------------
Process exited after 3.762 seconds with return value 0
請按任意鍵繼續 . . .
```

範例三執行結果

```
請輸入學生人數: 2
請輸入學生成績: 73 65
65 73
best case
65

------------------------------------
Process exited after 6.298 seconds with return value 0
請按任意鍵繼續 . . .
```

程式碼說明

- 第 4~18 列：將陣列內容由小到大排序的自訂函數。

- 第 23~28 列：輸入學生人數及學生成績。

- 第 29 列：將成績進行排序。

- 第 32~34 列：將排序後的成積由小到大印出。

- 第 37 列：如果全部分數都大於 60, 表示最佳狀況。

- 第 38 列：印出最低及格分數。

- 第 41 列：印出最高不及格分數。

- 第 42 列：如果全部分數都小於 60, 表示最差狀況。

- 第 44~55 列：從陣列最大的元素由後往前找，直到第一個不及格分數，則在第二列輸出該分數，即印出最高不及格分數。第三列則是陣列最小的元素由前往後找，直到第一個及格分數，則在第三列輸出該分數，即印出最低及格分數。

第 ❷ 題：矩陣轉換

問題描述

矩陣是將一群元素整齊的排列成一個矩形，在矩陣中的橫排稱為列 (row)，直排稱為行（column），其中以 X_{ij} 來表示矩陣 X 中的第 i 列第 j 行的元素。如圖一中，$X_{32}=6$。

我們可以對矩陣定義兩種操作如下：

  翻轉：即第一列與最後一列交換、第二列與倒數第二列交換、⋯依此類推。

  旋轉：將矩陣以順時針方向轉 90 度。

例如：矩陣 X 翻轉後可得到 Y，將矩陣 Y 再旋轉後可得到 Z。

X	
1	4
2	5
3	6

Y	
3	6
2	5
1	4

Z		
1	2	3
4	5	6

圖一

一個矩陣 A 可以經過一連串的<u>旋轉</u>與<u>翻轉</u>操作後，轉換成新矩陣 B。如圖二中，A 經過翻轉與兩次旋轉後，可以得到 B。給定矩陣 B 和一連串的操作，請算出原始的矩陣 A。

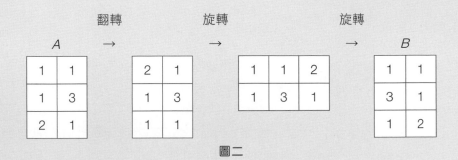

圖二

輸入格式

第一行有三個介於 1 與 10 之間的正整數 R,C,M。接下來有 R 行（line）是矩陣 B 的內容，每一行（line）都包含 C 個正整數，其中的第 i 行第 j 個數字代表矩陣 B_{ij} 的值。在矩陣內容後的一行有 M 個整數，表示對矩陣 A 進行的操作。第 k 個整數 m_k 代表第 k 個操作，如果 m_k=0 則代表<u>旋轉</u>，m_k=1 代表<u>翻轉</u>。同一行的數字之間都是以一個空白間格，且矩陣內容為 0~9 的整數。

輸出格式

輸出包含兩個部分。第一個部分有一行，包含兩個正整數 R' 和 C'，以一個空白隔開，分別代表矩陣 A 的列數和行數。接下來有 R' 行，每一行都包含 C' 個正整數，且每一行的整數之間以一個空白隔開，其中第 i 行的第 j 個數字代表矩陣 A_{ij} 的值。每一行的最後一個數字後並無空白。

範例一：輸入	範例二：輸入
3 2 3	3 2 2
1 1	3 3
3 1	2 1
1 2	1 2
1 0 0	0 1

範例一：正確輸出

3 2
1 1
1 3
2 1

【說明】如圖二所示

範例二：正確輸出

2 3
2 1 3
1 2 3

【說明】

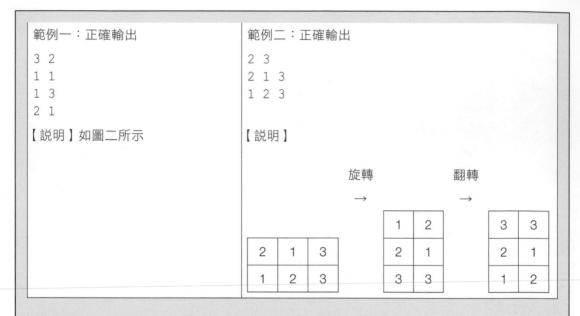

評分說明

輸入包含若干筆測試資料，每一筆測試資料的執行時間限制 (time limit) 均為 2 秒，依正確通過測資筆數給分。其中：

第一子題組共 30 分，其每個操作都是翻轉。

第二子題組共 70 分，操作有翻轉也有旋轉。

解題重點分析

本題目是要從已知的矩陣，以反推的方式，找出原始的矩陣。在實作程式過程中，必須由這個已知矩陣 B，根據在矩陣內容後的一行有 M 個整數，表示對矩陣 A 進行的操作。我們解題的技巧就是將這一行的操作指令，由後往前反向操作，如此一來就可以求取最原始的矩陣 A。

不過要注意的是原題目定義的翻轉：即第一列與最後一列交換、第二列與倒數第二列交換、…依此類推。如果以反向操作來看，只要再翻轉一次，就會回後到未翻轉前的矩陣內容。

```
/* 翻轉 */
void flip(int matrixA[X][Y], int row, int col){
    int matrixB[X][Y];
    int i,j;
    for (i=1;i<=row;i++)
      for (j=1;j<=col;j++)
          matrixB[i][j]=matrixA[row-i+1][j];

    for (i=1;i<X;i++)
      for (j=1;j<Y;j++)
          matrixA[i][j]=matrixB[i][j];
}
```

將矩陣以順時針方向轉 90 度。如果要從後反向操作則必須在程式設計上以逆時針方向轉 90 度,才可以回復原先的矩陣內容。有關反向旋轉的函數設計邏輯如下:

```
/* 反向旋轉;將矩陣以逆時針方向轉 90 度 */
void rotate(int matrixA[X][Y], int *row, int *col){
    int matrixB[X][Y];
    int new_row=*col;
    int new_col=*row;
    int i,j;
    for (i=1;i<=new_row;i++)
      for (j=1;j<=new_col;j++)
          matrixB[i][j]=matrixA[j][*col-i+1];

    for (i=1;i<X;i++)
      for (j=1;j<Y;j++)
          matrixA[i][j]=matrixB[i][j];
    *row=new_row;
    *col=new_col;
}
```

參考解答程式碼:矩陣轉換 .c

```
01   #include <stdio.h>
02   #include <stdlib.h>
03   #define testdata "data2.txt"
04   #define X 10
05   #define Y 10
06   #define Z 10
07
```

```
08   /* 反向旋轉；將矩陣以逆時針方向轉 90 度 */
09   void rotate(int matrixA[X][Y], int *row, int *col){
10       int matrixB[X][Y];
11       int new_row=*col;
12       int new_col=*row;
13       int i,j;
14       for (i=1;i<=new_row;i++)
15           for (j=1;j<=new_col;j++)
16               matrixB[i][j]=matrixA[j][*col-i+1];
17
18       for (i=1;i<X;i++)
19           for (j=1;j<Y;j++)
20               matrixA[i][j]=matrixB[i][j];
21       *row=new_row;
22       *col=new_col;
23   }
24   /* 翻轉 */
25   void flip(int matrixA[X][Y], int row, int col){
26       int matrixB[X][Y];
27       int i,j;
28       for (i=1;i<=row;i++)
29           for (j=1;j<=col;j++)
30               matrixB[i][j]=matrixA[row-i+1][j];
31
32       for (i=1;i<X;i++)
33           for (j=1;j<Y;j++)
34               matrixA[i][j]=matrixB[i][j];
35   }
36
37   int main(void) {
38       FILE *fp;
39       int i,j;
40       int matrixA[X][Y];
41       int action[Z];
42       int row,col,m;
43
44       fp=fopen(testdata,"r");
45       fscanf(fp,"%d %d %d", &row,&col,&m);
46
47       for (i=1;i<=row;i++)
48           for (j=1;j<=col;j++)
49               fscanf(fp,"%d ",&matrixA[i][j]);
50
```

```
51    for (i=1;i<=m;i++)
52          fscanf(fp,"%d", &action[i]);
53
54    for (i=m;i>=1;i--){
55          if (action[i]==0) rotate(matrixA,&row,&col);
56          else flip(matrixA,row,col);
57    }
58
59    printf("%d %d\n",row,col);
60    for(i=1; i<=row; i++)  {
61          for(j=1; j<=col; j++)
62                printf("%d ",matrixA[i][j]);
63          printf("\n");
64    }
65
66    fclose(fp);
67    return 0;
68  }
```

範例一：輸入

```
3 2 3
1 1
3 1
1 2
1 0 0
```

範例一：正確輸出

```
3 2
1 1
1 3
2 1

--------------------------------
Process exited after 0.2883 seconds with return value 0

請按任意鍵繼續 . . . ▄
```

範例二：輸入

```
3 2 2
3 3
2 1
1 2
0 1
```

範例二：正確輸出

```
2 3
2 1 3
1 2 3

--------------------------------
Process exited after 0.1718 seconds with return value 0
請按任意鍵繼續 . . .
```

程式碼說明

- 第 9~23 列：反向旋轉的程式。

- 第 25~35 列：翻轉的程式。

- 第 44~45 列：第一行有三個介於 1 與 10 之間的正整數 r, c, m。

- 第 47~49 列：接下來有 r 行 (line) 是矩陣 B 的內容，每一行 (line) 都包含 c 個正整數，其中的第 i 行第 j 個數字代表矩陣 B_{ij} 的值。

- 第 51~52 列：在矩陣內容後的一行有 M 個整數，表示對矩陣 A 進行的操作。第 k 個整數 m_k 代表第 k 個操作，如果 m_k=0 則代表旋轉，m_k=1 代表翻轉。同一行的數字之間都是以一個空白間格，且矩陣內容為 0~9 的整數。

- 第 54~57 列：由後往前反向讀取操作指令，如果操作指令為 0，呼叫反向旋轉函數。如果操作指令為 1，呼叫反向翻轉函數。

- 第 59~64 列：輸出包含兩個部分。第一個部分有一行，包含兩個正整數 R' 和 C'，以一個空白隔開，分別代表矩陣 A 的列數和行數。接下來有 R' 行，每一行都包含 C' 個正整數，且每一行的整數之間以一個空白隔開，其中第 i 行的第 j 個數字代表矩陣 A_{ij} 的值。每一行的最後一個數字後並無空白。

第 ❸ 題：線段覆蓋長度

問題描述

給定一維座標上一些線段，求這些線段所覆蓋的長度，注意，重疊的部分只能算一次。例如給定三個線段：(5, 6)、(1, 2)、(4, 8)、和 (7, 9)，如下圖，線段覆蓋長度為 6。

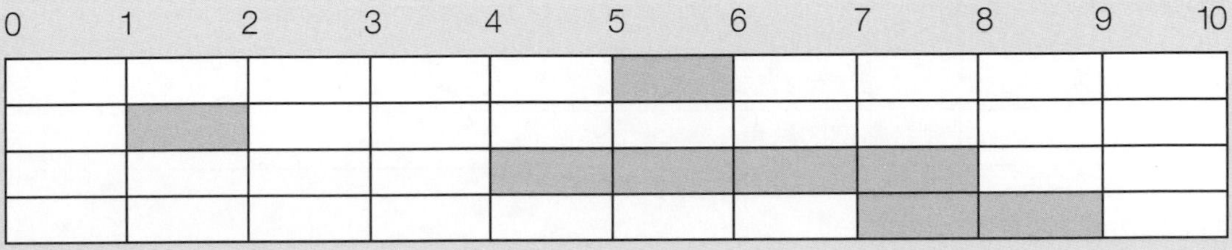

0	1	2	3	4	5	6	7	8	9	10

輸入格式

第一列是一個正整數 N，表示此測試案例有 N 個線段。

接著的 N 列每一列是一個線段的開始端點座標和結束端點座標整數值，開始端點座標值小於等於結束端點座標值，兩者之間以一個空格區隔。

輸出格式

輸出其總覆蓋的長度。

範例一：輸入

輸入	說明
5	此測試案例有 5 個線段
160 180	開始端點座標值與結束端點座標
150 200	開始端點座標值與結束端點座標
280 300	開始端點座標值與結束端點座標
300 330	開始端點座標值與結束端點座標
190 210	開始端點座標值與結束端點座標

範例一：輸出

輸入	說明
110	測試案例的結果

範例二：輸入

輸入	說明
1	此測試案例有 1 個線段
120 120	開始端點座標值與結束端點座標值

範例二：輸出

輸入	說明
0	測試案例的結果

評分說明

輸入包含若干筆測試資料，每一筆測試資料的執行時間限制 (time limit) 均為 2 秒，依正確通過測資筆數給分。每一個端點座標是一個介於 0~M 之間的整數，每筆測試案例線段個數上限為 N。其中：

第一子題組共 30 分，M<1000，N<100，線段沒有重疊。

第二子題組共 40 分，M<1000，N<100，線段可能重疊。

第三子題組共 30 分，M<10000000，N<10000，線段可能重疊。

解題重點分析

此題可以先設計一個函數，該函數會傳入一個由字元組成的陣列，並有兩個參數 b 及 c，代表線段的起點與終點，並在該函數以迴圈的方式從線段起始點到線段終點的字元陣列全部設定為字元「Y」，以紀錄該線段的資訊。

接著先取第一個線段的資料，再以迴圈的方式依序取出第下一個新線段，每取出一個新線段就與原線段進行 OR 運算，如果兩個線段相同索引所紀錄的字元陣列，只要其中一個的值為「Y」就將該索引位置的字元陣列設定為字元「Y」。

完成這項工作後，接著再以 while 迴圈去找出字元陣列中紀錄字元為「Y」的個數，該值就是所有線段的總覆蓋的長度，再將該值印出即為題目所要求的輸出外觀。

參考解答程式碼：線段覆蓋長度 .c

```
01  #include <stdio.h>
02  #define testdata "data1.txt"
03  const unsigned long SIZE=9999;
04  void line(char*,int,int);
05
06  int main(void) {
07      int N;
08      char part1[100000];
09      char part2[100000];
10      int start,end;
11      int i;
12      unsigned long j;
13      unsigned long count;
14      FILE *fp;
15
16      fp=fopen(testdata,"r");
17      fscanf(fp,"%d", &N);
18      fscanf(fp,"%d %d", &start, &end);
19
20      line(part1,start,end);   // 先取第一個線段資料
21      for (i=1;i<=N-1;i++){
22          fscanf(fp,"%d %d", &start, &end);
23          line(part2,start,end); // 取出下一個新線段
24          for ( j=0;j<SIZE;j++)// 新線段與原線段進行 OR 運算
25              if (part1[j]=='Y' || part2[j]=='Y')
26                  part1[j]='Y';
27      }
28      count=0; // 計數器歸零
29      int index=0;
30      while (index<SIZE){
31          if( part1[index]=='Y') {
32              count++; // 累加被填滿的線段
33          }
34          index++;
35      }
36      printf("%d",count);
37      fclose(fp);
38      return 0;
39  }
40
41  void line(char segment[100000],int start,int end){
42      unsigned long j;
```

```
43        for (j=start ;j<end;j++) {
44            /* 從起始索引到結束索引之間的線段標示字元 Y */
45            segment[j]='Y';
46        }
47    }
```

範例一：輸入

```
5
160  180
150  200
280  300
300  330
190  210
```

範例一：正確輸出

```
110
--------------------------------
Process exited after 0.2134 seconds with return value 0
請按任意鍵繼續 . . .
```

範例二：輸入

```
1
120  120
```

範例二：正確輸出

```
110
--------------------------------
Process exited after 0.1988 seconds with return value 0
請按任意鍵繼續 . . .
```

程式碼說明

- 第 8 列：定義各線段的字元陣列。

- 第 9 列：為了方便兩線段間進行 OR 運算所以宣告此字元陣列可以紀錄新線段的內容值。

- 第 17 列：第一列是一個正整數 N，表示此測試案例有 N 個線段。

- 第 18 列：接著的 N 列每一列是一個線段的開始端點座標和結束端點座標整數值，開始端點座標值小於等於結束端點座標值，兩者之間以一個空格區隔。

- 第 20 列：先取第一個線段資料。

- 第 21~27 列：以迴圈方式依序取出下一個新線段，再將新線段與原線段進行 OR 運算。

- 第 28 列：計數器歸零，用來紀錄線段的總覆蓋長度。

- 第 30~35 列：累加被填滿的線段。

- 第 36 列：輸出其總覆蓋的長度。

- 第 41~47 列：標示線段的函數。

第 ❹ 題：血緣關係

問題描述

小宇有一個大家族。有一天，他發現記錄整個家族成員和成員間血緣關係的家族族譜。小宇對於最遠的血緣關係（我們稱之為 " 血緣距離 " ）有多遠感到很好奇。

右圖為家族的關係圖。0 是 7 的孩子，1、2 和 3 是 0 的孩子，4 和 5 是 1 的孩子，6 是 3 的孩子。我們可以輕易的發現最遠的親戚關係為 4（或 5）和 6，他們的 " 血緣距離 " 是 4（4~1，1~0，0~3，3~6）。

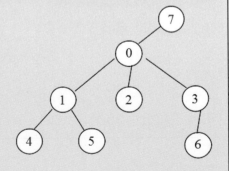

給予任一家族的關係圖，請找出最遠的 " 血緣距離 "。你可以假設只有一個人是整個家族成員的祖先，而且沒有兩個成員有同樣的小孩。

輸入格式

第一行為一個正整數 n 代表成員的個數，每人以 0~n-1 之間唯一的編號代表。接著的 n-1 行，每行有兩個以一個空白隔開的整數 a 與 b (0 ≤ a,b ≤ n-1)，代表 b 是 a 的孩子。

輸出格式

每筆測資輸出一行最遠 " 血緣距離 " 的答案。

範例一：輸入	範例二：輸入
8	4
0 1	0 1
0 2	0 2
0 3	2 3
7 0	
1 4	
1 5	
3 6	
範例一：正確輸出	**範例二：正確輸出**
4	3
【說明】如題目所附之圖，最遠路徑為 4->1 ->0->3->6 或 5->1->0->3->6，距離為 4。	【說明】最遠路徑為 1->0->2->3，距離為 3。

評分說明

輸入包含若干筆測試資料，每一筆測試資料的執行時間限制 (time limit) 均為 3 秒，依正確通過測資筆數給分。其中，第 1 子題組共 10 分，整個家族的祖先最多 2 個小孩，其他成員最多一個小孩，2 ≤ n ≤ 100。

第 2 子題組共 30 分，2 ≤ n ≤ 100。

第 3 子題組共 30 分，101 ≤ n ≤ 2,000。

第 4 子題組共 30 分，1,001 ≤ n ≤ 100,000。

解題重點分析

我們可以事先宣告一個 CHILD 的陣列，CHILD 這個陣列可以用來儲存輸入的資料。此陣列所紀錄的內容值，索引值 0 紀錄 0 號家庭成員的孩子，索引值 1 紀錄 1 號家庭成員的孩子，索引值 2 紀錄 2 號家庭成員的孩子，以此類推。如果該索引值的元素個數為 0 時，則表示該索引值所代表的家庭成員沒有小孩。

本程式會使用到的變數及函數，功能說明如下：

- answer=0，最終答案，記錄最長血緣距離。

- 函式 distance 計算從根節點出發的最大深度，它是一個遞迴函式，其出口條件是沒有小孩。當只有一個小孩時，此時最大深度必須加 1。

- other_child 陣列是用來紀錄該索引的家族成員是否為其他成員的小孩，如果是就設定為數值 1。如果設定為數值 0，就表示該成員不是其他成員的小孩。這個陣列的初值設定為數值 0。

程式一開始必須先找到 root 節點，所謂根節點就是該節點不是任何其他節點的小孩。

程式一開始宣告好相關的變數後，接著就可以開啟資料檔，第一行為一個正整數 n 代表成員的個數，每人以 0~n-1 之間唯一的編號代表。接著的 n-1 行，每行有兩個以一個空白隔開的整數 a 與 b (0 ≤ a,b ≤ n-1)，代表 b 是 a 的孩子。各位可以利用底下的程式碼找出根節點。

```
for (i=0;i<n;i++) {
    if (other_child[i]==0) {
        root =i ;
        break;
    }
}
```

找到根節點後，可以利用 distance 函數找到由此根節點出發的最大深度，有了這個最大深度後就可以與目前全域變數所記錄的最長血緣距離互相比較，較大的值就是本程式所要求的最遠血緣距離，再將它輸出成獨立的一行。

參考解答程式碼：血緣關係 .c

```
01  #include <stdio.h>
02  #include <stdlib.h>
03  #include <math.h>
04  #define testdata "data1.txt"
05
06  int distance(int); // 函數原型宣告
```

```
07   int max(int,int);   // 函數原型宣告
08   int swap(int *,int *); // 函數原型宣告
09
10   int CHILD[10000][2]; // 記錄每位成員的小孩情況
11   int answer=0; // 最終答案，記錄最長血緣距離
12   int how_many[10000]={0}; // 記錄每位成員有多少小孩
13   char other_child[10000]={0}; // 判斷是否為其他人的小孩
14   int n;   // 家庭成員人數
15
16   int main(void) {
17       FILE *fp;
18       int i;
19       int root;   // 家族的根節點，即祖先
20       int from_root;   // 紀錄從根節點出發的最大深度
21
22       // 從外部檔案讀取資料
23       fp=fopen(testdata,"r");
24       fscanf(fp,"%d",&n);   // 讀取家族成員總數
25       // 逐行讀取各成員的小孩資訊
26       for(i=0;i<n-1;i++) {
27           fscanf(fp,"%d %d",&CHILD[i][0],&CHILD[i][1]);
28           how_many[CHILD[i][0]]+=1;
29           other_child[CHILD[i][1]]=1; // 為他人小孩就記錄為 1
30       }
31       // 找出樹狀圖的根節點，即祖先
32       for (i=0;i<n;i++) {
33           if (other_child[i]==0) {
34               root =i ;
35               break;
36           }
37       }
38       from_root=distance(root); // 從根節點出發的最大深度
39       answer=max(from_root,answer);
40       printf("%d", answer);
41
42       return 0;
43   }
44
45   // 傳回兩數間較大值
46   int max(int x,int y) {
47       if (x>=y) return x;
48       else return y;
49   }
```

```
50
51   int swap(int *x,int *y){
52       int temp;
53       temp=*x;
54       *x=*y;
55       *y=temp;
56   }
57
58   // 計算從根節點出發的最大深度
59   int distance(int node)
60   {
61       int depth;// 記錄該家族成員的深度
62       int j;
63
64       // 沒有小孩，遞迴的出口條件
65       if(how_many[node]==0)
66           return 0;
67       // 只有一個小孩時其最大深度為其小孩最大深度再加 1
68       else if(how_many[node]==1)
69           for(int j=0;j<n-1;j++)
70           {
71               if(CHILD[j][0]==node)
72                   return distance(CHILD[j][1])+1;
73           }
74       // 多個小孩
75       else
76       {
77           /*
78           走訪每一個小孩，找出最大深度的前兩名，
79           最大深度儲存到 farthest1，
80           第二大深度儲存到 farthest2
81           */
82           int farthest1=0,farthest2=0;// 最大前兩個的深度
83
84           for(j=0;j<n-1;j++)
85           {
86               if(CHILD[j][0]==node)
87               {
88                   depth=distance(CHILD[j][1])+1;
89                   if(depth>farthest1)
90                       swap(&depth,&farthest1);
91                   if(depth>farthest2)
92                       farthest2=depth;
```

```
 93                  }
 94              }
 95          /*
 96              中間的節點的分支度大於等於 2,
 97              最大血緣距離為其中兩個小孩中 farthest1 與第 farthest2 相加,
 98              再和原先的 answer 取較大值
 99          */
100          answer = max(answer, farthest1 + farthest2);
101          /*
102              從根節點出發,即家族的祖先
103              回傳該家族成員的最大深度 farthest1
104          */
105          return farthest1;
106      }
107 }
```

範例一：輸入

```
8
0 1
0 2
0 3
7 0
1 4
1 5
3 6
```

範例一：正確輸出

```
4
------------------------------------
Process exited after 0.2797 seconds with return value 0
請按任意鍵繼續 . . . ▄
```

範例二：輸入

```
4
0 1
0 2
2 3
```

範例二：正確輸出

```
3
_____
Process exited after 0.4794 seconds with return value 0
請按任意鍵繼續 . . .
```

程式碼說明

- 第 4 列：定義測試資料的檔案名稱。

- 第 11 列：全域變數記錄最長血緣距。

- 第 13 列：宣告記錄指定索引值的家庭成員是否為其他人的小孩的陣列。

- 第 23 列：開啟測試資料檔。

- 第 24 列：讀取家庭成員的總數。

- 第 26~30 列：紀錄各家族成員的小孩。

- 第 32~37 列：找出根節點 root。

- 第 38 列：求從根節點出發的取大深度。

- 第 39 列：最大血緣距離為目前所紀錄的最大血緣距離與從 root 出發最大深度兩者間取最大值。

- 第 40 列：輸出一行最遠 " 血緣距離 " 的答案。

MEMO

105 年 10 月
試題與完整解析

10-1 ▸ 觀念題

觀念題 ❶

( ) 以下 F() 函式執行後，輸出為何？

(A) 1 2

(B) 1 3

(C) 3 2

(D) 3 3

```
void F( ) {
    char t, item[] = {'2', '8', '3', '1',
'9'};
    int a, b, c, count = 5;
    for (a=0; a<count-1; a=a+1) {
        c = a;
        t = item[a];
        for (b=a+1; b<count; b=b+1) {
            if (item[b] < t) {
                c = b;
                t = item[b];
            }
            if ((a==2) && (b==3)) {
                printf ("%c %d\n", t, c);
            }
        }
    }
}
```

解題說明

答案 **(B) 1 3**

為了節省答題的時間，各位可以先行觀察在哪一種情況下才會列印資料，由程式中可以看到只有當 a 等於 2 且 b 等於 3 時才會進行資料的列印工作，因此請直接以 a=2 去觀察迴圈的變化。

■ 第一個迴圈 a=2 時，c=a 所以 c=2，又 t=item[a]=item[2]='3'。

■ 第二個迴圈 b=3 時，先行判斷 if 敘述，如果 item[3]<t 則執行 c=b=3，t=item[b]=item[3]='1'。這個時候 a 等於 2、b 等於 3 會進行列印工作，此時 t='1'、c 等於 3，因此印出「1 3」。

完整的參考程式碼如下：105 年 10 月觀念題 /ex01.c

```c
01   #include <stdio.h>
02
03   void F( ) {
04       char t, item[] = {'2', '8', '3', '1', '9'};
05       int a, b, c, count = 5;
06       for (a=0; a<count-1; a=a+1) {
07           c = a;
08           t = item[a];
09           for (b=a+1; b<count; b=b+1) {
10               if (item[b] < t) {
11                   c = b;
12                   t = item[b];
13               }
14               if ((a==2) && (b==3)) {
15                   printf ("%c %d\n", t, c);
16               }
17           }
18       }
19   }
20
21   int main(void)
22   {
23       F();
24       return 0;
25   }
```

執行結果

```
1 3

--------------------------------
Process exited after 0.2028 seconds with return value 0
請按任意鍵繼續 . . .
```

觀念題 ❷

( ) 右側 switch 敘述程式碼可以如何以 if-else 改寫？

(A) if (x==10) y = 'a';

if (x==20 || x==30) y = 'b';

y = 'c';

(B) if (x==10) y = 'a';

else if (x==20 || x==30) y = 'b';

else y = 'c';

(C) if (x==10) y = 'a';

if (x>=20 && x<=30) y = 'b';

y = 'c';

(D) if (x==10) y = 'a';

else if(x>=20 && x<=30) y = 'b';

else y = 'c';

```
switch (x) {
    case 10: y = 'a'; break;
    case 20:
    case 30: y = 'b'; break;
    default: y = 'c';
}
```

解題說明

答案 **(B) if (x==10) y = 'a';**

else if (x==20 || x==30) y = 'b';

else y = 'c';

本程式中的

```
case 20:
case 30:y='b';break;
```

這道指令的意思是當 x 等於 20 或 30 時，此時 y 的值設定為 'b'，如果改寫成 if 指令，等同於底下的敘述：

```
else if (x==20) || x==30) y='b'
```

觀念題 ❸

( ) 給定右側 G(), K() 兩函式，執行 G(3)
後所回傳的值為何？

(A) 5

(B) 12

(C) 14

(D) 15

```
int K(int a[], int n) {
    if (n >= 0)
        return (K(a, n-1) + a[n]);
    else
        return 0;
}
int G(int n){
    int a[] = {5,4,3,2,1};
    return K(a, n);
}
```

解題說明

答案 **(C) 14**

這是一種互相呼叫遞迴的程式設計，遇到這類問題一定要先確定遞迴的結束條件，K
函數中可以看出當第 2 個參數 n 小於 0 時為遞迴結束的出口，直接將 G(3) 代入程式，
整個數值的變化如下：

```
G(3)=K(a,3)
    =K(a,2)+a[3]
    =k(a,1)+a[2]+2（因為 a[3]=2）
    = k(a,0)+a[1]+3+2（因為 a[2]=3）
    =k(a,-1)+a[0]+4+5（因為 a[1]=4）
    =0+5+9（因為 a[0]=5）
    =14
```

完整的參考程式碼如下：105 年 10 月觀念題 /ex03.c

```
01  #include <stdio.h>
02
03  int·K(int a[], int n) {
04      if (n >= 0)
05          return (K(a, n-1) + a[n]);
06      else
07          return 0;
08  }
09  int G(int n){
10      int a[] = {5,4,3,2,1};
11      return K(a, n);
```

```
12   }
13
14   int main(void)
15   {
16       printf("%d",G(3));
17       return 0;
18   }
```

執行結果

```
14
------------------------------------
Process exited after 0.1555 seconds with return value 0
請按任意鍵繼續 . . .
```

觀念題 ❹

( ) 右側程式碼執行後輸出結果為何？

(A) 3

(B) 4

(C) 5

(D) 6

```
int a=2, b=3;
int c=4, d=5;
int val;
val = b/a + c/b + d/b;
printf ("%d\n", val);
```

解題說明

答案 (A) 3

這個題目在考一個觀念，在 C 語言中整理相除的資料型態與被除數相同，因此相除後商為整數型態，因此 val= b/a+2/b+d/b=3/2+4/3+5/3=1+1+1=3

觀念題 ❺

( )右側程式碼執行後輸出結果為何？

(A) 2 4 6 8 9 7 5 3 1 9

(B) 1 3 5 7 9 2 4 6 8 9

(C) 1 2 3 4 5 6 7 8 9 9

(D) 2 4 6 8 5 1 3 7 9 9

```
int a[9] = {1, 3, 5, 7, 9, 8, 6, 4, 2};
int n=9, tmp;
for (int i=0; i<n; i=i+1) {
    tmp = a[i];
    a[i] = a[n-i-1];
    a[n-i-1] = tmp;
}
for (int i=0; i<=n/2; i=i+1)
    printf ("%d %d ", a[i], a[n-i-1]);
```

解題說明

答案 (C) 1 2 3 4 5 6 7 8 9 9

此題主要測驗學生是否能完全理解迴圈的使用，程式中第一個 for 迴圈主要工作是進行元素的交換，第二個 for 迴圈則是進行資料的列印工作，完整的操作過程如下：

i 值	迴圈工作任務	a 陣列內容
0	a[0] 和 a[8] 交換	{2,3,5,7,9,8,6,4,1}
1	a[1] 和 a[7] 交換	{2,4,5,7,9,8,6,3,1}
2	a[2] 和 a[6] 交換	{2,4,6,7,9,8,5,3,1}
3	a[3] 和 a[5] 交換	{2,4,6,8,9,7,5,3,1}
4	a[4] 和 a[4] 交換	{2,4,6,8,9,7,5,3,1}
5	a[5] 和 a[3] 交換	{2,4,6,7,9,8,5,3,1}
6	a[6] 和 a[2] 交換	{2,4,5,7,9,8,6,3,1}
7	a[7] 和 a[1] 交換	{2,3,5,7,9,8,6,4,1}
8	a[8] 和 a[0] 交換	{1,3,5,7,9,8,6,4,2}

所以第一個 for 迴圈等同又回復原來的陣列內容，接著進入第二每 for 迴圈進行列印工作：

當 i=0 時，列印 a[0] 和 a[8]，即「1 2」。

當 i=1 時，列印 a[1] 和 a[7]，即「3 4」。

當 i=2 時，列印 a[2] 和 a[6]，即「5 6」。

當 i=4 時，列印 a[3] 和 a[5]，即「7 8」。

當 i=4 時，列印 a[4] 和 a[4]，即「9 9」。

完整的參考程式碼如下：105 年 10 月觀念題 /ex05.c

```c
01   #include <stdio.h>
02
03   int K(int a[], int n) {
04       if (n >= 0)
05           return (K(a, n-1) + a[n]);
06       else
07           return 0;
08   }
09   int G(int n){
10       int a[] = {5,4,3,2,1};
11       return K(a, n);
12   }
13
14   int main(void)
15   {
16       int a[9] = {1, 3, 5, 7, 9, 8, 6, 4, 2};
17       int n=9, tmp;
18       /* 底下迴圈頭尾交換兩次，又回到原來順序 */
19       for (int i=0; i<n; i=i+1) {
20           tmp = a[i];
21           a[i] = a[n-i-1];
22           a[n-i-1] = tmp;
23       }
24
25       for(int i=0;i<=n-1;i++) {
26           printf("%d ",a[i]);
27       }
28       printf("\n");
29       for (int i=0; i<=n/2; i=i+1)
30           printf ("%d %d ", a[i], a[n-i-1]);
31
32       return 0;
33   }
```

執行結果

```
1 3 5 7 9 8 6 4 2
1 2 3 4 5 6 7 8 9 9
--------------------------------
Process exited after 0.1839 seconds with return value 0
請按任意鍵繼續 . . .
```

觀念題 ❻

( ) 右側函式以 F(7) 呼叫後回傳值為 12，
則 <condition> 應為何？

(A) a < 3

(B) a < 2

(C) a < 1

(D) a < 0

```
int F(int a) {
    if ( <condition> )
        return 1;
    else
        return F(a-2) + F(a-3);
}
```

解題說明

答案 **(D) a < 0**

以選項 (A) 為例，當函數的參數 a 小於 3 則回傳數值 1。

可以推演出下列的方程式：

F(7)=F(5)+F(4)=F(3)+F(2)+F(2)+F(1)=F(2)+F(1) +F(2)+F(2)+F(1)=1+1+1+1+1＝5

其它選項的作法依上述作法，可以得到當 a<0 時，F(7) 呼叫後回傳值為 12。

完整的參考程式碼如下：105 年 10 月觀念題 /ex06.c

```
01  #include <stdio.h>
02
03  int F(int a) {
04      if ( a<0 )
05          return 1;
06      else
07          return F(a-2) + F(a-3);
08  }
09
10  int main(void)
11  {
12      printf("%d",F(7));
13
14      return 0;
15  }
```

執行結果

```
12
------------------------------------
Process exited after 0.178 seconds with return value 0
請按任意鍵繼續 . . . ■
```

觀念題 ❼

(　) 若 n 為正整數，右側程式三個迴圈執
　　　行完畢後 a 值將為何？

(A) n(n+1)/2

(B) $n^3/2$

(C) n(n-1)/2

(D) $n^2(n+1)/2$

```
int a=0, n;
...
for (int i=1; i<=n; i=i+1)
    for (int j=i; j<=n; j=j+1)
        for (int k=1; k<=n; k=k+1)
            a = a + 1;
```

解題說明

答案 **(D) $n^2(n+1)/2$**

當 i=1 時 j 執行 n 次，當 i=2 時 j 執行 n-1 次，當 i=3 時 j 執行 n-2 次，…當 i=n 時 j 執
行 1 次，因此前兩個迴圈的總執行次數為：

n+n-1+n-2+n-3+…+1=n*(n+1)/2

第三個迴圈的執行次數為 n，因此總執行次數為 $n^2(n+1)/2$。

觀念題 ❽

(　) 下面哪組資料若依序存入陣列中，將無法直接使用二分搜尋法搜尋資料？

(A) a, e, i, o, u

(B) 3, 1, 4, 5, 9

(C) 10000, 0, -10000

(D) 1, 10, 10, 10, 100

解題說明

答案 **(B) 3, 1, 4, 5, 9**

二分搜尋法的特性必須資料事先排序，不論是由小到大或由大到小，選項 (B) 資料沒有
按照一定的方式進行排序，因此這筆資料無法直接以二分搜尋法的來找尋指定的資料。

觀念題 ❾

( ) 右側是依據分數 s 評定等第的程式碼片段，
正確的等第公式應為：

90~100 判為 A 等

80~89 判為 B 等

70~79 判為 C 等

60~69 判為 D 等

0~59 判為 F 等

這段程式碼在處理 0~100 的分數時，有幾個
分數的等第是錯的？

(A) 20

(B) 11

(C) 2

(D) 10

```c
if (s>=90) {
    printf ("A \n");
}
else if (s>=80) {
    printf ("B \n");
}
else if (s>60) {
    printf ("D \n");
}
else if (s>70) {
    printf ("C \n");
}
else {
    printf ("F\n");
}
```

解題說明

答案 **(B) 11**

「else if (s>70)」這列程式的位置錯誤，應該放在「else if (s>60)」之前，而且「else if
(s>60)」必須改成「else if (s>=60)」，否則 60 分會被印出 F 而造成錯誤，另外 70-79
分也會判斷錯誤，所以本程式會造成 11 個錯誤。

完整的參考程式碼如下：105 年 10 月觀念題 /ex09.c

```c
01  #include <stdio.h>
02
03  int main(void)
04  {
05      for(int s=100;s>=0;s--)
06      {
07          printf(" 分數 =%d 等級 =",s);
08          if (s>=90) {
09              printf ("A \n");
```

```
10              }
11          else if (s>=80) {
12              printf ("B \n");
13          }
14          else if (s>60) {
15              printf ("D \n");
16          }
17          else if (s>70) {
18              printf ("C \n");
19          }
20          else {
21              printf ("F\n");
22          }
23      }
24
25      return 0;
26  }
```

執行結果

```
分數=20 等級=F
分數=19 等級=F
分數=18 等級=F
分數=17 等級=F
分數=16 等級=F
分數=15 等級=F
分數=14 等級=F
分數=13 等級=F
分數=12 等級=F
分數=11 等級=F
分數=10 等級=F
分數=9 等級=F
分數=8 等級=F
分數=7 等級=F
分數=6 等級=F
分數=5 等級=F
分數=4 等級=F
分數=3 等級=F
分數=2 等級=F
分數=1 等級=F
分數=0 等級=F
--------------------------------
```

觀念題 ⑩

（　）右側主程式執行完三次 G() 的呼叫後，p 陣列中有幾個元素的值為 0 ？

(A) 1

(B) 2

(C) 3

(D) 4

```
int K (int p[], int v) {
    if (p[v]!=v) {
        p[v] = K(p, p[v]);
    }
    return p[v];
}
void G (int p[], int l, int r) {
    int a=K(p, l), b=K(p, r);
    if (a!=b) {
        p[b] = a;
    }
}
int main (void) {
    int p[5]={0, 1, 2, 3, 4};
    G(p, 0, 1);
    G(p, 2, 4);
    G(p, 0, 4);
    return 0;
}
```

解題說明

答案 **(C) 3**

■ G(p,0,1) 時

A=K(p,0)，因為 p[0]=0，所以 a=0。

B=K(p,1)，因為 p[1]=1，所以 b=1。

因為 a!=b，符合 if 條件，因此 p[1]=0，所以陣列 p 的內容為 {0,0,2,3,4}

■ G(p,2,4) 時

A=K(p,2)，因為 p[0]=2，所以 a=2。

B=K(p,4)，因為 p[4]=1，所以 b=4。

因為 a!=b，符合 if 條件，因此 p[4]=2，所以陣列 p 的內容為 {0,0,2,3,2}

■ G(p,0,4) 時

A=K(p,2)，因為 p[0]=0，所以 a=0。

B=K(p,4)，因為 p[4]=2，所以 b=2。

因為 a!=b，符合 if 條件，因此 p[2]=0，所以陣列 p 的內容為 {0,0,0,3,2}

因此陣列 p 有三個元素為 0。

完整的參考程式碼如下：105 年 10 月觀念題 /ex10.c

```
01   #include <stdio.h>
02
03   int K (int p[], int v) {
04       if (p[v]!=v) {
05           p[v] = K(p, p[v]);
06       }
07       return p[v];
08   }
09   void G (int p[], int l, int r) {
10       int a=K(p, l), b=K(p, r);
11       if (a!=b) {
12           p[b] = a;
13       }
14   }
15
16   int main(void)
17   {
18       int p[5]={0, 1, 2, 3, 4};
19       G(p, 0, 1);
20       for(int i=0;i<5;i++) {
21           printf("%d",p[i]);
22       }
23       printf("\n");
24       G(p, 2, 4);
25       for(int i=0;i<5;i++) {
26           printf("%d",p[i]);
27       }
28       printf("\n");
29       G(p, 0, 4);
30       for(int i=0;i<5;i++) {
31           printf("%d",p[i]);
32       }
33       printf("\n");
34
35       return 0;
36   }
```

執行結果

```
00234
00232
00032
------------------------------------
Process exited after 0.1615 seconds with return value 0
請按任意鍵繼續 . . . ▄
```

觀念題 ⑪

( ) 下列程式片段執行後，count 的值為何？

 (A) 36 (B) 20 (C) 12 (D) 3

```
int maze[5][5]= {{1, 1, 1, 1, 1}, {1, 0, 1, 0, 1},{1, 1, 0, 0, 1},{1,
0, 0, 1, 1},{1, 1, 1, 1, 1} };
int count=0;
for (int i=1; i<=3; i=i+1) {
    for (int j=1; j<=3; j=j+1) {
        int dir[4][2] = {{-1,0}, {0,1}, {1,0}, {0,-1}};
        for (int d=0; d<4; d=d+1) {
            if (maze[i+dir[d][0]][j+dir[d][1]]==1) {
                count = count + 1;
            }
        }
    }
}
```

解題說明

答案 **(B) 20**

這個題目是一個迷宮矩陣。前兩個迴圈的 i 值是迷宮二維陣列 maze 的列，j 值是迷宮二維陣列 maze 的行，dir 為左 (-1,0)、上 (0,1)、右 (1,0)、下 (0,-1) 四個方向的移動量，這個程式主要計算每一個位置的可能行徑的總數，舉例來說：

■ i=1 j=1 的位置，計算該位置的左、上、右、下四個方位共有多少個 1，以這個位置為例，共有 4 個 1。

■ i=1 j=2 的位置，計算該位置的左、上、右、下四個方位共有多少個 1，以這個位置為例，共有 1 個 1。

■ i=1 j=3 的位置，計算該位置的左、上、右、下四個方位共有多少個 1，以這個位置為例，共有 3 個 1。

綜合上述 i=1 的情況下，變數 count 的計數為 8。

同理當 i=2 時也有三個位置要去計算該位置左、上、右、下四個方位共有多少個 1，結果如下：

■ i=2 j=1 的位置，計算該位置的左、上、右、下四個方位共有多少個 1，以這個位置為例，共有 1 個 1。

- i=2 j=2 的位置，計算該位置的左、上、右、下四個方位共有多少個 1，以這個位置為例，共有 2 個 1。

- i=2 j=3 的位置，計算該位置的左、上、右、下四個方位共有多少個 1，以這個位置為例，共有 2 個 1。

同理當 i=3 時也有三個位置要去計算該位置左、上、右、下四個方位共有多少個 1，結果如下：

- i=3 j=1 的位置，計算該位置的左、上、右、下四個方位共有多少個 1，以這個位置為例，共有 3 個 1。

- i=3 j=2 的位置，計算該位置的左、上、右、下四個方位共有多少個 1，以這個位置為例，共有 2 個 1。

- i=3 j=3 的位置，計算該位置的左、上、右、下四個方位共有多少個 1，以這個位置為例，共有 2 個 1。

當程式結束後，count 變數值 =8+(1+2+2)+(3+2+2)=8+5+7=20

完整的參考程式碼如下：105 年 10 月觀念題 /ex11.c

```
01   #include <stdio.h>
02
03
04   int main(void)
05   {
06       int maze[5][5]= {{1, 1, 1, 1, 1},
07                        {1, 0, 1, 0, 1},
08                        {1, 1, 0, 0, 1},
09                        {1, 0, 0, 1, 1},
10                        {1, 1, 1, 1, 1} };
11       int count=0;
12       for (int i=1; i<=3; i=i+1) {
13           for (int j=1; j<=3; j=j+1) {
14               int dir[4][2] = {{-1,0}, {0,1}, {1,0}, {0,-1}};
15               for (int d=0; d<4; d=d+1) {
16                   if (maze[i+dir[d][0]][j+dir[d][1]]==1) {
17                       count = count + 1;
18                   }
19               }
20           }
```

```
21        }
22        printf("%d",count);
23
24        return 0;
25    }
```

執行結果

```
20
-----------------------------------
Process exited after 0.1611 seconds with return value 0
請按任意鍵繼續 . . .
```

觀念題 ⑫

（ ）右側程式片段執行過程中的輸出為何？

(A) 5 10 15 20

(B) 5 11 17 23

(C) 6 12 18 24

(D) 6 11 17 22

```
int a = 5;
 ...
for (int i=0; i<20; i=i+1)
{
    i = i + a;
    printf ("%d ", i);
}
```

解題說明

答案 **(B) 5 11 17 23**

初始值 a=5，進入迴圈時 i 的初始值為 0，接著 i 值的變化如下：

i = i + a -> i=0+5 -> i=5 // 印出 5

i=i+1   ->i=5+1 -> i=6

i = i + a -> i=6+5 -> i=11 // 印出 11

i=i+1   ->i=11+1 -> i=12

i = i + a -> i=12+5 -> i=17 // 印出 17

i=i+1   ->i=17+1 -> i=18

i = i + a -> i=18+5 -> i=23 // 印出 23

因為 i=23 符合 for 迴圈的結束條件，所以就結束迴圈的工作。

觀念題 ⓭

( ) 若宣告一個字元陣列 char str[20] = "Hello world!"; 該陣列 str[12] 值為何？

(A) 未宣告

(B) \0

(C) !

(D) \n

解題說明

答案 **(B) \0**

陣列的起始索引為 0，因為字串共有 12 字元，因為儲存在 str[0]~str[11] 的位置，字串的最後一個字元之後必須以「\0」當結束字元，因此 str[12] 儲存「\0」。

觀念題 ⑭

( ) 假設 x,y,z 為布林 (boolean) 變數，且 x=TRUE, y=TRUE, z=FALSE。請問下面各布林運算式的真假值依序為何？（TRUE 表真，FALSE 表假）

- !(y || z) || x
- !y || (z || !x)
- z || (x && (y || z))
- (x || x) && z

(A) TRUE FALSE TRUE FALSE

(B) FALSE FALSE TRUE FALSE

(C) FALSE TRUE TRUE FALSE

(D) TRUE TRUE FALSE TRUE

解題說明

答案 **(A) TRUE FALSE TRUE FALSE**

此考題的重點在於邏輯運算子的理解及運算子的優先順序的熟悉，此例 x=TRUE, y=TRUE, z=FALSE

!(y || z) || x= !(TRUE) || TRUE=FALSE || TRUE=TEUE

!y || (z || !x)= !TRUE ||(FALSE ||FALSE)=FALSE||FALSE=FALSE

z || (x && (y || z))=FALSE||(TRUE &&TRUE)=FALSE||TRUE=TRUE

(x || x) && z=TRUE && FALSE=FALSE

觀念題 ⑮

( ) 右側程式片段執行過程的輸出為何？

(A) 44

(B) 52

(C) 54

(D) 63

```
int i, sum, arr[10];
for (int i=0; i<10; i=i+1)
    arr[i] = i;
sum = 0;
for (int i=1; i<9; i=i+1)
    sum = sum - arr[i-1] + arr[i] + arr[i+1];
printf ("%d", sum);
```

解題說明

答案 **(B) 52**

初始值 sum=0，arr[0]=0、arr[1]=1、…arr[9]=9

進入第二個迴圈：

i=1
sum= sum - arr[i-1] + arr[i] + arr[i+1]=sum- arr[0] + arr[1] + arr[2]=sum-0+1+2=sum+3
i=2
sum= sum - arr[i-1] + arr[i] + arr[i+1]=sum- arr[1] + arr[2] + arr[3]=sum-1+2+3=sum+4
i=3
sum= sum - arr[i-1] + arr[i] + arr[i+1]=sum- arr[2] + arr[3] + arr[4]=sum-2+3+4=sum+5
....
i=8
sum= sum-arr[i-1] +arr[i] +arr[i+1]=sum- arr[8] + arr[9] + arr[10]=sum-2+3+4=sum+10

因此最後印出的 sum=3+4+5...+10=52

完整的參考程式碼如下：105 年 10 月觀念題 /ex15.c

```
01   #include <stdio.h>
02
03   int main(void)
04   {
05       int i, sum, arr[10];
06       for (int i=0; i<10; i=i+1)
07           arr[i] = i;
08       sum = 0;
09       for (int i=1; i<9; i=i+1)
10           sum = sum - arr[i-1] + arr[i] + arr[i+1];
11       printf ("%d", sum);
12
13       return 0;
14   }
```

執行結果

```
52
----------------------------------------
Process exited after 0.168 seconds with return value 0
請按任意鍵繼續 . . .
```

觀念題 ⑯

( )　右列程式片段中，假設 a、a_ptr 和 a_ptrptr 這三個變數都有被正確宣告，且呼叫 G() 函式時的參數為 a_ptr 及 a_ptrptr。G() 函式的兩個參數型態該如何宣告？

(A) (a) *int, (b) *int

(B) (a) *int, (b) **int

(C) (a) int*, (b) int*

(D) (a) int*, (b) int**

```
void G (  (a)  a_ptr,  (b)  a_ptrptr) {
  ...
}
void main () {
    int a = 1;
    // 加入 a_ptr, a_ptrptr 變數的宣告
  ...
    a_ptr = &a;
    a_ptrptr = &a_ptr;
    G (a_ptr, a_ptrptr);
}
```

解題說明

答案 **(D) (a) int*, (b) int**

這是單一指標及雙重指標的用法，由以上得知，ptr1 是指向 num 的位址，則 *ptr1=num=100; 而 ptr2 是指向 ptr 的位址，則 *ptr2=ptr1，經過兩次「取值運算子」運算後，可以得到 **ptr2=num=100。

完整的參考程式碼如下：105 年 10 月觀念題 /ex16.c

```
01  #include <stdio.h>
02
03  void G ( int* a_ptr, int** a_ptrptr) {
04
05  }
06
07  int main(void)
08  {
09      int a = 1;
10      // 加入 a_ptr, a_ptrptr 變數的宣告
11      int* a_ptr;
12      int** a_ptrptr;
13      a_ptr = &a;
14      a_ptrptr = &a_ptr;
```

```
15      G (a_ptr, a_ptrptr);
16
17      printf ("%d  %d", *a_ptr, **a_ptrptr);
18
19      return 0;
20  }
```

執行結果

```
1  1
--------------------------------
Process exited after 0.1561 seconds with return value 0
請按任意鍵繼續 . . .
```

觀念題 ⑰

（ ）　右側程式片段中執行後若要印出下列
圖案，(a) 的條件判斷式該如何設定？

```
for (int i=0; i<=3; i=i+1) {
    for (int j=0; j<i; j=j+1)
        printf(" ");
    for (int k=6-2*i;  (a)  ; k=k-1)
        printf("*");
    printf("\n");
}
```

```
******

****

**
```

(A) k > 2

(B) k > 1

(C) k > 0

(D) k > –1

解題說明

答案 **(C) k > 0**

這個題目只要觀察第三個 for 迴圈列印 "*" 的次數即可推論出，請分別將各選項帶入程
式中去觀察第三個 for 迴圈的第一次執行次數（即 i=0）。

(A) k > 2 時 for (int k=6-2*i; k > 2; k=k-1)，將 i=0 帶入迴圈：

for (int k=6; k > 2; k=k-1)，此迴圈共執行 4 次，會印出 4 個星號。

(B) k > 1 時 for (int k=6-2*i; k > 1; k=k-1)，將 i=0 帶入迴圈：

for (int k=6; k > 1; k=k-1)，此迴圈共執行 5 次，會印出 5 個星號。

(C) k > 0 時 for (int k=6-2*i; k > 0; k=k-1)，將 i=0 帶入迴圈：

for (int k=6; k > 0; k=k-1)，此迴圈共執行 6 次，會印出 6 個星號。

(D) k > -1 時 for (int k=6-2*i; k > -1; k=k-1)，將 i=0 帶入迴圈：

for (int k=6; k > -1; k=k-1)，此迴圈共執行 7 次，會印出 7 個星號。

只有選項 (C) k > 0 符合和題目第一列輸出的星號個數相同。

完整的參考程式碼如下：105 年 10 月觀念題 /ex17.c

```
01   #include <stdio.h>
02
03   int main(void)
04   {
05       for (int i=0; i<=3; i=i+1) {
06           for (int j=0; j<i; j=j+1)
07               printf(" ");
08           for (int k=6-2*i; k>0 ; k=k-1)
09               printf("*");
10           printf("\n");
11       }
12
13       return 0;
14   }
```

執行結果

```
******
 ****
  **


_____
Process exited after 0.1604 seconds with return value 0
請按任意鍵繼續 . . . ▮
```

觀念題 ⑱

( )　給定右側 G() 函式，執行 G(1) 後所輸出
　　的值為何？

(A) 1 2 3

(B) 1 2 3 2 1

(C) 1 2 3 3 2 1

(D) 以上皆非

```
void G (int a){
    printf ("%d ", a);
    if (a>=3)
        return;
    else
        G(a+1);
    printf ("%d ", a);
}
```

解題說明

答案 (B) 1 2 3 2 1

❶ 執行 G(1)：執行 printf ("%d ", a)，先印出 1。接著進入 if (a>=3) 的判斷式，條件不
成立，故執行 G(2)，接著將 G(1) 最後一列的輸出指令 printf ("%d", a)，存入堆疊。

❷ 執行 G(2)：執行 printf ("%d ", a)，先印出 2。接著進入 if (a>=3) 的判斷式，條件不
成立，故執行 G(3)，接著將 G(2) 最後一列的輸出指令 printf ("%d", a)，存入堆疊。

❸ 執行 G(3)：執行 printf ("%d ", a);，先印出 3。接著進入 if (a>=3) 的判斷式，條件成
立，故執行 return。

❹ 回到堆疊中儲存的指令，執行 G(2) 最後一列的輸出指令 printf ("%d ", a)，印出 2。

❺ 回到堆疊中儲存的指令，執行 G(1) 最後一列的輸出指令 printf ("%d ", a)，印出 1。

所以答案為「1 2 3 2 1」。

完整的參考程式碼如下：105 年 10 月觀念題 /ex18.c

```
01  #include <stdio.h>
02
03  void G (int a){
04      printf ("%d ", a);
05      if (a>=3)
06          return;
07      else
08          G(a+1);
09          printf ("%d ", a);
```

```
10        }
11   int main(void)
12   {
13      G(1);
14      return 0;
15   }
```

執行結果

```
1 2 3 2 1
--------------------------------
Process exited after 0.1787 seconds with return value 0
請按任意鍵繼續 . . . ■
```

觀念題 ⑲

（ ）　下列程式碼是自動計算找零程式的一部分，程式碼中三個主要變數分別為 Total（購買總額），Paid（實際支付金額），Change（找零金額）。但是此程式片段有冗餘的程式碼，請找出冗餘程式碼的區塊。

(A) 冗餘程式碼在 A 區

(B) 冗餘程式碼在 B 區

(C) 冗餘程式碼在 C 區

(D) 冗餘程式碼在 D 區

```
int Total, Paid, Change;
 ...
Change = Paid - Total;
printf ("500 : %d pieces\n", (Change-Change%500)/500);
Change = Change % 500;
printf ("100 : %d coins\n", (Change-Change%100)/100);
Change = Change % 100;
// A 區
printf ("50 : %d coins\n", (Change-Change%50)/50);
Change = Change % 50;
// B 區
printf ("10 : %d coins\n", (Change-Change%10)/10);
Change = Change % 10;
```

```
// C 區
printf ("5 : %d coins\n", (Change-Change%5)/5);
Change = Change % 5;
// D 區
printf ("1 : %d coins\n", (Change-Change%1)/1);
Change = Change % 1;
```

解題說明

答案 **(D)** 冗餘程式碼在 **D** 區

```
// D 區
printf ("1 : %d coins\n", (Change-Change%1)/1);
Change = Change % 1;
```

Change 再去除以 1 求取整數這個動作是沒有必要的，因為 Change 已經是 1 元硬幣的個數。

完整的參考程式碼如下：105 年 10 月觀念題 /ex19.c

```
01   #include <stdio.h>
02
03   int main(void)
04   {
05       int Total, Paid, Change;
06       Total=162;
07       Paid=1000;
08       Change = Paid - Total;
09       printf ("500 : %d pieces\n", (Change-Change%500)/500);
10       Change = Change % 500;
11       printf ("100 : %d coins\n", (Change-Change%100)/100);
12       Change = Change % 100;
13       // A 區
14       printf ("50 : %d coins\n", (Change-Change%50)/50);
15       Change = Change % 50;
16       // B 區
17       printf ("10 : %d coins\n", (Change-Change%10)/10);
18       Change = Change % 10;
19       // C 區
20       printf ("5 : %d coins\n", (Change-Change%5)/5);
21       Change = Change % 5;
22
```

```
23        printf ("1 : %d coins\n", Change);
24        return 0;
25   }
```

執行結果

```
500 : 1 pieces
100 : 3 coins
50 : 0 coins
10 : 3 coins
5 : 1 coins
1 : 3 coins

--------------------------------
Process exited after 0.1726 seconds with return value 0
請按任意鍵繼續 . . .
```

觀念題 ⓴

( )　右側程式執行後輸出為何？

(A) 0

(B) 10

(C) 25

(D) 50

```
int G (int B) {
    B = B * B;
    return B;
}
int main () {
    int A=0, m=5;
    A = G(m);
    if (m < 10)
        A = G(m) + A;
    else
        A = G(m);
    printf ("%d \n", A);
    return 0;
}
```

解題說明

答案 **(D) 50**

直接從主程式下手，A=0，m=5

A=G(5)=5*5=25

因為 m=5 符合 if (m < 10) 條件式，故 A=G(5)+A=G(5)+25=5*5+25=50

完整的參考程式碼如下：105 年 10 月觀念題 /ex20.c

```
01  #include <stdio.h>
02
03  int G (int B) {
04      printf (" 自己加入用來追蹤值的 B= %d \n", B);
05      B = B * B;
06      return B;
07  }
08
09  int main(void)
10  {
11      int A=0, m=5;
12      A = G(m);
13      printf (" 自己加入用來追蹤值的 A= %d \n", A);
14      if (m < 10) {
15          A = G(m) + A;
16          printf (" 自己加入用來追蹤值的 A= %d \n", A);
17      }
18      else
19          A = G(m);
20
21      printf (" 原題目要追蹤的最終的 A 值 = %d \n", A);
22      return 0;
23  }
```

執行結果

```
自己加入用來追蹤值的B= 5
自己加入用來追蹤值的A= 25
自己加入用來追蹤值的B= 5
自己加入用來追蹤值的A= 50
原題目要追蹤的最終的A值= 50

----------------------------------
Process exited after 0.1923 seconds with return value 0
請按任意鍵繼續 . . .
```

觀念題 ㉑

( ) 右側 G() 應為一支遞迴函式,已知當 a 固定為 2,不同的變數 x 值會有不同的回傳值如下表所示。請找出 G() 函式中 (a) 處的計算式該為何?

```
int G (int a, int x) {
    if (x == 0)
        return 1;
    else
        return ___(a)__ ;
}
```

a 值	x 值	G(a, x) 回傳值
2	0	1
2	1	6
2	2	36
2	3	216
2	4	1296
2	5	7776

(A) ((2*a)+2) * G(a, x - 1)

(B) (a+5) * G(a-1, x - 1)

(C) ((3*a)-1) * G(a, x - 1)

(D) (a+6) * G(a, x - 1)

解題說明

答案 **(A) ((2*a)+2) * G(a, x - 1)**

本題建議從表格中的 a,x 值逐一帶入選項 (A) 到選項 (D),去驗證所求的 G(a,x) 的值是否和表格中的值相符,就可以推算出答案。

❶ a=2 x=0,所有選項都不會執行到 else 指令,所以每個選項的 G 函數的回傳值都是 1,全部符合表格中的數值 1。

❷ a=2 x=1:

- 選項 (A) ((2*a)+2) * G(a, x - 1)=((2*2)+2)*G(2,0)=6*1=6
- 選項 (B) (a+5) * G(a-1, x - 1) =(2+5)*G(1,1)=7*1=7
- 選項 (C) ((3*a)-1) * G(a, x - 1) =((3*2)-1)*G(2,0)=5*1=5
- 選項 (D) (a+6) * G(a, x - 1)=(2+6)*G(2,0)=8*1=8

完整的參考程式碼如下：105 年 10 月觀念題 /ex21.c

```
01   include <stdio.h>
02
03   int G (int a, int x) {
04       if (x == 0)
05           return 1;
06       else
07           return ((2*a)+2) * G(a, x - 1) ;
08   }
09
10   int main(void)
11   {
12       printf(" 選項 A 的結果 :\n");
13       for(int x=0;x<=5;x++){
14           printf("%d \n",G(2,x));
15       }
16
17       return 0;
18   }
```

執行結果

```
選項A的結果:
1
6
36
216
1296
7776

--------------------------------
Process exited after 0.1524 seconds with return value 0
請按任意鍵繼續 . . .
```

觀念題 ㉒

( )　如果 X_n 代表 X 這個數字是 n 進位，請問 $D02A_{16}$ + 5487_{10} 等於多少？

(A) 1100 0101 1001 1001_2

(B) 162631_8

(C) 58787_{16}

(D) $F599_{16}$

解題說明

答案 **(B) 162631₈**

本題純綷是各種進位間的轉換問題，建議把題目及各答案都轉換成十進位，就可以比較出哪一個答案才是正確。

$D02A_{16} + 5487_{10} = (13 \times 16^3 + 2 \times 16 + 10) + 5487 = 58777$

(A) $1100\ 0101\ 1001\ 1001_2 = C599_{16} = 12 \times 16^3 + 5 \times 16^2 + 9 \times 16 + 9 = 50585$

(B) $162631_8 = 1 \times 8^5 + 6 \times 8^4 + 2 \times 8^3 + 6 \times 8^2 + 3 \times 8 + 1 = 58777$

(C) $58787_{16} = 5 \times 16^4 + 8 \times 16^3 + 7 \times 16^2 + 8 \times 16 + 7 = 362375$

(D) $F599_{16} = 15 \times 16^3 + 5 \times 16^2 + 9 \times 16 + 9 = 62873$

觀念題 ㉓

( )　請問右側程式，執行完後輸出為何？

(A) 241785163929258349412352 7

(B) 68921 43

(C) 65537 65539

(D) 134217728 6

```c
int i=2, x=3;
int N=65536;
while (i <= N) {
    i = i * i * i;
    x = x + 1;
}
printf ("%d %d \n", i, x);
```

解題說明

答案 **(D) 134217728 6**

演算過程如下：

初始值：i=2　x=3

接著進入迴圈，迴圈的離開條件是判斷 i 是否小於 N(65536)，各變數內容變化如下：

❶ i=i*i*i 將 i=2 帶入，得到 i=8

　x=x+1 將 x=3 帶入，得到 x=4

❷ i=i*i*i 將 i=8 帶入，得到 i=512

　x=x+1 將 x=4 帶入，得到 x=5

❸ i=i*i*i 將 i=512 帶入，得到 i=134217728

=x+1 將 x=5 帶入，得到 x=6

完整的參考程式碼如下：105 年 10 月觀念題 /ex23.c

```
01    #include <stdio.h>
02
03    int main(void)
04    {
05        int i=2, x=3;
06        int N=65536;
07        while (i <= N) {
08            printf ("過程中變化 %d %d \n", i, x);
09            i = i * i * i;
10            x = x + 1;
11        }
12        printf ("%d %d \n", i, x);
13
14        return 0;
15    }
```

執行結果

```
過程中變化 2 3
過程中變化 8 4
過程中變化 512 5
134217728 6

------------------------------------
Process exited after 0.1692 seconds with return value 0
請按任意鍵繼續 . . .
```

觀念題 24

( ) 右側 G() 為遞迴函式，G(3,7) 執行後
回傳值為何？

(A) 128

(B) 2187

(C) 6561

(D) 1024

```
int G (int a, int x) {
    if (x == 0)
        return 1;
    else
        return (a * G(a, x - 1));
}
```

解題說明

答案 (B) 2187

```
G(3,7)
=3*G(3,6)
=3*3*G(3,5)
=3*3*3*G(3,4)
=3*3*3*3*G(3,3)
=3*3*3*3*3*G(3,2)
=3*3*3*3*3*3*G(3,1)
=3*3*3*3*3*3*3*G(3,0)
=3*3*3*3*3*3*3*1
=2187
```

完整的參考程式碼如下:105 年 10 月觀念題 /ex24.c

```c
01   #include <stdio.h>
02   int G (int a, int x) {
03       if (x == 0)
04           return 1;
05       else
06           return (a * G(a, x - 1));
07   }
08
09   int main(void)
10   {
11       printf ("%d \n", G(3,7));
12       return 0;
13   }
```

執行結果

```
2187
------------------------------------
Process exited after 0.147 seconds with return value 0
請按任意鍵繼續 . . .
```

觀念題 ㉕

( )　右側函式若以 search (1, 10, 3) 呼叫時，search 函式總共會被執行幾次？

(A) 2

(B) 3

(C) 4

(D) 5

```
void search (int x, int y, int z) {
    if (x < y) {
        t = ceiling ((x + y)/2);
        if (z >= t)
            search(t, y, z);
        else
            search(x, t - 1, z);
    }
}
註：ceiling() 為無條件進位至整數位。例如
ceiling(3.1)=4, ceiling(3.9)=4。
```

解題說明

答案 (C) 4

遇到這類遞迴函數的問題，一定要先找到該遞迴函數的出口條件，以本例 search 函數為例，當「x>=y」時，就不會執行遞迴函數的呼叫，因此，當 x 值大於或等於 y 值時，就會結束遞迴。此題要各位以 search (1, 10, 3) 呼叫 search 函數，並問各位這樣的呼叫過程 search 函數總共會被執行幾次。

完整的執行過程如下：

❶ 第 1 次執行 search(1,10,3) 函數，此處「x=1 y=10 z=3」，

因為此處 x<y，所以 t=ceiling((1+10)/2)=6

因為 z<t，所以執行 search(x,t-1,z)，即執行 search(1,5,3)。

❷ 第 2 次執行 search(1,5,3) 函數，此處「x=1 y=5 z=3」，

因為此處 x<y，所以 t=ceiling((1+5)/2)=3

因為 z=t，所以執行 search(t,y,z)，即執行 search(3,5,3)。

❸ 第 3 次執行 search(3,5,3) 函數，此處「x=3 y=5 z=3」，

因為此處 x<y，所以 t=ceiling((3+5)/2)=4

因為 z<t，所以執行 search(x,t-1,z)，即執行 search(3,4-1,3)= search (3,3,3)。

❹ 第 4 次執行 search(3,3,3) 函數，此處「x=3 y=3 z=3」，

因為此處 x==y，符合 search() 函數的出口條件，因此結束此函數的執行。

綜合上述，當以以 search (1, 10, 3) 呼叫時，search() 函數共會被執行 4 次。

10-2 ▶ 實作題

第 ❶ 題：三角形辨別

1.1 測驗試題

問題描述

三角形除了是最基本的多邊形外，亦可進一步細分為鈍角三角形、直角三角形及銳角三角形。若給定三個線段的長度，透過下列公式的運算，即可得知此三線段能否構成三角形，亦可判斷是直角、銳攪和鈍角三角形。

提示：若 a、b、c 為三個線段的邊長，且 c 為最大值，則

若 $a + b \leq c$　　　　　　，三線段無法構成三角形

若 $a \times a + b \times b < c \times c$，三線段構成鈍角三角形（Obtuse triangle）

若 $a \times a + b \times b = c \times c$，三線段構成直角三角形（Right triangle）

若 $a \times a + b \times b > c \times c$，三線段構成銳角三角形（Acute triangle）

請設計程式以讀入三個線段的長度判斷並輸出此三線段可否構成三角形？若可，判斷並輸出其所屬三角形類型。

輸入格式

輸入僅一行包含三正整數，三正整數皆小於 30,001，兩數之間有一空白。

輸出格式

輸出共有兩行，第一行由小而大印出此三正整數，兩數字之間以一個空白間格，最後一個數字後不應有空白；第二行輸出三角形的類型：

若無法構成三角形時輸出「No」；

若構成鈍角三角形時輸出「Obtuse」；

若直角三角形時輸出「Right」；

若銳角三角形時輸出「Acute」。

範例一：輸入	範例二：輸入	範例三：輸入
3 4 5	101 100 99	10 100 10
範例一：正確輸出	範例二：正確輸出	範例三：正確輸出
3 4 5 Right	99 100 101 Acute	10 10 100 No
【說明】a×a+b×b=c×c 成立時為直角三角形。	【說明】邊長排序由小到大輸出，a×a+b×b>c×c 成立時為銳角三角形。	【說明】由於無法構成三角形，因此第二行須印出「No」。

評分說明

輸入包含若干筆測試資料，每一筆測試資料的執行時間限制 (time limit) 均為 1 秒，依正確通過測資筆數給分。

解題重點分析

輸入三個邊長，並將這三邊長由小到大排序。

```
printf(" 請輸入三邊長： 例如： 3 4 5 \n");
scanf(" %d %d %d",&side[0],&side[1],&side[2]);

/* 三邊長由小到大排序 */
sort(side,3);
```

要判斷這三個邊長能否構成一個三角形？構成三角形的條件：三角形任二邊長和大於第三邊，所以只要最小的兩邊和小於第三邊，就可以提前離開。至於如何判斷是直角、銳角或鈍角是以底下的式子來判斷：

如果 $a^2+b^2<c^2$ 是銳角三角形。

如果 $a^2+b^2=c^2$ 是直角三角形。

如果 $a^2+b^2<c^2$ 是鈍角三角形。

參考解答程式碼：三角形辨別 .c

```
01   #include <stdio.h>
02   #include <math.h>
03
04   void sort(int *a, int l) {
05       int i, j;
06       int v;
07       // 開始排序
08       for(i = 0; i < l - 1; i ++)
09           for(j = i+1; j < l; j ++)
10           {
11               if(a[i] > a[j])
12               {
13                   v = a[i];
14                   a[i] = a[j];
15                   a[j] = v;
16               }
17           }
18   }
19
20   int main(void) {
21       int side[3];
22
23       printf(" 請輸入三邊長：例如：3 4 5 \n");
24       scanf(" %d %d %d",&side[0],&side[1],&side[2]);
25
26       /* 三邊長由小到大排序 */
27       sort(side,3);
28       /* 輸出由小到大排序的三邊長 */
29       printf("%d %d %d\n",side[0],side[1],side[2]);
30
31       if(side[0]+side[1]<=side[2])     // 無法形成三角形
32       {
33           printf("No");
34           return 0;
35       }
36
37       if(pow(side[0],2)+pow(side[1],2)<pow(side[2],2))
38           printf("Obtuse");
39       else
40           if(pow(side[0],2)+pow(side[1],2)!=pow(side[2],2))
41               printf("Acute");
42           else
43               printf("Right");
44
45       return 0;
46   }
```

範例一執行結果

```
請輸入三角形三邊長:
3 4 5
3 4 5
Right
-----------------------------------
Process exited after 16.37 seconds with return value 0
請按任意鍵繼續 . . .
```

範例二執行結果

```
請輸入三角形三邊長:
101 100 99
99 100 101
Acute
-----------------------------------
Process exited after 4.436 seconds with return value 0
請按任意鍵繼續 . . .
```

範例三執行結果

```
請輸入三角形三邊長:
10 100 10
10 10 100
No
-----------------------------------
Process exited after 3.096 seconds with return value 0
請按任意鍵繼續 . . .
```

程式碼說明

- 第 23~24 列：輸入三角形三邊長。

- 第 27 列：較三邊以 a,b,c 由小到大排序。

- 第 31~35 列：如果最小的兩邊和小於第三邊則無法形成三角形。

- 第 37~43 列：判斷三角形的類型。

第 ❷ 題：最大和

問題描述

給定 N 群數字，每群都恰有 M 個正整數。若從每群數字中各選擇一個數字（假設第 i 群所選出數字為 t_i），將所選出的 N 個數字加總即可得總和 $S=t_1+t_2+\cdots+t_N$。請寫程式計算 S 的最大值（最大總和），並判斷各群所選出的數字是否可以整除 S。

輸入格式

第一行有二個正整數 N 和 M，$1 \leqq N \leqq 20$，$1 \leqq M \leqq 20$。

接下來的 N 行，每一行各有 M 個正整數 x_i，代表一群整數，數字與數字間有一個空格，且 $1 \leqq i \leqq M$，以及 $1 \leqq x_i \leqq 256$。

輸出格式

第一行輸出最大總和 S。

第二行按照被選擇數字所屬群的順序，輸出可以整除 S 的被選擇數字，數字與數字間以一個空格隔開，最後一個數字後無空白；若 N 個被選擇數字都不能整除 S，就輸出 -1。

範例一：輸入	範例二：輸入
3 2	4 3
1 5	6 3 2
6 4	2 7 9
1 1	4 7 1
	9 5 3
範例一：正確輸出	範例二：正確輸出
12	31
6 1	-1
【說明】挑選的數字依序是 5, 6, 1，總和 S=12。而此三數中可整除 S 的是 6 與 1，6 在第二群，1 在第 3 群所以先輸出 6 再輸出 1。注意，1 雖然也出現在第一群，但她不是第一群中挑出的數字，所以順序是先 6 後 1。	【說明】挑選的數字依序是 6,9,7,9，總和 S=31。而此四數中沒有可整除 S 的，所以第二行輸出 -1。

評分說明

輸入包含若干筆測試資料，每一筆測試資料的執行時間限制（time limit）均為 1 秒，依正確通過測資筆數給分。其中：

66 1 子題組 20 分：1 ≦ N ≦ 20，M = 1。

67 2 子題組 30 分：1 ≦ N ≦ 20，M = 2。

68 3 子題組 50 分：1 ≦ N ≦ 20，1 ≦ M ≦ 20。

解題重點分析

首先開啟檔案，並從檔案中第一行讀取變數 N 及 M 的數值，其中為給定 N 群數字，每群都恰有 M 個正整數。接下來由檔案中讀取 N 群數字。

```
fp=fopen(testdata,"r");
fscanf(fp,"%d %d", &N, &M);

int i,j;
for (i=0;i<N;i++)
    for (j=0;j<M;j++)
        fscanf(fp,"%d", &number[i][j]);
```

資料讀取完畢後，利用一個一維陣列 BIG[] 來紀錄 N 群數字中每群數字中的最大數字，然後將各群數字的最大值進行加總，即最大總和，並將其輸出。

```
for (i=0;i<N;i++){
    BIG[i]=number[i][0];
    for (j=1;j<M;j++){
        if (number[i][j]>BIG[i])
            BIG[i]=number[i][j];
    }
}

int sum=0;
for (i=0;i<N;i++)   // 求和
    sum=sum+BIG[i];
printf("%d \n",sum);
```

接著使用迴圈依序判斷該最大總和能被那些群體的最大數字整除，並將這些可以整除 S 的被選擇數字，數字與數字間以一個空格隔開，最後一個數字後無空白。如果若 N 個被選擇數字都不能整除 S，就輸出 -1。

```c
// 找各群組中最大值能整除 sum 的數字
char flag='N';
for (i=0;i<N;i++){
    if(sum % BIG[i]==0){
        flag='Y';
        printf("%d ",BIG[i]);
    }
}
if (flag=='N')  // 如果找不到整除者，則輸出 -1
    printf("-1 \n");
```

參考解答程式碼：最大和 .c

```c
01   #include <stdio.h>
02   #define testdata "data1.txt"
03
04   int main(void) {
05       FILE *fp;
06       int number[20][20];
07       int BIG[20];
08       int N; //N 群數字
09       int M; // 每群有 M 個正整數
10
11       fp=fopen(testdata,"r");
12       fscanf(fp,"%d %d", &N, &M);
13
14       int i,j;
15       for (i=0;i<N;i++)
16           for (j=0;j<M;j++)
17               fscanf(fp,"%d", &number[i][j]);
18
19       for (i=0;i<N;i++){
20           BIG[i]=number[i][0];
21           for (j=1;j<M;j++){
22               if (number[i][j]>BIG[i])
23               BIG[i]=number[i][j];
24           }
25       }
```

```
26
27        int sum=0;
28        for (i=0;i<N;i++)    // 求各群組整數中最大值的總和
29            sum=sum+BIG[i];
30
31        printf("%d \n",sum);
32        // 找各群組中最大值能整除 sum 的數字
33        char flag='N';
34        for (i=0;i<N;i++){
35            if(sum % BIG[i]==0){
36                flag='Y';
37                    printf("%d ",BIG[i]);
38            }
39        }
40        if (flag=='N')  // 如果找不到整除者，則輸出 -1
41            printf("-1 \n");
42
43        return 0;
44  }
```

範例一輸入

```
3 2
1 5
6 4
1 1
```

範例一正確輸出

```
12
6 1
-------------------------------------
Process exited after 0.2402 seconds with return value 0
請按任意鍵繼續 . . .
```

範例二輸入

```
4 3
6 3 2
2 7 9
4 7 1
9 5 3
```

範例二正確輸出

```
31
-1

_____
Process exited after 0.21 seconds with return value 0
請按任意鍵繼續 . . .
```

程式碼說明

- 第 11~12 列：從檔案中讀取變數 N 及 M 的值。

- 第 15~17 列：檔案中讀取 N 群數字。

- 第 19~25 列：找出每個字群的取大數字並存入 BIG 陣列中。

- 第 27~29 列：求取各群最大字的總和。

- 第 33~39 列：使用迴圈依序判斷該最大總和能被那些群體的最大數字整除。

- 第 40~41 列：如果找不到整除者，則輸出 -1。

第 ❸ 題：定時 K 彈

3.1 測驗試題

問題描述

「定時 K 彈」是一個團康遊戲，N 個人圍成一個圈，由 1 號依序到 N 號，從 1 號開始依序傳遞一枚玩具炸彈，炸彈每次到第 M 個人就會爆炸，此人即淘汰，被淘汰的人要離開圓圈，然後炸彈再從該淘汰者的下一個開始傳遞。遊戲之所以稱 K 彈是因為這枚炸彈只會爆炸 K 次，在第 K 次爆炸後，遊戲即停止，而此時在第 K 個淘汰者的下一位遊戲者被稱為幸運者，通常就會被要求表演節目。例如 N=5，M=2，如果 K=2，炸彈會爆炸兩次，被爆炸淘汰的順序依序是 2 與 4（參見下圖），這時 5 號就是幸運者。如果 K=3，剛才的遊戲會繼續，第三個淘汰的是 1 號，所以幸運者是 3 號。如果 K=4，下一輪淘汰 5 號，所以 3 號是幸運者。給定 N、M 與 K，請寫程式計算出誰是幸運者。

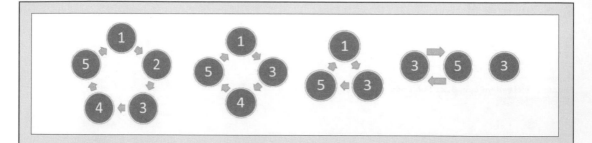

輸入格式

輸入只有一行包含三個正整數，依序為 N、M 與 K，兩數中間有一個空格分開。其中 1 ≤ K<N。

輸出格式

請輸出幸運者的號碼，結尾有換行符號。

範例一：輸入	範例二：輸入
5 2 4	8 3 6
範例一：正確輸出	範例二：正確輸出
3	4
【說明】被淘汰的順序是 2、4、1、5，此時 5 的下一位是 3，也是最後剩下的，所以幸運者是 3。	【說明】被淘汰的順序是 3、6、1、5、2、8，此時 8 的下一位是 4，所以幸運者是 4。

評分說明

輸入包含若干筆測試資料，每一筆測試資料的執行時間限制（time limit）均為 1 秒，依正確通過測資筆數給分。其中：

第 1 子題組 20 分，1 ≤ N ≤ 100，且 1 ≤ M ≤ 10，K= N-1。

第 2 子題組 30 分，1 ≤ N ≤ 10,000，且 1 ≤ M ≤ 1,000,000，K=N-1。

第 3 子題組 20 分，1 ≤ N ≤ 200,000，且 1 ≤ M ≤ 1,000,000，K=N-1。

第 4 子題組 30 分，1 ≤ N ≤ 200,000，且 1 ≤ M ≤ 1,000,000，1 ≤K < N。

解題重點分析

本題較佳的作法是利用資料結構環狀串列來實作，因為這個例子會涉及大量的資料刪除的動作，所以較不適合以陣列方式來實作。另外，本例子也會運用到 C 語言的結構技巧及環狀串列的作法。相關說明如下：

結構能允許形成一種衍生資料型態（derived data type），它以 C 現有的資料型態作為基礎，允許使用者建立自訂資料型態。因此結構宣告後，只是告知編譯器產生一種新的資料型態，接著還必須宣告結構變數，才可以開始使用結構來存取其成員。例如本例的結構 node 是由兩個長整數所組成，其中 data 欄位是用來儲存該節的資料，另一個 next 欄位則是指標欄位，用來指向下一筆資料節點：

```
struct node {
    unsigned long no;
    unsigned long next;
};
typedef struct node player;
player person[200000];
```

下段程式碼就是建立本程式建立環狀串列的作法：

```
// 建立環狀鏈結串列
for (i=0 ;i<N-1;i++){
    person[i].no=i+1;
    person[i].next=i+1;
}
person[N-1].no=N;
person[N-1].next=0; // 串列尾指向串列頭形成一個環狀鏈結串列
```

至於如何從環狀串列刪除指定的作法，可以參考底下的程式碼，其關鍵作法就是將要刪除的節點的前一個位置的指標指向目前要刪除節點的指標欄所指向的節點，如此一來，就可以將環狀串列中被刪除節點的前後節點串連起來，相關程式碼如下：

```
bomb=0;   // 紀錄爆炸次數的變數，並事先歸零
while(bomb<K){
    count=count+1; // 計數器
    if (count==M){
        // 從環狀串列中刪除這個號碼的位置
        person[pre].next=person[current].next;
```

```
        count=0;    // 計數器歸零
        N=N-1;          // 剩下玩遊戲的人的總數少 1
        bomb++;// 爆炸次數累加 1
    }
    pre=current;
    current=person[current].next;
}
```

參考解答程式碼：定時 K 彈 .c

```
01  #include <stdio.h>
02
03  struct node {
04      unsigned long no;
05      unsigned long next;
06  };
07
08  typedef struct node player;
09  player person[200000];
10
11  int main(void) {
12      unsigned long N;  //N 個人玩遊戲
13      unsigned long M;  // 傳到第 M 個人就會爆炸
14      unsigned long K;  // 炸彈只會爆炸 K 次
15      unsigned long bomb;  // 用來累計爆炸次數的變數
16      int i;
17
18
19      printf(" 請輸入 n m k 三變數的值，中間以空白隔開： \n");
20      scanf("%d %d %d", &N, &M, &K);
21      // 建立環狀鏈結串列
22      for (i=0 ;i<N-1;i++){
23          person[i].no=i+1;
24          person[i].next=i+1;
25      }
26      person[N-1].no=N;
27      person[N-1].next=0;  // 串列尾指向串列頭形成一個環狀鏈結串列
28
29      unsigned long count=0;  // 記錄炸彈傳到第幾人的計數器
30      unsigned long current=0;  // 目前炸彈傳到哪一位玩家的索引值
31      unsigned long pre=0;  // 前一位拿炸彈玩家的索引值
32      bomb=0;   // 紀錄爆炸次數的變數，並事先歸零
33      while(bomb<K){
34          count=count+1;          // 計數器
35          if (count==M){
36              // 從環狀串列中刪除這個號碼的位置
```

```
37              person[pre].next=person[current].next;
38              count=0;  // 計數器歸零
39              N=N-1;    // 剩下玩遊戲的人的總數少 1
40              bomb++;   // 爆炸次數累加 1
41          }
42          pre=current;
43          current=person[current].next;
44      }
45      printf("%d\n",person[current].no);
46      return 0;
47  }
```

範例一執行結果

```
請輸入n m k三變數的值,中間以空白隔開:
5 2 4
3

----------------------------------
Process exited after 6.829 seconds with return value 0
請按任意鍵繼續 . . .
```

被淘汰的順序是 2、4、1、5，此時 5 的下一位是 3，也是最後剩下的，所以幸運者是 3。

範例二執行結果

```
請輸入n m k三變數的值,中間以空白隔開:
8 3 6
4

----------------------------------
Process exited after 5.59 seconds with return value 0
請按任意鍵繼續 . . . ▮
```

被淘汰的順序是 3、6、1、5、2、8，此時 8 的下一位是 4，所以幸運者是 4。

程式碼說明

- 第 3~6 列：以結構資料型態來進行環狀鏈結串列的節點宣告。

- 第 22~27 列：建立環狀鏈結串列，串列尾指向串列頭形成一個環狀鏈結串列。

- 第 32 列：紀錄爆炸次數的變數，並事先歸零。

- 第 33~44 列：當計數器累加到變數 M 次後，就從環狀串列中刪除目前這個號碼的位置，接著進行計數器歸零，並將剩下玩遊戲的人的總數少 1，再將爆炸次數累加 1。

- 第 45 列：輸出幸運者的號碼，結尾有換行符號。

第 ❹ 題：棒球遊戲

問題描述

謙謙最近迷上棒球，他想自己寫一個簡化的棒球遊戲計分程式。這個程式會讀入球隊中每位球員的打擊結果，然後計算出球隊的得分。

這是個簡化版的模擬，假設擊球員的打擊結果只有以下情況：

(1) 安打：以 1B, 2B, 3B 和 HR 分別代表一壘打、二壘打、三壘打和全（四）壘打。

(2) 出局：以 FO, GO, 和 SO 表示。

這個簡化版的規則如下：

(1) 球場上有四個壘包，稱為本壘、一壘、二壘和三壘。

(2) 站在本壘握著球棒打球的稱為「擊球員」，站在另外三個壘包的稱為「跑壘員」。

(3) 當擊球員的打擊結果為「安打」時，場上球員（擊球員與跑壘員）可以移動；結果為「出局」時，跑壘員不動，擊球員離場，換下一位擊球員。

(4) 球隊總共有九位球員，依序排列。比賽開始由第 1 位開始打擊，當第 i 位球員打擊完畢後，由第（i+1）位球員擔任擊球員。當第九位球員完畢後，則輪回第一位球員。

(5) 當打出 K 壘打時，場上球員（擊球員和跑壘員）會前進 K 個壘包。從本壘前進一個壘包會移動到一壘，接著是二壘、三壘，最後回到本壘。

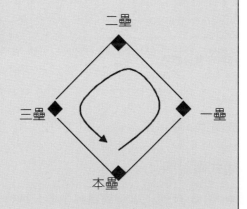

(6) 每位球員回到本壘時可得 1 分。

(7) 每達到三個出局數時，一、二和三壘就會清空（跑壘員都得離開），重新開始。

請寫出具備這樣功能的程式，計算球隊的總得分。

輸入格式

1. 每組測試資料固定有十行。

2. 第一到九行，依照球員順序，每一行代表一位球員的打擊資訊。每一行開始有一個正整數 $a(1 \le a \le 5)$，代表球員總共打了 a 次。接下來有 a 個字串（均為兩個字元），依序代表每次打擊的結果。資料之間均以一個空白字元隔開。球員的打擊資訊不會有錯誤也不會缺漏。

3. 第十行有一個正整數 $b(1 \le b \le 27)$，表示我們想要計算當總出局數累計到 b 時，該球隊的得分。輸入的打擊資訊中至少包含 b 個出局。

輸出格式

計算在總計第 b 個出局數發生時的總得分，並將此得分輸出於一行。

範例一：輸入	範例二：輸入
5 1B 1B FO GO 1B 5 1B 2B FO FO SO 4 SO HR SO 1B 4 FO FO FO HR 4 1B 1D 1B 1B 4 GO GO 3B GO 4 1B GO GO SO 4 SO GO 2B 2B 4 3B GO GO FO 3	5 1B 1B FO GO 1B 5 1B 2B FO FO SO 4 SO HR SO 1B 4 FO FO FO HR 4 1B 1B 1B 1B 4 GO GO 3B GO 4 1B GO GO SO 4 SO GO 2B 2B 4 3B GO GO FO 6
範例一：正確輸出	範例二：正確輸出
0	5
【說明】 1B：一壘有跑壘員。 1B：一、二壘有跑壘員。 SO：一、二壘有跑壘員，一出局。 FO：一、二壘有跑壘員，兩出局。 1B：一、二、三壘有跑壘員，兩出局。 GO：一、二、三壘有跑壘員，三出局。 達到第三個出局數時，一、二、三壘均有跑壘員，但無法得分。因為 b=3，代表三個出局就結束比賽，因此得到 0 分。	【說明】接續範例一，達到第三個出局數時未得分，壘上清空。 1B：一壘有跑壘員。 SO：一壘有跑壘員，一出局。 3B：三壘有跑壘員，一出局，得一分。 1B：一壘有跑壘員，一出局，得兩分。 2B：二、三壘有跑壘員，一出局，得兩分。 HR：一出局，得五分。 FO：兩出局，得五分。 1B：一壘有跑壘員，兩出局，得五分。 GO：一壘有跑壘員，三出局，得五分。 因為 b=6，代表要計算的是累積六個出局時的得分，因此在前 3 個出局數時得 0 分，第 4~6 個出局數得到 5 分，因此總得分是 0+5=5 分。

評分說明

輸入包含若干筆測試資料，每一筆測試資料的執行時間限制（time limit）均為 1 秒，依正確通過測資筆數給分。其中：

第 1 子題組 20 分，打擊表現只有 HR 和 SO 兩種。

第 2 子題組 20 分，安打表現只有 1B，而且 b 固定為 3。

第 3 子題組 20 分，b 固定為 3。

第 4 子題組 40 分，無特別限制。

解題重點分析

本題目因為測試資料要輸入的過程較繁雜，所以可以先記事本將要測試的資料加以暫存，再以檔案的方式來讀取。題目提到每組測試資料固定有十行，第一到第九行，依照球員順序，每一行代表一位球員的打擊資訊。前面九行中的每一行有一個正整數 a，代表球員總共打了 a 次，接下來有 a 個字串（均為兩個字元），依序代表每次打擊的結果。資料之間均以一個空白字元隔開。各球員的打擊結果可以使用 str[2] 的字元陣列來加以紀錄，同時我們也使用一個 strike[] 的整數陣列來記錄每一次的打擊資訊。如果打擊結果的字串 "FO","GO","SO" 三者之一，表示為出局則在該打次的 strike[] 陣列值記錄為 0 ，如果 1 壘安打則記錄為 1，如果 2 壘安打則記錄為 2，如果 3 壘安打則記錄為 3，如果都不是上述情況，表示為 HR，即全壘打則記錄為 4。相關程式碼如下：

```
for(int j=0;j<a;++j)
{
    /*
    接下來有 a 個字串（均為兩個字元），
    依序代表每次打擊的結果。
    資料之間均以一個空白字元隔開。
     */
    char str[2];// 記錄每次打擊的結果
    fscanf(fp,"%s",str);
    if(strcmp("FO",str)==0 |strcmp("GO",str)==0|strcmp("SO",str)==0)
        // 如果打擊結果的字串 "FO","GO","SO" 三者之一，表示出局，則記錄為 0
        strike[j*9+i]=0;
    else if (strcmp("1B",str)==0) // 如果 1 壘安打，則記錄為 1
        strike[j*9+i]=1;
```

```
    else if (strcmp("2B",str)==0) // 如果 2 壘安打，則記錄為 2
        strike[j*9+i]=2;
    else if (strcmp("3B",str)==0) // 如果 3 壘安打，則記錄為 3
        strike[j*9+i]=3;
    else // 如果都不是上述情況，表示為 HR，即全壘打，則記錄為 4
        strike[j*9+i]=4;
}
```

有關本範例的相關變數的意義說明如下：

```
int strike[100]; // 記錄打擊結果
int base[3]={0};// 用來記錄各壘包是否有人的狀態
int i;
int a; // 代表球員總共打了幾次
```

參考解答程式碼：棒球遊戲 .c

```
01  #include <stdio.h>
02  #include <string.h>
03  #define testdata "data2.txt"
04  #define NUM  9
05
06  int main()
07  {
08      FILE *fp; // 宣告檔案指標
09      fp=fopen(testdata,"r"); // 開啟唯讀檔案
10      // 記錄打擊資訊
11      int strike[100]; // 記錄打擊結果
12      int base[3]={0};// 用來記錄各壘包是否有人的狀態
13      int i;
14      int a; // 代表球員總共打了幾次
15
16      for(i=0;i<NUM;++i) // 讀取所有球員的打擊資訊
17      {
18          fscanf(fp," %d",&a); // 每一行開始有一個正整數 a，代表球員總共打了 a 次
19          for(int j=0;j<a;++j)
20          {
21              /*
22              接下來有 a 個字串（均為兩個字元），
23              依序代表每次打擊的結果。
24              資料之間均以一個空白字元隔開。
25              */
26              char str[2];// 記錄每次打擊的結果
27              fscanf(fp,"%s",str);
```

```
28          if(strcmp("FO",str)==0 |strcmp("GO",str)==0|strcmp("SO"
                    ,str)==0)
29        // 如果打擊結果的字串 "FO","GO","SO" 三者之一，表示出局，則記錄為 0
30              strike[j*9+i]=0;
31          else if (strcmp("1B",str)==0) // 如果 1 壘安打，則記錄為 1
32              strike[j*9+i]=1;
33          else if (strcmp("2B",str)==0)  // 如果 2 壘安打，則記錄為 2
34              strike[j*9+i]=2;
35          else if (strcmp("3B",str)==0)  // 如果 3 壘安打，則記錄為 3
36              strike[j*9+i]=3;
37          else // 如果都不是上述情況，表示為 HR，即全壘打，則記錄為 4
38              strike[j*9+i]=4;
39        }
40     }
41
42     int out=0; // 用來記錄目前此局的出局數
43     int points=0; // 目前得分
44     int index=0; // 讀取到第幾筆資料
45     int b=0; // 總出局數
46     int count=0; // 目前整場比賽已達多少個出局數
47
48     fscanf(fp,"%d",&b); // 從檔案讀取總出局數
49     while(count<b)  // 當目前出局數小於整場比賽的總出局數時
50     {
51        switch(strike[index])
52        {
53           case 4: // 全壘打
54               for(int k=0;k<3;++k)
55               {
56                   // 如果壘上有人得分，並清空壘包
57                   if(base[k]==1)
58                   {
59                       points+=1;
60                       base[k]=0;
61                   }
62               }
63               points+=1;   // 打擊者加一分
64               break;
65           case 1: // 如果是一壘打
66               // 如果三壘有人加一分，各壘往前推進
67               if(base[2]==1) points+=1;
68               base[2]=base[1]; // 二壘推進到三壘
69               base[1]=base[0]; // 一壘推進到二壘
70               base[0]=1; // 打擊者上 1 壘
71               break;
72           case 2: // 如果是二壘打
73               // 如果三壘及二壘有人，各加一分
```

```
74                     if(base[2]==1) points+=1;
75                     if(base[1]==1) points+=1;
76                     base[2]=base[0]; // 一壘推進到三壘
77                     base[0]=0; // 一壘清空
78                     base[1]=1; // 打擊者上二壘
79                     break;
80               case 3: // 如果是三壘打
81                     // 如果壘上有人各加 1 分
82                     if(base[2]==1) points+=1;
83                     if(base[1]==1) points+=1;
84                     if(base[0]==1) points+=1;
85                     base[1]=0; // 二壘清空
86                     base[0]=0; // 一壘清空
87                     base[2]=1; // 打擊者上三壘
88                     break;
89               default:   // 如果是出局
90                     out+=1; // 將目前此局的出局數累加 1
91                     if(out==3) // 如果三出局,清空壘包
92                     {
93                          out=0; // 將目前此局的出局數歸零, 換下一局的打擊
94                          base[0]=0; // 一壘清空
95                          base[1]=0; // 二壘清空
96                          base[2]=0; // 二壘清空
97                     }
98                     count+=1;   // 整場比賽的總出局數累加 1
99                     break;
100         } //switch 指令結束
101         index+=1; // 讀取筆數累加 1 ,接下來準備讀取下一筆資料
102     }
103     printf("%d",points);
104     return 0;
105 }
```

範例一輸入

```
5  1B  1B  FO  GO  1B
5  1B  2B  FO  FO  SO
4  SO  HR  SO  1B
4  FO  FO  FO  HR
4  1B  1B  1B  1B
4  GO  GO  3B  GO
4  1B  GO  GO  SO
4  SO  GO  2B  2B
4  3B  GO  GO  FO
3
```

範例一正確輸出

```
0
------------------------------------
Process exited after 0.162 seconds with return value 0
請按任意鍵繼續 . . .
```

達到第三個出局數時，一、二、三壘均有跑壘員，但無法得分。因為 b=3，代表三個出局就結束比賽，因此得到 0 分。

範例二輸入

```
5 1B 1B FO GO 1B
5 1B 2B FO FO SO
4 SO HR SO 1B
4 FO FO FO HR
4 1B 1B 1B 1B
4 GO GO 3B GO
4 1B GO GO SO
4 SO GO 2B 2B
4 3B GO GO FO
6
```

範例二正確輸出

```
5
------------------------------------
Process exited after 0.1305 seconds with return value 0
請按任意鍵繼續 . . . ▄
```

接續範例一，達到第三個出局數時未得分，壘上清空。

1B：一壘有跑壘員。

SO：一壘有跑壘員，一出局。

3B：三壘有跑壘員，一出局，得一分。

1B：一壘有跑壘員，一出局，得兩分。

2B：二、三壘有跑壘員，一出局，得兩分。

HR：一出局，得五分。

FO：兩出局，得五分。

1B：一壘有跑壘員，兩出局，得五分。

GO：一壘有跑壘員，三出局，得五分。

因為 b = 6，代表要計算的是累積六個出局時的得分，因此在前 3 個出局數時得 0 分，第 4~6 個出局數得到 5 分，因此總得分是 0+5=5 分。

程式碼說明

- 第 8 列：宣告檔案指標。

- 第 9 列：開啟唯讀檔案。

- 第 11 列：宣告記錄打擊資訊的整數陣列，如果出局則記錄為 0，如果 1 壘安打則記錄為 1。如果 2 壘安打則記錄為 2。如果 3 壘安打則記錄為 3。如果全壘打則記錄為 4。

- 第 16~40 列：從檔案中讀取第一列到第九列的，並根據所讀入的球員的打擊資訊所提供的字串進行判斷，再分別視球員的打擊情況轉換成記錄打擊資訊的 strike[] 所對應打序的陣列值。如果打擊結果的字串 "FO","GO","SO" 三者之一，表示為出局，則在該打次的 strike[] 陣列值記錄為 0 ，如果 1 壘安打則記錄為 1，如果 2 壘安打則記錄為 2，如果 3 壘安打則記錄為 3，如果都不是上述情況，表示為 HR，即全壘打則記錄為 4。

- 第 42 列：用來記錄目前此局的出局數。

- 第 43 列：目前得分。

- 第 44 列：讀取到第幾筆資料。

- 第 46 列：目前整場比賽已達多少個出局數。

- 第 48 列：讀取檔案的最後一行，有一個正整數，表示我們想要計算當總出局數累計到達這個數字時，該球隊的得分。

- 第 49~102 列：為本程式的核心處理工作，程式會依序讀取各打擊順序的打擊資訊。之前我們已將檔案中各打擊資訊的字串轉換成 strike[] 陣列值。

- 第 103 列：計算在總計第 b 個出局數發生時的總得分，並將此得分輸出於一行。

MEMO

106年3月
試題與完整解析

11-1 ▶ 觀念題

觀念題 ❶

( )　給定一個 1x8 的陣列 A，A={0, 2, 4, 6, 8, 10, 12, 14}。右側函式 Search(x) 真正目的是找到 A 之中大於 x 的最小值。然而，這個函式有誤。請問下列哪個函式呼叫可測出函式有誤？

(A) Search(-1)

(B) Search(0)

(C) Search(10)

(D) Search(16)

```c
int A[8]={0, 2, 4, 6, 8, 10, 12,
14};
int Search (int x) {
    int high = 7;
    int low = 0;
    while (high > low) {
        int mid = (high + low)/2;
        if (A[mid] <= x) {
            low = mid + 1;
        }
        else {
            high = mid;
        }
    }
    return A[high];
}
```

解題說明

答案 **(D) Search(16)**

這個函式 Search(x) 的主要功能是找到 A 之中大於 x 的最小值。從程式碼中可以看出此函式主要利用二分搜尋法來找尋答案，要能利用二分搜尋法來找尋資料，前題是所要搜尋的資料必須事先經過排序，程式碼中 A 陣列給定的值符合這個條件，且由小到大排序。各選項的結果值如下：

- Search(-1) 結果值 0，因為 0>-1，所以答案正確

- Search(0) 結果值 0，因為 2>0，所以答案正確

- Search(10) 結果值 12，因為 12>10，所以答案正確

- Search(16) 結果值 14，因為 14>16，所以答案錯誤，因為此值沒有大於 16

完整的參考程式碼如下：106 年 3 月觀念題 /ex01.c

```
01   #include <stdio.h>
02
03   int A[8]={0, 2, 4, 6, 8, 10, 12, 14};
04
05   int Search (int x) {
06       int high = 7;
07       int low = 0;
08       while (high > low) {
09           int mid = (high + low)/2;
10           if (A[mid] <= x) {
11               low = mid + 1;
12           }
13           else {
14               high = mid;
15           }
16       }
17        return A[high];
18   }
19
20   int main(void)
21   {
22       printf("%d \n",Search(-1)); // 結果值 0，答案正確
23       printf("%d \n",Search(0));  // 結果值 2，答案正確
24       printf("%d \n",Search(10)); // 結果值 12，答案正確
25       printf("%d \n",Search(16)); // 結果值 14，答案錯誤，因為此值沒有
                                                   大於 16
26       return 0;
27   }
```

執行結果

```
0
2
12
14

--------------------------------
Process exited after 0.1347 seconds with return value 0
請按任意鍵繼續 . . .
```

觀念題 ❷

（　　） 給定函式 A1()、A2() 與 F() 如下，以下敘述何者有誤？

```
void A1 (int n) {
    F(n/5);
    F(4*n/5);
}
```

```
void A2 (int n) {
    F(2*n/5);
    F(3*n/5);
}
```

```
void F (int x) {
    int i;
    for (i=0; i<x; i=i+1)
        printf("*");
    if (x>1) {
        F(x/2);
        F(x/2);
    }
}
```

(A) A1(5) 印的 '*' 個數比 A2(5) 多

(B) A1(13) 印的 '*' 個數比 A2(13) 多

(C) A2(14) 印的 '*' 個數比 A1(14) 多

(D) A2(15) 印的 '*' 個數比 A1(15) 多

解題說明

答案 **(D) A2(15) 印的 '*' 個數比 A1(15) 多**

先將各選項的 A1 及 A2 函數中的各參數直接代入，可以看出各選項是由哪些 F 函數所組成。各位可以事先將各種數字 x 代入 F 函數，並記錄不同參數所印出的星星數。如下所示：

F(1)=1

F(2)=2+2*F(1) =2+2*1=4

F(3)=3+2*F(1) =3+2*1=5

F(4)=4+2*F(2)=4+2*4=12

F(5)=5+2*F(2) =5+2*4=13

F(6)=6+2*F(3)= 6+2*5=16

F(7)=7+2*F(3)=7+2*5=17

F(8)=8+2*F(4)=8+2*12=32

F(9)=9+2*F(4) =9+2*12=33

F(10)=10+2*F(5) =10+2*13=36

F(11)=11+2*F(5)=11+2*13=37

F(12)=12+2*F(6)=12+2*16=44

(A) A1(5)=F(1)+F(4)=13

A2(5)=F(2)+F(3)=9

所以選項 (A) A1(5) 印的 '*' 個數比 A2(5) 多，正確

(B) A1(13)=F(2)+F(10)=40

A2(13)=F(5)+F(7)=30

所以選項 (B) A1(13) 印的 '*' 個數比 A2(13) 多，正確

(C) A1(14)=F(2)+F(11)=41

A2(14)=F(5)+F(8)=45

所以選項 (C) A2(14) 印的 '*' 個數比 A1(14) 多，正確

(D) A1(15)=F(3)+F(12)=49

A2(15)=F(6)+F(9)=49

兩者相同，所以選項 (D) A2(15) 印的 '*' 個數比 A1(15) 多，不正確

完整的參考程式碼如下：106 年 3 月觀念題 /ex02.c

```c
01   #include <stdio.h>
02
03   void F (int x) {
04       int i;
05       for (i=0; i<x; i=i+1)
06           printf("*");
07       if (x>1) {
08           F(x/2);
09           F(x/2);
10       }
11   }
12
13   void A1 (int n) {
14       F(n/5);
15       F(4*n/5);
16   }
17
```

```
18    void A2 (int n) {
19        F(2*n/5);
20        F(3*n/5);
21    }
22
23    int main(void)
24    {
25        printf(" 選項 A 的執行結果：  \n");
26        A1(5);
27        printf("\n");
28        A2(5);
29        printf("\n\n");
30
31        printf(" 選項 B 的執行結果：  \n");
32        A1(13);
33        printf("\n");
34        A2(13);
35        printf("\n\n");
36
37        printf(" 選項 C 的執行結果：  \n");
38        A2(14);
39        printf("\n");
40        A1(14);
41        printf("\n\n");
42
43        printf(" 選項 D 的執行結果：  \n");
44        A2(15);
45        printf("\n");
46        A1(15);
47        printf("\n\n");
48
49        return 0;
50    }
```

執行結果

```
選項A的執行結果:
**************
*********

選項B的執行結果:
**************************************
*********************************

選項C的執行結果:
**********************************
***********************************

選項D的執行結果:
*********************************************
***********************************************


------------------------------------------------
Process exited after 0.2726 seconds with return value 0
請按任意鍵繼續 . . .
```

觀念題 ❸

( ) 右側 F() 函式回傳運算式該如何寫，才
會使得 F(14) 的回傳值為 40？

(A) n * F(n-1)

(B) n + F(n-3)

(C) n - F(n-2)

(D) F(3n+1)

```
int F (int n) {
  if (n < 4)
    return n;
  else
    return ____?____;
}
```

解題說明

答案 **(B) n + F(n-3)**

當 n<4 時，為 F() 函式的出口條件。

選項 (A)：14*13*12*11*…*3 > 40

選項 (B)：n + F(n-3)=14+F(11)=14+11+F(8)=14+11+8+F(5)=14+11+8+5+F(2)=40

選項 (C)：n - F(n-2)=14-F(12)=14-12+F(10)=14-12+10-F(8)=14-12+10-8+F(6)=
　　　　　14-12+10-8+6-F(4)= 14-12+10-8+6-4+F(2)= 14-12+10-8+6-4+2=8

選項 (D)：數字會越來越大，無法符合遞迴函數的出口條件。

完整的參考程式碼如下：106 年 3 月觀念題 /ex03.c

```
01   #include <stdio.h>
02
03   int F (int n) {
04       if (n < 4)
05           return n;
06       else
07           return n + F(n-3);
08   }
09
10   int main(void)
11   {
12       printf("%d ",F(14));
13
14       return 0;
15   }
```

執行結果

```
40
-----------------------------------
Process exited after 0.2002 seconds with return value 0
請按任意鍵繼續 . . .
```

觀念題 ❹

( ) 右側函式兩個回傳式分別該如何撰寫，才能正確計算並回傳兩參數 a, b 之最大公因數（Greatest Common Divisor）？

(A) a, GCD(b,r)

(B) b, GCD(b,r)

(C) a, GCD(a,r)

(D) b, GCD(a,r)

```
int GCD (int a, int b) {
    int r;
    r = a % b;
    if (r == 0)
        return _____;
    return _____;
}
```

解題說明

答案 **(B) b, GCD(b,r)**

從句意中得知，當餘數為 0 時為則傳回最後的除數，以句意來說就是 b。如果餘數不為 0，則以 b 及出現的餘數繼續，即 GCD(b,r)，因此選項 (B) 才是正確的答案。

完整的參考程式碼如下：106 年 3 月觀念題 /ex04.c

```
01  #include <stdio.h>
02
03  int GCD (int a, int b) {
04      int r;
05      r = a % b;
06      if (r == 0)
07          return b;
08      return GCD(b,r);
09  }
10
```

```
11  int main(void)
12  {
13      printf("%d ",GCD(64,72));
14
15      return 0;
16  }
```

執行結果

```
8
_____
Process exited after 0.1685 seconds with return value 0
請按任意鍵繼續 . . .
```

觀念題 ❺

( ) 若 A 是一個可儲存 n 筆整數的陣列,且
資料儲存於 A[0]~A[n-1]。經過右側程式
碼運算後,以下何者敘述不一定正確?

(A) p 是 A 陣列資料中的最大值

(B) q 是 A 陣列資料中的最小值

(C) q < p

(D) A[0] <= p

```
int A[n]={ … };
int p = q = A[0];
for (int i=1; i<n; i=i+1) {
    if (A[i] > p)
        p = A[i];
    if (A[i] < q)
        q = A[i];
}
```

解題說明

答案 **(C) q < p**

首先設定 p = q = A[0],當發現陣列中的值大於 p,則將該值設定給變數 p,因此 P 會
是陣列中所有元素的最大值,因此選項 (A) 及選項 (D) 正確。

同理,當發現陣列中的值小於 q,則將該值設定給變數 q,因此 q 會是陣列中所有元
素的最小值,因此選項 (B) 正確。但是如果陣列中所有的元素都相同時,這種情況下
p=q,因此選項 (C) 必須修正為 q <= p。

完整的參考程式碼如下：106 年 3 月觀念題 /ex05.c

```
01   #include <stdio.h>
02
03   int main(void)
04   {
05       // int A[]={7,5,3,12,9,19,21,43 };
06       int A[]={5,5,5,5,5,5,5,5 };
07       int n=8;
08       int p,q;
09       p = q = A[0];
10       for (int i=1; i<n; i=i+1) {
11           if (A[i] > p)
12               p = A[i];
13           if (A[i] < q)
14               q = A[i];
15           }
16
17       printf("%d    %d",q,p);
18
19       return 0;
20   }
```

執行結果

```
5    5
----------------------------------
Process exited after 0.1704 seconds with return value 0
請按任意鍵繼續 . . .
```

觀念題 ❻

( ) 若 A[][] 是一個 MxN 的整數陣列，下列程式片段用以計算 A 陣列每一列的總和，以下敘述何者正確？

```
void main () {
    int rowsum = 0;
    for (int i=0; i<M; i=i+1) {
        for (int j=0; j<N; j=j+1) {
            rowsum = rowsum + A[i][j];
        }
        printf("The sum of row %d is %d.\n", i, rowsum);
    }
}
```

(A) 第一列總和是正確，但其他列總和不一定正確

(B) 程式片段在執行時會產生錯誤 (run-time error)

(C) 程式片段中有語法上的錯誤

(D) 程式片段會完成執行並正確印出每一列的總和

解題說明

答案 **(A) 第一列總和是正確，但其他列總和不一定正確**

(A) 第一列總和是正確，但其他列總和不一定正確，主要原因是只有第一列在執行前計算該列總和的變數 rowsum 有歸零，其他列在計算總和時沒有歸零，因此其他列總和不一定正確。

(B) 此程式只是造成執行結果不符合預期，但不會在執行時會產生錯誤 (run-time error)。

(C) 本程式可以執行，因此沒有所謂的語法上的錯誤。

(D) 原程式的執行結果如下：106 年 3 月觀念題 /ex06.c

```
01   #include <stdio.h>
02   #define M 3
03   #define N 2
04
05   int main(void)
06   {
07       int A[M][N]={1,2,
08                    3,4,
09                    5,6};
10       int rowsum = 0;
11       for (int i=0; i<M; i=i+1) {
12           for (int j=0; j<N; j=j+1) {
13               rowsum = rowsum + A[i][j];
14           }
15           printf("The sum of row %d is %d.\n", i, rowsum);
16       }
17
18       return 0;
19   }
```

執行結果

```
The sum of row 0 is 3.
The sum of row 1 is 10.
The sum of row 2 is 21.

-----------------------------------
Process exited after 0.1589 seconds with return value 0
請按任意鍵繼續 . . .
```

必須將程式修改如下，才會正確輸出每一列總和：106 年 3 月觀念題 /ex06ok.c

```c
01   #include <stdio.h>
02   #define M 3
03   #define N 2
04
05   int main(void)
06   {
07       int A[M][N]={1,2,
08                    3,4,
09                    5,6};
10
11       for (int i=0; i<M; i=i+1) {
12           int rowsum = 0;
13           for (int j=0; j<N; j=j+1) {
14               rowsum = rowsum + A[i][j];
15           }
16           printf("The sum of row %d is %d.\n", i, rowsum);
17       }
18
19       return 0;
20   }
```

執行結果

```
The sum of row 0 is 3.
The sum of row 1 is 7.
The sum of row 2 is 11.

-----------------------------------
Process exited after 0.1704 seconds with return value 0
請按任意鍵繼續 . . .
```

觀念題 ❼

( ) 若以 B(5,2) 呼叫右側 B() 函式，總共會印出幾次 "base case" ?

(A) 1

(B) 5

(C) 10

(D) 19

```
int B (int n, int k) {
    if (k == 0 || k == n){
        printf ("base case\n");
        return 1;
    }
    return B(n-1,k-1) + B(n-1,k);
}
```

解題說明

答案 **(C) 10**

當第二個參數 k 為 0 時或兩個參數 n 及 k 相同時，則會印出一次 "base case"。請各位直接用 B(5,2) 呼叫右側 B() 函式，過程變化如下：

B(5,2)=B(4,1)+B(4,2)=B(3,0)+B(3,1)+B(3,1)+B(3,2)=1+2*B(3,1)+B(3,2) (次)

B(3,1)=B(2,0)+(2,1)=1+B(1,0)+B(1,1)=1+1+1=3 (次)

B(3,2)=B(2,1)+(2,2)=B(1,0)+B(1,1)+1=1+1+1=3 (次)

因此 B(5,2) =1+2*B(3,1)+B(3,2) (次)

=1+2*3+3(次)=10(次)

完整的參考程式碼如下：106 年 3 月觀念題 /ex07.c

```
01  #include <stdio.h>
02
03  int B (int n, int k) {
04      if (k == 0 || k == n){
05          printf ("base case\n");
06          return 1;
07      }
08      return B(n-1,k-1) + B(n-1,k);
09  }
10
11  int main(void)
12  {
13      B(5,2);
14
15      return 0;
16  }
```

執行結果

```
base case
base case
base case
base case
base case
base case
base case
base case
base case
base case
-----------------------------------
Process exited after 0.08532 seconds with return value 0
請按任意鍵繼續 . . .
```

觀念題 ❽

（　　）　給定右側程式，其中 s 有被宣告為全域
變數，請問程式執行後輸出為何？

(A) 1,6,7,7,8,8,9

(B) 1,6,7,7,8,1,9

(C) 1,6,7,8,9,9,9

(D) 1,6,7,7,8,9,9

```c
int s = 1; // 全域變數
void add (int a) {
    int s = 6;
    for( ; a>=0; a=a-1) {
        printf("%d,", s);
        s++;
        printf("%d,", s);
    }
}
int main () {
    printf("%d,", s);
    add(s);
    printf("%d,", s);
    s = 9;
    printf("%d", s);
    return 0;
}
```

解題說明

答案 **(B) 1,6,7,7,8,1,9**

此題主要測驗全域變數與區域變數的觀念，請各位直接觀察主程式各行印出 s 值的變化：

第 1 行：印出 s 值為全域變數的預設值「1,」

第 2 行：呼叫 add(1)，在此函數內會以區域變數的變化去執行列印的成果，會依序印出「6,7,7,8,」

第 3 行：回到主程式，會印出全域變數的 s 值，會印出「1,」

第 4 行：全域變數 s 值改為 9

第 5 行：回到主程式，會印出全域變數的 s 值，會印出「9」

完整的參考程式碼如下：106 年 3 月觀念題 /ex08.c

```
01   #include <stdio.h>
02
03   int s = 1;  // 全域變數
04   void add (int a) {
05       int s = 6;   // 區域變數，有效範圍只在函數內
06       for( ; a>=0; a=a-1) {
07           printf("%d,", s);
08           s++;
09           printf("%d,", s);
10       }
11   }
12
13   int main(void)
14   {
15       printf("%d,", s);
16       add(s);
17       printf("%d,", s);
18       s - 9;
19       printf("%d", s);
20       return 0;
21   }
```

執行結果

```
1,6,7,7,8,1,9
-------------------------------
Process exited after 0.1801 seconds with return value 0
請按任意鍵繼續 . . . ▮
```

觀念題 ❾

( )　右側 F() 函式執行時，若輸入依序為
　　　整數 0, 1, 2, 3, 4, 5, 6, 7, 8, 9，請
　　　問 X[] 陣列的元素值依順序為何？

(A) 0, 1, 2, 3, 4, 5, 6, 7, 8, 9

(B) 2, 0, 2, 0, 2, 0, 2, 0, 2, 0

(C) 9, 0, 1, 2, 3, 4, 5, 6, 7, 8

(D) 8, 9, 0, 1, 2, 3, 4, 5, 6, 7

```
void F () {
    int X[10] = {0};
    for (int i=0; i<10; i=i+1) {
        scanf("%d", &X[(i+2)%10]);
    }
}
```

解題說明

答案 **(D) 8, 9, 0, 1, 2, 3, 4, 5, 6, 7**

i=0 時對應第一個輸入的整數 0：X[(i+2)%10]=X[2]=0，其實從這個地方就可以判斷出選項 (D) 就是正確的答案，只為所有選項只有這個選項的 X[2]=0。

至於完整的陣列內容計算過程如下：

i=1 時對應第一個輸入的整數 1：X[(i+2)%10]=X[3]=1

i=2 時對應第一個輸入的整數 2：X[(i+2)%10]=X[4]=2

i=3 時對應第一個輸入的整數 3：X[(i+2)%10]=X[5]=3

i=4 時對應第一個輸入的整數 4：X[(i+2)%10]=X[6]=4

i=5 時對應第一個輸入的整數 5：X[(i+2)%10]=X[7]=5

i=6 時對應第一個輸入的整數 6：X[(i+2)%10]=X[8]=6

i=7 時對應第一個輸入的整數 7：X[(i+2)%10]=X[9]=7

i=8 時對應第一個輸入的整數 8：X[(i+2)%10]=X[0]=8

i=9 時對應第一個輸入的整數 9：X[(i+2)%10]=X[1]=9

因此 X[] 陣列的元素值依順序為 8, 9, 0, 1, 2, 3, 4, 5, 6, 7。

完整的參考程式碼如下：106 年 3 月觀念題 /ex09.c

```
01   #include <stdio.h>
02
03   void F () {
04       int X[10] = {0};
05       for (int i=0; i<10; i=i+1) {
06           scanf("%d", &X[(i+2)%10]);
07       }
08
09       for (int i=0; i<10; i=i+1) {
10           printf("%d", X[i]);
11       }
12   }
13
14   int main(void)
15   {
16       F();
17       return 0;
18   }
```

執行結果

```
0 1 2 3 4 5 6 7 8 9
8901234567
------------------------------------
Process exited after 28.95 seconds with return value 0
請按任意鍵繼續 . . . ▪
```

觀念題 ⑩

( )　若以 G(100) 呼叫右側函式後，n 的值為何？

(A) 25

(B) 75

(C) 150

(D) 250

```
int n = 0;
void K (int b) {
    n = n + 1;
    if (b % 4)
        K(b+1);
}
void G (int m) {
    for (int i=0; i<m; i=i+1) {
        K(i);
    }
}
```

解題說明

答案 (D) 250

K 函式為一種遞迴函式，其遞迴出口條件為參數 b 為 4 的倍數。另外題目要問的 n 值是用來累計函式的執行次數，我們可以從前面的 4 個數字的執行過程就可以推論出當 G(100) 的累計遞迴函式 n 執行次數。

■ 當 b=0 時，為 4 的倍數，執行一次就會跳離遞迴函式，因此變數 n 要累加 1。

■ 當 b=1 時，為 4 的倍數 +1 的型式，執行 4 次就會跳離遞迴函式，因此變數 n 要累加 4。

■ 當 b=2 時，為 4 的倍數 +2 的型式，執行 3 次就會跳離遞迴函式，因此變數 n 要累加 3。

■ 當 b=3 時，為 4 的倍數 +3 的型式，執行 2 次就會跳離遞迴函式，因此變數 n 要累加 2。

■ 同理當 b=4 時，其變數 n 的累加情況和 b=0 相同；同理當 b=5 時，其變數 n 的累加情況和 b=1 相同；同理當 b=6 時，其變數 n 的累加情況和 b=2 相同；同理當 b=7 時，其變數 n 的累加情況和 b=3 相同。

每一次循環變數 n 就會累加 10，當 m=100 時，會依序呼叫 K(0)~k(99)，總共會經過 25 次的循環，即 n 值最後的值為 10*25=250。

完整的參考程式碼如下：106 年 3 月觀念題 /ex10.c

```
01   #include <stdio.h>
02
03   int n = 0;
04   void K (int b) {
05       n = n + 1;
06       if (b % 4) // 只有整除時才會得到 0 (false)
07           K(b+1);
08   }
09
10   void G (int m) {
11       for (int i=0; i<m; i=i+1) {
12           K(i);
13       }
14   }
15
16   int main(void)
17   {
18       //G(1);
19       //printf("%d ",n);      // 輸出 1
20       //G(2);
21       //printf("%d ",n);      // 輸出 5，增加 4
22       //G(3);
23       //printf("%d ",n);      // 輸出 8，增加 3
24       //G(4);
25       //printf("%d ",n);      // 輸出 10，增加 2
26       //G(5);
27       //printf("%d ",n);      // 輸出 11，增加 1
28       //G(6);
29       //printf("%d ",n);      // 輸出 15，增加 4
30       G(100);
31       printf("%d ",n);
32       return 0;
33   }
```

執行結果

```
250
--------------------------------
Process exited after 0.1731 seconds with return value 0
請按任意鍵繼續 . . . ■
```

觀念題 ⑪

( ) 若 A[1]、A[2]，和 A[3] 分別為陣列 A[] 的三個元素（element），下列那個程式片段
可以將 A[1] 和 A[2] 的內容交換？

(A) A[1] = A[2]; A[2] = A[1];

(B) A[3] = A[1]; A[1] = A[2]; A[2] = A[3];

(C) A[2] = A[1]; A[3] = A[2]; A[1] = A[3];

(D) 以上皆可

解題說明

答案 **(B) A[3] = A[1]; A[1] = A[2]; A[2] = A[3];**

必須以另一個變數 A[3] 去暫存 A[1] 內容值，再將 A[2] 內容值設定給 A[1]，最後再將剛
才暫存的 A[3] 內容值設定給 A[2]，如此一來就可以將 A[1] 和 A[2] 的內容交換。所以答
案為選項 (B)。

觀念題 ⑫

( ) 若函式 rand() 的回傳值為一介於 0 和 10000 之間的亂數，下列那個運算式可產生介
於 100 和 1000 之間的任意數（包含 100 和 1000）？

(A) rand() % 900 + 100

(B) rand() % 1000 + 1

(C) rand() % 899 + 101

(D) rand() % 901 + 100

解題說明

答案 **(D) rand() % 901 + 100**

(D) 0<=rand()<=10000 將 rand() 除以 901 取餘數，可以得到以下的式子：

0<=rand()%901<=900，接著同步加上 100，可以得到以下的式子：

100<= rand()%901+100<=1000

觀念題 ⑬

( )　右側程式片段無法正確列印 20 次的 "Hi!"，請問下列哪一個修正方式仍無法正確列印 20 次的 "Hi!"？

```
for (int i=0; i<=100; i=i+5) {
    printf ("%s\n", "Hi!");
}
```

　　(A) 需要將 i<=100 和 i=i+5 分別修正為
　　　 i<20 和 i=i+1

　　(B) 需要將 i=0 修正為 i=5

　　(C) 需要將 i<=100 修正為 i<100;

　　(D) 需要將 i=0 和 i<=100 分別修正為
　　　 i=5 和 i<100

解題說明

答案 **(D) 需要將 i=0 和 i<=100 分別修正為 i=5 和 i<100**

原題目提供的程式中 i 值的變化為 0、5、10....100 共執行 21 次。

選項 (A) 所修正的程式中 i 值的變化為 0、1、2....19 共執行 20 次。

選項 (B) 所修正的程式中 i 值的變化為 5、10....100 共執行 20 次。

選項 (C) 所修正的程式中 i 值的變化為 0、5、10....95 共執行 20 次。

選項 (D) 所修正的程式中 i 值的變化為 5、10....95 共執行 19 次。

觀念題 ⑭

( ) 若以 F(15) 呼叫右側 F() 函式,總共會印出幾行數字?

(A) 16 行

(B) 22 行

(C) 11 行

(D) 15 行

```
void F (int n) {
    printf ("%d\n" , n);
    if ((n%2 == 1) && (n > 1)){
        return F(5*n+1);
    }
    else {
    if (n%2 == 0)
        return F(n/2);
    }
}
```

解題說明

答案 **(D) 15 行**

從題意所提供的程式中必須先行判斷遞迴函式的出口條件,也就是 (n%2 == 1) && (n > 1) 這個條件不能成立,而且 n%2 == 0 這個條件也不能成立,從這兩個判斷式可以得到的結論是此遞迴函式的出口條件為:n 小於或等於 1,而且 n 必須為奇數。接著就來看 F(15) 的呼叫過程:

F(15) 時會印出 15,接著傳回 F(5*n+1),即傳回 F(76)

F(76) 時會印出 76,接著傳回 F(n/2),即傳回 F(38)

F(38) 時會印出 38,接著傳回 F(n/2),即傳回 F(19)

F(19) 時會印出 19,接著傳回 F(5*n+1),即傳回 F(96)

依此類推會依序印出的數字為 96 48 24 12 6 3 16 8 4 2 1。其中 F(1) 會印出 1,因為它是小於或等於 1,而且為奇數,符合遞迴函式的出口條件。因此本例印出的共有 15 行數字,分別為:

15 76 38 19 96 48 24 12 6 3 16 8 4 2 1

完整的參考程式碼如下:106 年 3 月觀念題 /ex14.c

```
01  #include <stdio.h>
02
03  void F (int n) {
04      printf ("%d\n" , n);
```

```
05        if ((n%2 == 1) && (n > 1)){
06            return F(5*n+1);
07        }
08        else {
09            if (n%2 == 0)
10                return F(n/2);
11        }
12  }
13
14  int main(void)
15  {
16      F(15);
17
18      return 0;
19  }
```

執行結果

```
15
76
38
19
96
48
24
12
6
3
16
8
4
2
1
------------------------------------
Process exited after 0.1509 seconds with return value 0
請按任意鍵繼續 . . .
```

觀念題 ⑮

( ) 給定右側函式 F()，執行 F() 時哪一行程
式碼可能永遠不會被執行到？

(A) a = a + 5;

(B) a = a + 2;

(C) a = 5;

(D) 每一行都執行得到

```
void F (int a) {
    while (a < 10)
        a = a + 5;
    if (a < 12)
        a = a + 2;
    if (a <= 11)
        a = 5;
}
```

解題說明

答案 **(C) a = 5;**

選項 (C)a=5; 這一行程式碼永遠不會執行到，這是因為要跳離 while 迴圈的條件是 a<10，因此當離開此 while 迴圈時，a 值必定大於 10。接著判斷 if (a<12) 此條件式，符合這個判斷式只有兩種可能性，即 a=10 或 a=11，進入 if 條件式後要執行 a=a+2 的敘述，因此 a 的值可能變成 a=12 或 a=13。接著判斷 if (a<=11) 此條件式，以目前的情況不可能成立，因此 a = 5; 這行程式碼永遠不會被執行到。

觀念題 ⓰

( )　給定右側函式 F()，已知 F(7) 回傳值為 17，且 F(8) 回傳值為 25，請問 if 的條件判斷式應為何？

(A) a % 2 != 1

(B) a * 2 > 16

(C) a + 3 < 12

(D) a * a < 50

```
int F (int a) {
    if ( _____?_____ )
        return a * 2 + 3;
    else
        return a * 3 + 1;
}
```

解題說明

答案 **(D) a * a < 50**

因為 F(7) 回傳值為 17，表示符合 if 判斷式，所以回傳值為 a * 2 + 3，即 7*2+3=17。且 F(8) 回傳值為 25，表示不符合 if 判斷式，所以回傳值為 a * 3 + 1，即 8*3+1=25。綜合觀察所有選項只有 (D) a * a < 50 符合當 a=7 時，7*7<50 故回傳 7*2+3=17。當 a=8 時，8*8=64(>50) 故回傳 8*3+1=25。

觀念題 ⑰

( )　給定右側函式 F()，F() 執行完
　　所回傳的 x 值為何？

(A) $n(n+1)\sqrt{\lfloor \log_2 n \rfloor}$

(B) $n^2(n+1)/2$

(C) $n(n+1)\lfloor \log_2 n+1 \rfloor/2$

(D) $n(n+1)/2$

```
int F (int n) {
    int x = 0;
    for (int i=1; i<=n; i=i+1)
        for (int j=i; j<=n; j=j+1)
            for (int k=1; k<=n; k=k*2)
                x = x + 1;
    return x;
}
```

解題說明

答案 **(C) $n(n+1)\lfloor \log_2 n+1 \rfloor/2$**

此處 x 值為迴圈的執行次數，計算如下：

前兩個迴圈的執行次數如下：

i=1 時，j=1,2,3,4…n，總計執行次數為 n 次。

i=2 時，j=2,3,4…n，總計執行次數為 n-1 次。

i=3 時，j=3,4…n，總計執行次數為 n-2 次。

…

i=n 時，j=n，總計執行次數為 1 次。

總計前兩個迴圈的執行次數為 n+(n-1)+(n-2)…+1=n(n+1)/2。

第三個迴圈的執行次數為 $\lfloor \log_2 n + 1 \rfloor$。

完整的參考程式碼如下：106 年 3 月觀念題 /ex17.c

```
01   #include <stdio.h>
02   #include <math.h>
03
04   int F (int n) {
05       int x = 0;
06       for (int i=1; i<=n; i=i+1)
07           for (int j=i; j<=n; j=j+1)
08               for (int k=1; k<=n; k=k*2)
09                   //printf("%d \n",k);
10                   x = x + 1;
11               return x;
12   }
13
14   int main(void)
```

```
15  {
16      int n,a;
17      n=2;
18      printf("%d \n",F(n));
19      a=(log(n)/log(2)+1)/1;
20      printf("%d \n",a);
21
22      n=4;
23      printf("%d \n",F(n));
24      a=(log(n)/log(2)+1)/1;
25      printf("%d \n",a);
26
27      n=8;
28      printf("%d \n",F(n));
29      a=(log(n)/log(2)+1)/1;
30      printf("%d \n",a);
31
32      n=10;
33      printf("%d \n",F(n));
34      a=(log(n)/log(2)+1)/1;
35      printf("%d \n",a);
36
37      n=16;
38      printf("%d \n",F(n));
39      a=(log(n)/log(2)+1)/1;
40      printf("%d \n",a);
41
42      n=100;
43      printf("%d \n",F(n));
44      a=(log(n)/log(2)+1)/1;
45      printf("%d \n",a);
46
47      return 0;
48  }
```

執行結果

```
6
2
30
3
144
4
220
4
680
5
35350
7
_____
Process exited after 0.1552 seconds with return value 0
請按任意鍵繼續 . . .
```

觀念題 ⑱

( )　右側程式執行完畢後所輸出值為

何？

(A) 12

(B) 24

(C) 16

(D) 20

```c
int main() {
    int x = 0, n = 5;
    for (int i=1; i<=n; i=i+1)
        for (int j=1; j<=n; j=j+1) {
            if ((i+j)==2)
                x = x + 2;
            if ((i+j)==3)
                x = x + 3;
            if ((i+j)==4)
                x = x + 4;
        }
    printf ("%d\n", x);
    return 0;
}
```

解題說明

答案 **(D) 20**

當 i=1 時：進入 for (int j=1; j<=n; j=j+1) 迴圈後，

　　　　　當 j=1 時符合 if ((i+j)==2) 判斷式，因此 x = x + 2=0+2=2

　　　　　當 j=2 時符合 if ((i+j)==3) 判斷式，因此 x = x + 3=2+3=5

　　　　　當 j=3 時符合 if ((i+j)==4) 判斷式，因此 x = x + 4=5+4=9

當 i=2 時：進入 for (int j=1; j<=n; j=j+1) 迴圈後，

　　　　　當 j=1 時符合 if ((i+j)==3) 判斷式，因此 x = 9 + 3=9+3=12

　　　　　當 j=2 時符合 if ((i+j)==4) 判斷式，因此 x = x + 4=12+4=16

當 i=3 時：進入 for (int j=1; j<=n; j=j+1) 迴圈後，

　　　　　當 j=1 時符合 if ((i+j)==4) 判斷式，因此 x = x + 4=16+4=20

當 i=4 時：進入 for (int j=1; j<=n; j=j+1) 迴圈後，沒有一個條件時符合。

當 i=5 時：進入 for (int j=1; j<=n; j=j+1) 迴圈後，沒有一個條件時符合。

因此本程式最後輸出值為 20。

完整的參考程式碼如下：106 年 3 月觀念題 /ex18.c

```
01  #include <stdio.h>
02
03  int main() {
04      int x = 0, n = 5;
05      for (int i=1; i<=n; i=i+1)
06          for (int j=1; j<=n; j=j+1) {
07              if ((i+j)==2)
08                  x = x + 2;
09              if ((i+j)==3)
10                  x = x + 3;
11              if ((i+j)==4)
12                  x = x + 4;
13          }
14      printf ("%d\n", x);
15      return 0;
16  }
```

執行結果

```
20
-----------------------------------
Process exited after 0.1723 seconds with return value 0
請按任意鍵繼續 . . . ■
```

觀念題 ⑲

( )　右側程式擬找出陣列 A[] 中的最
大值和最小值。不過，這段程
式碼有誤，請問 A[] 初始值如何
設定就可以測出程式有誤？

(A) {90, 80, 100}

(B) {80, 90, 100}

(C) {100, 90, 80}

(D) {90, 100, 80}

```
int main () {
    int M = -1, N = 101, s = 3;
    int A[] = _____?_____;
    for (int i=0; i<s; i=i+1) {
        if (A[i]>M) {
            M = A[i];
        }
        else if (A[i]<N) {
            N = A[i];
        }
    }
    printf("M = %d, N = %d\n", M, N);
    return 0;
}
```

解題說明

答案 **(B) {80, 90, 100}**

根據程式的邏輯可以推論 M 為陣列的最大值，N 為陣列的最小值。就以選項 (A) 為例，其迴圈執行過程如下：

■ 當 i=0，A[0]=90>-1，故執行 M = A[i]，此時 M=90。

■ 當 i=1，A[1]=80<90，且 90<101，故執行 N = A[i]，此時 N=80。

■ 當 i=2，A[2]=100>90，故執行 M = A[i]，此時 M=100。

此選項得到的結論是最大值 M=100 且最小值 N=80，符合陣列的給定值，因此選項 (A) 無法測試出程式有錯誤。同理，各位可以試著去試看看其它選項，會發覺選項 (C) 及選項 (D) 也無法測試出程式有錯誤。

至於選項 (B) 的迴圈執行過程如下：

■ 當 i=0，A[0]=80>-1，故執行 M = A[i]，此時 M=80。

■ 當 i=1，A[1]=90>80 故執行 M = A[i]，此時 M=90。

■ 當 i=2，A[2]=100>90，故執行 M = A[i]，此時 M=100。再加上 N 的初值設定為 101，此選項得到的結論是最大值 M=100 且最小值 N=101，不符合陣列的給定值。陣列的給定值中，M=100，但最小值 N=80，因此選項 (B) 可以測試出程式有錯誤。

完整的參考程式碼如下：106 年 3 月觀念題 /ex19.c

```
01   #include <stdio.h>
02
03   int main () {
04       int M = -1, N = 101, s = 3;
05       int A[] = {80,90,100};
06       for (int i=0; i<s; i=i+1) {
07           if (A[i]>M) {
08               M = A[i];
09           }
10           else if (A[i]<N) {
11               N = A[i];
12           }
13       }
14       printf("M = %d, N = %d\n", M, N);
15       return 0;
16   }
```

執行結果

```
M = 100, N = 101

------------------------------------
Process exited after 0.1564 seconds with return value 0
請按任意鍵繼續 . . .
```

從這個執行結果可以看出選項 (B) 可以測出程式有誤。如果要修改程式為正確的執行

結果，則必須將第 10 行的 else if 中的 else 移除，正確及完整的參考程式碼如下：

106 年 3 月觀念題 /ex19ok.c

```
01   #include <stdio.h>
02
03   int main () {
04       int M = -1, N = 101, s = 3;
05       int A[] = {80,90,100};
06       for (int i=0; i<s; i=i+1) {
07           if (A[i]>M) {
08               M = A[i];
09           }
10           if (A[i]<N) {
11               N = A[i];
12           }
13       }
14       printf("M = %d, N = %d\n", M, N);
15       return 0;
16   }
```

執行結果

```
M = 100, N = 80

------------------------------------
Process exited after 0.09117 seconds with return value 0
請按任意鍵繼續 . . .
```

觀念題 ⑳

( ) 小藍寫了一段複雜的程式碼想考考你是
否了解函式的執行流程。請回答程式最
後輸出的數值為何？

(A) 70

(B) 80

(C) 100

(D) 190

```
int g1 = 30, g2 = 20;
int f1(int v) {
    int g1 = 10;
    return g1+v;
}
int f2(int v) {
    int c = g2;
    v = v+c+g1;
    g1 = 10;
    c = 40;
    return v;
}
int main() {
    g2 = 0;
    g2 = f1(g2);
    printf("%d", f2(f2(g2)));
    return 0;
}
```

解題說明

答案 **(A) 70**

本題在測驗全域變數及區域變數的理解程度。在主程式中 main() 中，g2 為全域變數，
在 f1() 函式中 g1 為區域變數，在 f2() 函式中 g1 為全域變數，但是 g2 為區域變數。請
直接將數值帶入主程式：

- 第 2 行呼叫 f1(g2)=f1(0)，回傳 g1+v=10+0=10(此處的 g1 為區域變數)，接著再將
  這個回傳值設定給 g2 的全域變數，此時 g2=10。

- 第 3 行呼叫 f2(f2(10))=f2(v+c+g1)=f2(10+10+30)(此處的 g1 為全域變數值為 30，
  並將 v+c+g1 三數的加總設定給 v，即 v=50)，接著設定全域變數 g1=10，區域
  變數 c=40，再回傳 v(此處回傳 50)。即第 3 列的 f2(f2(g2))=f2(50)=f2(v+c+g1)
  =f2(50+10+10)=70。

完整的參考程式碼如下：106 年 3 月觀念題 /ex20.c

```
01  #include <stdio.h>
02
03  int g1 = 30, g2 = 20;
```

```
04   int f1(int v) {
05       int g1 = 10;
06       return g1+v;
07   }
08   int f2(int v) {
09       int c = g2;
10       v = v+c+g1;
11       g1 = 10;
12       c = 40;
13       return v;
14   }
15
16   int main () {
17       g2 = 0;
18       g2 = f1(g2);
19       printf("%d", f2(f2(g2)));
20       return 0;
21   }
```

執行結果

```
70
----------------------------------
Process exited after 0.1703 seconds with return value 0
請按任意鍵繼續 . . .
```

觀念題 ㉑

( )　若以 F(5,2) 呼叫右側 F() 函式，執行完畢後回傳值為何？

(A) 1

(B) 3

(C) 5

(D) 8

```
int F (int x,int y) {
    if (x<1)
        return 1;
    else
        return F(x-y,y)+F(x-2*y,y);
}
```

解題說明

答案 **(C) 5**

本遞迴函式的出口條件為 x<1，當 x 值小於 1 時就回傳 1。呼叫過程如下：

F(5,2)=F(3,2)+F(1,2)=F(1,2)+F(-1,2)+F(1,2)=F(-1,2)+F(-3,2)+ F(-1,2)+ F(-1,2)+F(-3,2)=1+1+1+1+1=5

完整的參考程式碼如下：106 年 3 月觀念題 /ex21.c

```
01   #include <stdio.h>
02
03   int F (int x,int y) {
04       if (x<1)
05           return 1;
06       else
07           return F(x-y,y)+F(x-2*y,y);
08   }
09
10   int main () {
11       printf("%d",F(5,2));
12       return 0;
13   }
```

執行結果

```
5
---------------------------------
Process exited after 0.1528 seconds with return value 0
請按任意鍵繼續 . . . ▬
```

觀念題 ㉒

( )　若要邏輯判斷式 !(X_1 || X_2) 計算結果為真（True），則 X_1 與 X_2 的值分別應為何？

　　(A) X_1 為 False，X_2 為 False

　　(B) X_1 為 True，X_2 為 True

　　(C) X_1 為 True，X_2 為 False

　　(D) X_1 為 False，X_2 為 True

解題說明

答案 **(A) X₁ 為 False，X₂ 為 False**

$!(X_1 \| X_2)$ 計算結果為真（True）表示 $(X_1 \| X_2)$ 計算結果為偽（False），所以 X_1 與 X_2 的值分別應為 False。

觀念題 ㉓

( )　程式執行時，程式中的變數值是存放在

(A) 記憶體

(B) 硬碟

(C) 輸出入裝置

(D) 匯流排

解題說明

答案 **(A) 記憶體**

(A) 記憶體：當程式執行時，外界的資料進入電腦後，當然要有個棲身之處，這時系統就會撥一個記憶空間給這份資料，而在程式碼中，我們所定義的變數 (variable) 與常數 (constant) 就是扮演這樣的一個角色。變數與常數主要是用來儲存程式中的資料，以提供程式進行各種運算之用。兩者之間最大的差別在於變數的值是可以改變，而常數的值則固定不變。

觀念題 ㉔

( )　程式執行過程中，若變數發生溢位情形，其主要原因為何？

(A) 以有限數目的位元儲存變數值

(B) 電壓不穩定

(C) 作業系統與程式不甚相容

(D) 變數過多導致編譯器無法完全處理

解題說明

答案 **(A) 以有限數目的位元儲存變數值**

以整數資料型態為例，設定變數的數值時，如果不小心超過整數資料限定的範圍，就稱為溢位。

觀念題 25

（　）　若 a, b, c, d, e 均為整數變數，下列哪個算式計算結果與 a+b*c-e 計算結果相同？

(A) (((a+b)*c)-e)

(B) ((a+b)*(c-e))

(C) ((a+(b*c))-e)

(D) (a+((b*c)-e))

解題說明

答案 **(C) ((a+(b*c))-e)**

當我們遇到有一個以上運算子的運算式時，首先區分出運算子與運算元。接下來就依照運算子的優先順序作整理動作，當然也可利用「()」括號來改變優先順序。最後由左至右考慮到運算子的結合性（associativity），也就是遇到相同優先等級的運算子會由最左邊的運算元開始處理。

四則運算 +、-、*、/ 的運算子優先順序為先乘除後加減，而且算式的計算過程是由左到右，所以第一順位為 b*c，將其以括號括住 (b*c)，接著第二順位再與左側的 a 進行加法運算，即 (a+(b*c))，最後順位才與右邊的 e 做運算，將其以括號括住，即選項 (C) ((a+(b*c))-e)。

11-2 ▸ 實作題

第 ❶ 題：秘密差

問題描述

將一個十進位正整數的奇數位數的和稱為 A，偶數位數的和稱為 B，則 A 與 B 的絕對差值 |A−B| 稱為這個正整數的秘密差。

例如：263541 的奇數位數的和 A=6+5+1=12，偶數位數的和 B=2+3+4=9，所以 263541 的秘密差是 |12−9|=3。

給定一個十進位正整數 X，請找出 X 的秘密差。

輸入格式

輸入為一行含有一個十進位表示法的正整數 X，之後是一個換行字元。

輸出格式

請輸出 X 的秘密差 Y（以十進位表示法輸出），以換行字元結尾。

範例一：輸入	範例二：輸入
263541	131
範例一：正確輸出	範例二：正確輸出
3	1
【說明】	【說明】
263541 的 A=6+5+1=12，B=2+3+4=9， |A−B|=|12−9|=3。	131 的 A=1+1=2，B=3，|A−B|=|2−3|=1。

評分說明

輸入包含若干筆測試資料，每一筆測試資料的執行時間限制（time limit）均為 1 秒，依正確通過測資筆數給分。其中：

第 1 子題組 20 分：X 一定恰好四位數。

第 2 子題組 30 分：X 的位數不超過 9。

第 3 子題組 50 分：X 的位數不超過 1000。

解題重點分析

為了避免溢位問題，解題重點在於利用字元陣列來儲存所輸入的 1000 位以內的整數，因
要開始判斷奇數位及偶數位總和前，必須先判斷字串的長度，由字串長度是奇數或偶數，
就可以推論出字串的第一個字元為奇數位或偶數位。如果數字總長度不能被 2 整除，表示
第一個字元是奇位數；如果要將這些奇數位的字元的數字和累計總，在累計前必須先將該
字元轉成以 ASCII 值表示的整數。例如如果字元 2 轉成 ASCII 值，會得到 50，因此必須先
減 48（字元 0 的 ASCII 值）才會真正得到數值 2，如此一來，才可以累加奇位數的和。同
理，但如果數字總長度能被 2 整除，表示第一個字元是偶位數。如果要將這些偶數位的字
元的數字和累計總，在累計前必須先將該字元轉成以 ASCII 值表示的整數，如此一來，才
可以累加奇位數的和。

參考解答程式碼；秘密差 .c

```
01   #include <stdio.h>
02   #include <stdlib.h>
03   #include <string.h>
04
05   int main(void) {
06       char X[1000];
07       printf(" 請輸入位數不超過 1000 位的正整數：  \n");
08       scanf("%s", X);
09
10       int A = 0; // 記錄奇數位數的和
11       int B = 0; // 記錄偶數位數的和
12       if (strlen(X) % 2!=0) {     // 若數字總長度不能被 2 整除 ，表示第一個字元
                                         是奇位數
13           for(int i=0; i<strlen(X); i++) {
14               if((i%2)==0)  A += (int)(X[i])-48; // 奇數位數字加總
15               else  B += (int)(X[i])-48;  // 偶數位數字加總
16           }
17       }
18       else{ // 若數字總長度能被 2 整除 ，表示第一個字元是偶位數
19           for(int i=0; i<strlen(X); i++){
20               if((i%2)==0)  B += (int)(X[i])-48;  // 偶數位數字加總
21               else  A += (int)(X[i])-48;  // 奇數位數字加總
22           }
23       }
24       printf("%d\n", abs(A-B));
25       return 0;
26   }
```

範例一執行結果

```
請輸入位數不超過1000位的正整數:
263541
3
_____
Process exited after 19.93 seconds with return value 0
請按任意鍵繼續 . . . ■
```

範例二執行結果

```
請輸入位數不超過1000位的正整數:
131
1
_____
Process exited after 1.732 seconds with return value 0
請按任意鍵繼續 . . .
```

程式碼說明

■ 第 6~8 列：以字串資料型態輸入位數不超過 1000 位的正整數，並將結果值儲在已宣告的 X[1000] 字元陣列。

■ 第 12~17 列：若數字總長度不能被 2 整除，表示第一個字元是奇位數。第 14 列奇數位數字加總，第 15 列偶數位數字加總。

■ 第 18~23 列：若數字總長度能被 2 整除，表示第一個字元是偶位數。第 20 列偶數位數字加總，第 21 列奇數位數字加總。

■ 第 24 列：輸出 X 的秘密差 Y（以十進位表示法輸出），以換行字元結尾。

第 ❷ 題：小群體

問題描述

Q 同學正在學習程式，P 老師出了以下的題目讓他練習。

一群人在一起時經常會形成一個一個的小群體。假設有 N 個人，編號由 0 到 N-1，每個人都寫下他最好朋友的編號（最好朋友有可能是他自己的編號，如果他自己沒有其他好友），在本題中，每個人的好友編號絕對不會重複，也就是説 0 到 N-1 每個數字都恰好出現一次。這種好友的關係會形成一些小群體。例如 N=10，好友編號如下，

	0	1	2	3	4	5	6	7	8	9
好友編號	4	7	2	9	6	0	8	1	5	3

0 的好友是 4，4 的好友是 6，6 的好友是 8，8 的好友是 5，5 的好友是 0，所以 0、4、6、8、和 5 就形成了一個小群體。另外，1 的好友是 7 而且 7 的好友是 1，所以 1 和 7 形成另一個小群體，同理，3 和 9 是一個小群體，而 2 的好友是自己，因此他自己是一個小群體。總而言之，在這個例子裡有 4 個小群體：{0,4,6,8,5}、{1,7}、{3,9}、{2}。本題的問題是：輸入每個人的好友編號，計算出總共有幾個小群體。

Q 同學想了想卻不知如何下手，和藹可親的 P 老師於是給了他以下的提示：如果你從任何一人 x 開始，追蹤他的好友，好友的好友，…，這樣一直下去，一定會形成一個圈回到 x，這就是一個小群體。如果我們追蹤的過程中把追蹤過的加以標記，很容易知道哪些人已經追蹤過，因此，當一個小群體找到之後，我們再從任何一個還未追蹤過的開始繼續找下一個小群體，直到所有的人都追蹤完畢。

Q 同學聽完之後很順利的完成了作業。

在本題中，你的任務與 Q 同學一樣：給定一群人的好友，請計算出小群體個數。

輸入格式

第一行是一個正整數 N，説明團體中人數。

第二行依序是 0 的好友編號、1 的好友編號、……、N-1 的好友編號。共有 N 個數字，包含 0 到 N-1 的每個數字恰好出現一次，數字間會有一個空白隔開。

輸出格式

請輸出小群體的個數。不要有任何多餘的字或空白,並以換行字元結尾。

範例一:輸入	範例二:輸入
10 4 7 2 9 6 0 8 1 5 3	3 0 2 1
範例一:正確輸出	範例二:正確輸出
4	2
【說明】4 個小群體是 {0,4,6,8,5},{1,7},{3,9} 和 {2}。	【說明】2 個小群體分別是 {0},{1,2}。

評分說明

輸入包含若干筆測試資料,每一筆測試資料的執行時間限制(time limit)均為 1 秒,依正確通過測資筆數給分。其中:

第 1 子題組 20 分,$1 \leq N \leq 100$,每一個小群體不超過 2 人。

第 2 子題組 30 分,$1 \leq N \leq 1,000$,無其他限制。

第 3 子題組 50 分,$1,001 \leq N \leq 50,000$,無其他限制。

解題重點分析

記得宣告一個 num 變數,紀錄小群組的個數。第一行是一個正整數 n。另外一開始先設定整數陣列 marked 的所有元素值為 0,表示尚未探訪。

```
for (i=0;i<=n-1;i++){
    scanf("%d",&no[i]); // 從 0 到 N 依序讀取各好友編號
    marked[i]=0;// 初值設定每一個編號都尚未拜訪
}
```

同時設定一個字元變數 find 初設值為 0,用來紀錄是否順利找到小群體。每找到一個群組就將該變數 find 初設值為 1 表示已順利找到小群體。

另外補充說明的是 no[5000] 是用來記錄每位成員的朋友編號,例如底下的輸入資料:

```
10
4 7 2 9 6 0 8 1 5 3
```

表示編號 0 的好友編號為 4，編號 4 的好友編號為 6，編號 6 的好友編號為 8，編號 8 的好友編號為 5，編號 5 的好友編號為 0，因此 {0,4,6,8,5} 就是一個小群體。請參考底下的表格對應說明：

自己編號	0	1	2	3	4	5	6	7	8	9
好友編號	4	7	2	9	6	0	8	1	5	3

要開始找小群體時，可以先從第一個人編號為 0 開始找起，每找到一個小群體就將記錄小群組個數的 num 累加 1，任何被拜訪過的人，則該代表該人索引編號的 marked 陣列值設定為 1，表示已拜訪過。接著再找到下一個沒有拜訪過的人，且不在已找到的群體中，從其開始探訪，再找出下一個小群體，以此類推。這個部份的演算法如下：

```
i=0;
num=0;// 歸零
int find=0;  // 如果還沒找到小群體預設值為 0
int head;
while (find==0) {
    head=i;// 紀錄每一個小群體的頭
    while (no[i]!=head && marked[i]==0 ){
        marked[i]=1;  // 設定已探訪
        i=no[i];     // 繼續探訪他的好友
    }
    num++;    // 累加有多少個小群體
    marked[i]=1;  // 設定已探訪
    find=1;    // 表示已順利找到小群體
    // 依序找出不在已找到的群體中且沒有探訪者，從該編號開始探訪
    for (i=0 ;i<=n-1;i++)
        if (marked[i]==0){
            find=0;
            break;
        }
}
```

參考解答程式碼；小群體 .c

```
01   #include <stdio.h>
02
03   int main(void) {
04      int no[50000];
05      int marked[50000];
```

```
06      int i,n;
07      int num; // 多少個小群體的計數器
08
09      scanf("%d",&n); // 讀取團體人數
10      for (i=0;i<=n-1;i++){
11              scanf("%d",&no[i]); // 從 0 到 N 依序讀取各好友編號
12              marked[i]=0;// 初值設定每一個編號都尚未拜訪
13      }
14      i=0;
15      num=0;// 歸零
16      int find=0; // 如果還沒找到小群體預設值為 0
17      int head;
18      while (find==0) {
19              head=i;// 紀錄每一個小群體的頭
20              while (no[i]!=head && marked[i]==0 ){
21                      marked[i]=1; // 設定已探訪
22                      i=no[i];        // 繼續探訪他的好友
23              }
24              num++; // 累加有多少個小群體
25              marked[i]=1;  // 設定已探訪
26              find=1;   // 表示已順利找到小群體
27              // 依序找出不在已找到的群體中且沒有探訪者，從該編號開始探訪
28              for (i=0 ;i<=n-1;i++)
29                      if (marked[i]==0){
30                              find=0;
31                              break;
32                      }
33      }
34      printf("%d",num);
35      return 0;
36  }
```

範例一執行結果

```
10
4 7 2 9 6 0 8 1 5 3
4
--------------------------------
Process exited after 28.25 seconds with return value 0
請按任意鍵繼續 . . .
```

4 個小群體是 {0,4,6,8,5}, {1,7}, {3,9} 和 {2}。

範例二執行結果

```
3
0 2 1
2
------------------------------------
Process exited after 7.322 seconds with return value 0
請按任意鍵繼續 . . .
```

2 個小群體分別是 {0},{1,2}。

程式碼說明

- 第 4 列：記錄好友編號的陣列。

- 第 5 列：宣告一個是否已探訪的整數陣列，如果陣列值為 0 表示該人編號還沒有探訪，但如果該人編號已被探訪，則將該陣列值設定為 1。

- 第 9 列：輸入第一行資料，第一行是一個正整數 n，說明團體中人數。

- 第 10~13 列：輸入第二行資料，第二行依序是 0 的好友編號、1 的好友編號、……、n-1 的好友編號。共有 n 個數字，包含 0 到 n-1 的每個數字恰好出現一次，數字間會有一個空白隔開。

- 第 15 列：小群體個數統計的變數一開始要記得歸零。

- 第 16 列：用來紀錄是否順利找到小群體。

- 第 18~33 列：尋找小群體的主要程式段，首先先從第一個人開始找起，每找到一個小群體，就再找另一個沒有被拜訪的成員且不在其他小群體的人，再次找出另一個小群體，如果全部探訪完畢就離開迴圈。

- 第 34 列：輸出小群體的個數。不要有任何多餘的字或空白，並以換行字元結尾。

第 ❸ 題：數字龍捲風

問題描述

給定一個 N*N 的二維陣列，其中 N 是奇數，我們可以從正中間的位置開始，以順時針旋轉的方式走訪每個陣列元素恰好一次。對於給定的陣列內容與起始方向，請輸出走訪順序之內容。下面的例子顯示了 N=5 且第一步往左的走訪順序：

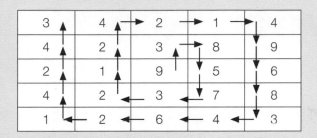

依此順序輸出陣列內容則可以得到「9123857324243421496834621」。

類似地，如果是第一步向上，則走訪順序如下：

依此順序輸出陣列內容則可以得到「9385732124214968346214243」。

輸入格式

輸入第一行是整數 N，N 為奇數且不小於 3。第二行是一個 0~3 的整數代表起始方向，其中 0 代表左、1 代表上、2 代表右、3 代表下。第三行開始 N 行是陣列內容，順序是由上而下，由左至右，陣列的內容為 0~9 的整數，同一行數字中間以一個空白間隔。

輸出格式

請輸出走訪順序的陣列內容，該答案會是一連串的數字，數字之間不要輸出空白，結尾有換行符號。

範例一：輸入	範例二：輸入
5	3
0	1
3 4 2 1 4	4 1 2
4 2 3 8 9	3 0 5
2 1 9 5 6	6 7 8
4 2 3 7 8	
1 2 6 4 3	
範例一：正確輸出	範例二：正確輸出
9123857324243421496834621	012587634

評分說明

輸入包含若干筆測試資料，每一筆測試資料的執行時間限制（time limit）均為 1 秒，依正確通過測資筆數給分。其中：

第 1 子題組 20 分，$3 \leq N \leq 5$，且起始方向均為向左。

第 2 子題組 80 分，$3 \leq N \leq 49$，起始方向無限定。

提示：本題有多種處理方式，其中之一是觀察每次轉向與走的步數。例如，起始方向是向左時，前幾步的走法是：左 1、上 1、右 2、下 2、左 3、上 3、……一直到出界為止。

解題重點分析

本題目要求這個 N*N 的二維陣列，從正中間的位置開始，以順時針旋轉的方式走訪每個陣列的元素恰好一次。本實作題的程式設計重點在於觀察「每次走的方向」及「每次走的步數」，目前可以走的方向有四個，必須先讀取測試資料的第二列數字，如果第二列數字是 0 代表向左移動，1 代表向上移動，2 代表向右移動，3 代表向下移動。例如假設起始方向為向上移動（即第二列數字為 1）時，從最中間的位置開始走，前幾步的走法為：向上走 1 步、向右走 1 步、向下走 2 步、向左走 2 步、向上走 3 步、向右走 3 步、向下走 4 步、向左走 4 步、向上走 5 步、向右走 5 步…一直到走出矩陣外面為止。

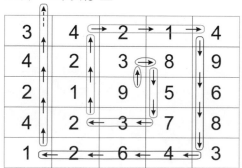

第5步走出矩陣外面，已經出界，所以停止。

這是典型觀察數列變化的程式設計題目，我們必須先找出數列之間變化的規則性，相關解題技巧摘要如下：

1. 一開始先宣告一個方向向量的二維陣列，該陣列依索引位置 0、1、2、3 分別左、上、右、下的四個方向的橫向列及縱向行索引值的數值變化。例如底下的程式碼片段：

```
const int direction[4][2]={{0,-1},{-1,0},{0,1},{1,0}};
```

2. 從數列的變化可以看出每經歷兩個方向後，必須在下一個方向轉變時，走的步數要累加 1 步，接著再經歷兩個方向後，走的步數又會累加 1 步。同時每走完四個方向為一循環，請看底下數列的變化說明：

   1（向上）方向走 1 步

   2（向右）方向走 1 步

   3（向下）方向走 2 步　　　（每經歷兩個方向後，走的步數要累加 1）

   0（向左）方向走 2 步

   1（向上）方向走 3 步　　　（每經歷兩個行進方向改變後，走的步數要累加 1；每走向
   　　　　　　　　　　　　　　上下右下左四個方向後又回復到上右下右的方向）

   2（向右）方向走 3 步

   3（向下）方向走 4 步　　　（每經歷兩個行進方向改變後，走的步數要累加 1）

   0（向左）方向走 4 步

   1（向上）方向走 5 步　　　（每經歷兩個行進方向改變後，走的步數要累加 1；每走向
   　　　　　　　　　　　　　　上下右下左四個方向後又回復到上右下右的方向）

   2（向右）方向走 5 步

   ………………

底下為本程式各變數所代表的意義：

■ n 讀取測試的檔案資料的第一列，必須是整數，而且是不小於 3 的奇數。

■ 變數 dir 是用來記錄中間位置的起始方向，每改變一個方向時，該變數值要累加 1。同時每改變 4 次不同的方向，就必須回到原先的起始方向。在程式的作法如下：

```
dir++;
dir %=4;
```

- data[n][n] 二維陣列用來記錄陣列內容。

- step 用來控制同一個方向要持續走多少步。

- stepcounter 行進方向變化的計數器，每經歷兩個行進方向改變後，下一個方向向走的步數要累加 1，即 step++。

- counter 用來記錄已走訪的陣列元素個數。

參考解答程式碼；數字龍捲風 .c

```
01   #include <stdio.h>
02   #include <math.h>
03   #define testdata "data1.txt"
04
05   // 方向向量，其中 0 代表左 、1 代表上 、2 代表右 、3 代表下
06   const int direction[4][2]={{0,-1},{-1,0},{0,1},{1,0}};
07
08   int main()
09   {
10       FILE *fp;
11       int n;
12       int row;
13       int col;
14
15       fp=fopen(testdata,"r");
16       fscanf(fp,"%d", &n);   // 輸入 第一行 是整數 N，N 為奇數且不小於 3。
17       int dir; // 用來記錄中間位置的起始方向
18       /*
19       紀錄移動方式的變數 , 一個 0~3 的整數 代表起始方向，
20       其中 0 代表左 、1 代表上 、2 代表右 、3 代表下。
21       */
22       fscanf(fp,"%d", &dir);
23       int data[n][n]; // 用來記錄陣列內容
24       for (int i = 0; i < n; i++)
25           for (int j = 0; j < n; j++)
26               fscanf(fp,"%d", &data[i][j]);
27
28       int step = 1; // 用來控制同一個方向要持續走多少步
29       int stepcounter = 0; // 行進方向變化的計數器
30       int counter = 1; // 用來記錄已走訪的陣列元素個數
31       row = floor(n / 2);
32       col = floor(n / 2);
33       printf("%d", data[row][col]);
```

```
34      while (counter < n * n) {
35          for (int i = 0; i < step; i++) {
36              row += direction[dir][0];
37              col += direction[dir][1];
38              printf("%d", data[row][col]);
39              counter++;
40              if (counter == n * n) break;
41          }
42          stepcounter++;
43          if (stepcounter % 2 == 0) step++;
44          dir++;
45          dir %= 4; //0,1,2,3 移動方向四個一循環
46      }
47      return 0;
48  }
```

範例一輸入

```
5
0
3 4 2 1 4
4 2 3 8 9
2 1 9 5 6
4 2 3 7 8
1 2 6 4 3
```

範例一輸出

```
9123857324243421496834621
------------------------------------
Process exited after 0.1931 seconds with return value 0
請按任意鍵繼續 . . .
```

範例二輸入

```
3
1
4 1 2
3 0 5
6 7 8
```

範例二輸出

```
012587634
----------------------------------------
Process exited after 0.1927 seconds with return value 0
請按任意鍵繼續 . . .
```

程式碼說明

- 第6列：方向向量，其中0代表左、1代表上、2代表右、3代表下。

- 第22列：讀入 dir 變數的值，此變數記錄移動方式的變數，一個0~3的整數代表起始方向，其中0代表左、1代表上、2代表右、3代表下。

- 第23~26列：讀取 data[n][n] 二維陣列，是用來記錄陣列內容。

- 第28列：用來控制同一個方向要持續走多少步。

- 第29列：行進方向變化的計數器。

- 第30列：用來記錄已走訪的陣列元素個數。

- 第31~32列：計算二維陣列正中間位置的橫向及縱向的索引值。

- 第34~46列：從最中間位置開始出發，每輸出一個位置的數字，就累加 counter 計數器變數，當 counter 值等於 n*n 時，就跳離迴圈，另外每累積2個方向，下一個方向一次要走的步伐就要加1。

第❹題：基地台

問題描述

為因應資訊化與數位化的發展趨勢，某市長想要在城市的一些服務點上提供無線網路服務，因此他委託電信公司架設無線基地台。某電信公司負責其中 N 個服務點，這 N 個服務點位在一條筆直的大道上，它們的位置（座標）係以與該大道一端的距離 P[i] 來表示，其中 i=0~N-1。由於設備訂製與維護的因素，每個基地台的服務範圍必須都一樣，當基地台架設後，與此基地台距離不超過 R（稱為基地台的半徑）的服務點都可以使用無線網路服務，也就是說每一個基地台可以服務的範圍是 D=2R（稱為基地台的直徑）。現在電信公司想要計算，如果要架設 K 個基地台，那麼基地台的最小直徑是多少才能使每個服務點都可以得到服務。

基地台架設的地點不一定要在服務點上，最佳的架設地點也不唯一，但本題只需要求最小直徑即可。以下是一個 N=5 的例子，五個服務點的座標分別是 1、2、5、7、8。

假設 K=1，最小的直徑是 7，基地台架設在座標 4.5 的位置，所有點與基地台的距離都在半徑 3.5 以內。假設 K=2，最小的直徑是 3，一個基地台服務座標 1 與 2 的點，另一個基地台服務另外三點。在 K=3 時，直徑只要 1 就足夠了。

輸入格式

輸入有兩行。第一行是兩個正整數 N 與 K，以一個空白間格。第二行 N 個非負整數 P[0]，P[1]，…，P[N-1] 表示 N 個服務點的位置，這些位置彼此之間以一個空白間格。請注意，這 N 個位置並不保證相異也未經過排序。本題中，K<N 且所有座標是整數，因此，所求最小直徑必然是不小於 1 的整數。

輸出格式

輸出最小直徑，不要有任何多餘的字或空白並以換行結尾。

範例一：輸入	範例二：輸入
5 2 5 1 2 8 7	5 1 7 5 1 2 8
範例一：正確輸出	範例二：正確輸出
3	7
【說明】如題目中之說明。	【說明】如題目中之說明。

評分說明

輸入包含若干筆測試資料，每一筆測試資料的執行時間限制 (time limit) 均為 2 秒，依正確通過測資筆數給分。其中：

第 1 子題組 10 分，座標範圍不超過 100，$1 \leq K \leq 2$，K<N ≤ 10。

第 2 子題組 20 分，座標範圍不超過 1,000，$1 \leq K<N \leq 100$。

第 3 子題組 20 分，座標範圍不超過 1,000,000,000，$1 \leq K<N \leq 500$。

第 4 子題組 50 分，座標範圍不超過 1,000,000,000，$1 \leq K<N \leq 50,000$。

解題重點分析

本題要求輸出基地台架設的最小直徑，基地台的直徑大小最小為 1，最大為 floor（（服務站最大座標 - 服務站最小座標）/ 基地台個數）+1，其中 floor 功能是是取比參數小之的最大整數。接著，我們必須設定一個可以傳入一個整數的直徑參數 diameter 的函數，該函數會回傳字元資料型態，在題目給定的 K 個基地台前題下，如果所傳入的直徑參數 diameter，可以覆蓋所有給定的 N 個服務點，則回傳 'Y'，表示此直徑符合條件。但如果所傳入的直徑參數 diameter，無法覆蓋所有服務點，則回傳 'N'，表示此直徑不符合條件。

有了這樣的基本理解後，接著就必須由小到大逐一判斷，在所有給定的直徑中，找出能覆蓋所有服務點的最小直徑。其實這有幾種作法：循序搜尋法、二分搜尋法、內插搜尋法、費氏搜尋法、雜湊搜尋法等，這些搜尋法都有其優缺點。

一般而言，內插搜尋法優於循序搜尋法，而如果資料的分佈愈平均，則搜尋速度愈快，甚至可能第一次就找到資料。此法的時間複雜度取決於資料分佈的情況而定，平均而言優於 O(log n)。另外，使用內插搜尋法資料需先經過排序。

綜合上述三種作法的優缺點，再考量實作程式的難易度，本題筆者採用二分搜尋法。

首先我們先來看看這個判斷程式的相關程式碼片段，這個函式的名稱為 isCovered，該函式功能可以測試傳入的基地台直徑 diameter 參數，是否覆蓋所有據服務點。底下為該函式的程式碼片段：

```c
char isCovered(int diameter) {
    int coverage =0; // 基地台覆蓋範圍
    int number = 0; // 基地台數量的計數器
    int pos = 0;// 服務點索引編號從 0 開始

    for (int i=0;i<N;i++)  // 從最前面服務點開始找起
    {
        coverage = P[pos] + diameter;  // 基地台的覆蓋範圍
        number++;   // 記錄基地台數目的計數器，此處要累加 1
        /*
            如果基地台數量大於 K，則傳回 'N'，表示這個直徑大小
            所涵蓋的範圍，無法完全覆蓋所有服務點
        */
        if(number>K)
            return 'N';
        // 如果涵蓋全部服務點且基地台數量小於 K 則傳回 'Y'
        if((number<=K) && (P[N-1]<=coverage) )
```

```
            return 'Y';
        do{   // 直接跳到下一個沒有被涵蓋的服務點
            pos++;
        }while (P[pos]<=coverage);
    }
}
```

接著來介紹本程式會使用到的各變數所代表的意義：

■ 整數 N：服務點數目。

■ 整數 K：基地台數目。

■ 一維整數陣列 P[50000]：服務點的距離資訊。

■ 整數 min：二分搜尋法的下邊界索引值，初設的最小直徑從 1 開始。

■ 整數 max：二分搜尋法的上邊界索引值，初設的最大直徑為 floor（（服務站最大座標 - 服務站最小座標）/ 基地台個數）+1，答案介於 min 及 max 這兩數之間，使用二分搜尋法找出答案。

■ 整數 med：二分搜尋法用來加速找到答案的中間索引值 mid。

在主程式一開始先讀入服務點及基地台數量，接著再讀取各個服務點位置，並將取得的位置資訊存入一維陣列 P，為了可以進行二分搜尋法的先決條件是所搜尋的資料序列必須先行排序，一般的作法是由小到大排序。

底下為主程式中二分搜尋演算法的程式碼片段：

```
while(lower_bound <= upper_bound) {
    med = floor((lower_bound + upper_bound) / 2);   // 二分搜尋法
    // 如果傳回 'Y'，表示傳入 med 直徑的大小符合條件，
    // 接著將此傳入的直徑數值縮小後，再進行判斷
    if(isCovered(med)=='Y')
        upper_bound = med;
    // 如果傳回 'N'，表示傳入 med 直徑的大小不符合條件，
    // 再接著將此傳入的直徑數值縮放大後，再進行判斷
    else
        lower_bound = med + 1;
    if(lower_bound == upper_bound)
        break;
}
```

參考解答程式碼；基地台 .c

```
01   #include <stdio.h>
02   #include <math.h>
03   #define testdata "data2.txt"
04
05   void mysort(int*,int); //mysort 函式宣告，會將傳入陣列排序
06   char isCovered(int); //isCovered 函式宣告，回傳值為字元
07
08   int N;   // 服務點數目
09   int K;   // 基地台數目
10   int P[50000];   // 記錄服務點的距離資訊
11
12   int main(void) {
13       int lower_bound;
14       int upper_bound;
15       int med;
16       FILE *fp;
17
18       fp=fopen(testdata,"r");
19       fscanf(fp,"%d%d", &N, &K);   // 輸入服務點及基地台數目
20       for(int i=0; i<N; i++) {
21           fscanf(fp,"%d", &P[i]);
22       }
23       // 由小到大排序
24       mysort(P,N);
25       // 最小直徑為 1，
26       // 最大直徑為 floor((服務站最大座標 - 服務站最小座標) / 基地台個數) + 1
27       // 答案介於這兩數之間，使用二分搜尋法找出答案。
28       lower_bound = 1;   // 最小值從 1 開始
29       upper_bound = floor((P[N-1]-P[0])/K) + 1;// 其中 floor 函數功能是取比
                                                    參數小的最大整數
30       while(lower_bound <= upper_bound) {
31           med = floor((lower_bound + upper_bound) / 2);   // 二分搜尋法
32           // 如果傳回 'Y'，表示傳入 med 直徑的大小符合條件，
33           // 接著將此傳入的直徑數值縮小後，再進行判斷
34           if(isCovered(med)=='Y')
35               upper_bound = med;
36           // 如果傳回 'N'，表示傳入 med 直徑的大小不符合條件，
37           // 再接著將此傳入的直徑數值縮放大後，再進行判斷
38           else
39               lower_bound = med + 1;
40           if(lower_bound == upper_bound)
41               break;
42       }
43       printf("%d\n", med);
```

```
44       return 0;
45   }
46
47   // 自訂將 mysort 函式，傳入陣列的值由小到大排序後再回傳
48   void mysort(int *a, int l) {
49       int i, j;
50       int v;
51       // 開始排序
52       for(i = 0; i < l - 1; i ++)
53           for(j = i+1; j < l; j ++)
54           {
55               if(a[i] > a[j])
56               {
57                   v = a[i];
58                   a[i] = a[j];
59                   a[j] = v;
60               }
61           }
62   }
63
64   // 自訂 isCovered 函式，測試所傳入的基地台直徑 diameter 參數，
65   // 可否覆蓋所有據服務點，可以則回傳 'Y'，不可以則回傳 'N"
66   char isCovered(int diameter) {
67       int coverage =0; // 基地台覆蓋範圍
68       int number = 0; // 基地台數量的計數器
69       int pos = 0;// 服務點索引編號從 0 開始
70
71       for (int i=0;i<N;i++) // 從最前面服務點開始找起
72       {
73           coverage = P[pos] + diameter;  // 基地台的覆蓋範圍
74           number++;  // 記錄基地台數目的計數器，此處要累加 1
75           /*
76                   如果基地台數量大於 K，則傳回 'N'，表示這個直徑大小
77                   所涵蓋的範圍，無法完全覆蓋所有服務點
78           */
79           if(number>K)
80               return 'N';
81           // 如果涵蓋全部服務點且基地台數量小於 K 則傳回 'Y'
82           if((number<=K) && (P[N-1]<=coverage) )
83               return 'Y';
84           do{   // 直接跳到下一個沒有被涵蓋的服務點
85               pos++;
86           }while (P[pos]<=coverage);
87       }
88   }
```

範例一執行結果

```
請輸入服務點及基地台數。中間以空白隔開。例如:5 2
5 2
請輸入各個服務點位置。中間以空白隔開。例如:5 1 2 8 7
5 1 2 8 7
3

------------------------------------
Process exited after 7.955 seconds with return value 0
請按任意鍵繼續 . . .
```

範例二執行結果

```
請輸入服務點及基地台數。中間以空白隔開。例如:5 2
5 1
請輸入各個服務點位置。中間以空白隔開。例如:5 1 2 8 7
7 5 1 2 8
7

------------------------------------
Process exited after 14.49 seconds with return value 0
請按任意鍵繼續 . . .
```

程式碼說明：

- 第 5 列：mysort 函式宣告，會將傳入陣列排序。

- 第 6 列：isCovered 函式宣告，回傳值為字元。

- 第 8~10 列：服務點數目、基地台數目、記錄服務點的距離資訊三個變數宣告。

- 第 19~22 列：讀入服務點及基地台數量，接著再讀取各個服務點位置，並將取得的位置資訊存入一維陣列 P。

- 第 24 列：依據一維陣列 P 所記錄服務點的距離資訊由小到大排序。

- 第 28~42 列：使用二分搜尋法找出符合題意的最小直徑。

- 第 48~62 列：自訂將 mysort 函式，傳入陣列的值由小到大排序後再回傳。

- 第 66~88 列：自訂 isCovered 函式，測試所傳入的基地台直徑 diameter 參數，可否覆蓋所有據服務點。

12

106 年 10 月
試題－實作題解析

第 ❶ 題：邏輯運算子（Logic Operators）

問題描述

小蘇最近在學三種邏輯運算子 AND、OR 和 XOR。這三種運算子都是二元運算子，也就是説在運算時需要兩個運算元，例如 a AND b。對於整數 a 與 b，以下三個二元運算子的運算結果定義如下列三個表格：

a AND b

	b 為 0	b 不為 0
a 為 0	0	0
a 不為 0	0	1

a OR b

	b 為 0	b 不為 0
a 為 0	0	1
a 不為 0	1	1

a XOR b

	b 為 0	b 不為 0
a 為 0	0	1
a 不為 0	1	0

舉例來説：

(1) 0 AND 0 的結果為 0，0 OR 0 以及 0 XOR 0 的結果也為 0。

(2) 0 AND 3 的結果為 0，0 OR 3 以及 0 XOR 3 的結果則為 1。

(3) 4 AND 9 的結果為 1，4 OR 的結果也為 1，但 4 XOR 9 的結果為 0。

請撰寫一個程式，讀入 a、b 以及邏輯運算的結果，輸出可能的邏輯運算為何。

輸入格式

輸入只有一行，共三個整數值，整數間以一個空白隔開。第一個整數代表 a，第二個整數代表 b，這兩數均為非負的整數。第三個整數代表邏輯運算的結果，只會是 0 或 1。

輸出格式

輸出可能得到指定結果的運算，若有多個，輸出順序為 AND、OR、XOR，每個可能的運算單獨輸出一行，每行結尾皆有換行。若不可能得到指定結果，輸出 IMPOSSIBLE。（注意輸出時所有英文字母均為大寫字母。）

範例一：輸入	範例二：輸入	範例三：輸入	範例四：輸入
0 0 0	1 1 1	3 0 1	0 0 1
範例一：正確輸出	範例二：正確輸出	範例三：正確輸出	範例四：正確輸出
AND OR XOR	AND OR	OR XOR	IMPOSSIBLE

> **評分說明**
>
> 輸入包含若干筆測試資料，每一筆測試資料的執行時間限制（time limit）均為 1 秒，
> 依正確通過測資筆數給分。其中：
>
> 第 1 子題組 80 分，a 和 b 的值只會是 0 或 1。
>
> 第 2 子題組 20 分，$0 \leq a,b < 10,000$。

解題重點分析

C 語言中和本實作題相關的位元邏輯運算子，分別是 & (AND)、| (OR)、^ (XOR)：

≫ &（AND）

執行 AND 運算時，對應的兩字元都為 1 時，運算結果才為 1，否則為 0。例如：a=12，
則 a&38 得到的結果為 4，因為 12 的二進位表示法為 1100，38 的二進位表示法為
100110，兩者執行 AND 運算後，結果為十進位的 4。如下圖所示：

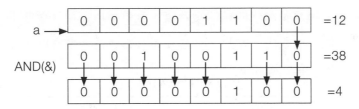

≫ |（OR）

執行 OR 運算時，對應的兩字元只要任一字元為 1 時，運算結果為 1，也就是只有兩字元
都為 0 時，才為 0。例如 a=12，則 a|38 得到的結果為 46，如下圖所示：

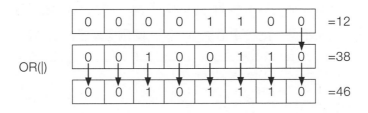

≫ ^（XOR）

執行 XOR 運算時，對應的兩字元只有任一字元為 1 時，運算結果為 1，但是如果同時為 1 或 0 時，結果為 0。例如 a=12，則 a^38 得到的結果為 42，如下圖所示：

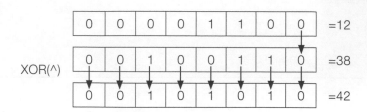

根據本題目所定義的三種邏輯運算子，各位可以發現：

- AND 運算子必須兩個運算元同時不為 0，結果值才會為 1，否則結果值為 0。

- OR 運算子必須兩個運算元同時為 0，其結果值才會為 0，否則結果值為 1。

- XOR 運算子的兩個運算元必須一個為 0、另一個不為 0，結果值才會為 1。但是如果是兩個運算元同時為 0 或同時不為 0，結果值則為 0。

但 C/C++ 語言的 &(AND)、|(OR)、^(XOR) 是屬於位元邏輯運算子，它只會針對運算元進行運算，為了加速程式撰寫及簡化問題的複雜度，我們可以運用一個技巧，先將所有大於 1 的整數 a 或 b 直接以 1 來取代，如此一來當 a 與 b 進行位元運算時，就可以降低程式複雜度，並加快執行速度。程式碼如下：

```
if(a>0)  a = 1;
if(b>0)  b = 1;
```

程式中會輸入三個整數及宣告三個變數來儲存不同運算子的運算結果。我們可以分三個運算子來加以分類，如果 a&b 的結果值等於 c，則表示這個運算子符合邏輯運算的結果值。and_op 是用來記錄整數 a 及整數 b 經過 &(AND) 運算子的結果值是否符合答案 c？如果是，則設定值為 1；如果不是，則設定值為 0。其它兩個運算子作法類似，程式碼如下：

```
if((a&b)==c)  and_op=1; else and_op=0;
if((a|b)==c)  or_op=1; else or_op=0;
if((a^b)==c)  xor_op=1; else xor_op=0;
```

接著只要判斷記錄每一種運算子的執行結果的變數值是否為 1，如果等於 1，再輸出代表該運算子的英文字（AND、OR 或 XOR），並進行換行動作。當三種運算子的執行結果的變數值都為 0 時，則印出「IMPOSSIBLE」後進行換行動作。此段程式碼如下：

```
if (and_op==1) printf("AND\n");
if (or_op==1) printf("OR\n");
if (xor_op==1) printf("XOR\n");

if (and_op==0 && or_op==0 && xor_op==0)
    printf("IMPOSSIBLE\n");
```

參考解答程式碼：邏輯運算子 .c

```
01   #include <stdio.h>
02
03   int main() {
04       int a, b, c;
05       printf(" 請輸入三個整數 , 例如 1 1 1 \n");
06       scanf("%d %d %d", &a, &b, &c);
07       int and_op, or_op, xor_op;
08
09       if(a>0)   a = 1;
10       if(b>0)   b = 1;
11       if((a&b)==c)   and_op=1; else and_op=0;
12       if((a|b)==c)   or_op=1; else or_op=0;
13       if((a^b)==c)   xor_op=1; else xor_op=0;
14
15       if (and_op==1) printf("AND\n");
16       if (or_op==1) printf("OR\n");
17       if (xor_op==1) printf("XOR\n");
18
19       if (and_op==0 && or_op==0 && xor_op==0)
20           printf("IMPOSSIBLE\n");
21
22       return 0;
23   }
```

範例一執行結果

```
請輸入三個整數，數值以空白分開
0 0 0
AND
OR
XOR

----------------------------------
Process exited after 6.685 seconds with return value 0
請按任意鍵繼續 . . .
```

範例二執行結果

```
請輸入三個整數，數值以空白分開
1 1 1
AND
OR

------------------------------------
Process exited after 3.507 seconds with return value 0
請按任意鍵繼續 . . .
```

範例三執行結果

```
請輸入三個整數，數值以空白分開
3 0 1
OR
XOR

------------------------------------
Process exited after 7.722 seconds with return value 0
請按任意鍵繼續 . . . ▪
```

範例四執行結果

```
請輸入三個整數，數值以空白分開
0 0 1
IMPOSSIBLE

------------------------------------
Process exited after 6.083 seconds with return value 0
請按任意鍵繼續 . . . ▪
```

程式碼說明

- 第 4~6 列：宣告三個整數型態的變數，接著輸入三個整數，數值以空白分開。

- 第 7 列：宣告三個變數用來儲存這三個邏輯運算子經運算後是否等於答案 c。

- 第 9~10 列：將所有大於 1 的整數 a 或 b 直接以 1 來取代。

- 第 11 列：用來記錄整數 a 及整數 b 經過 &(AND) 運算子的邏輯運算結果值是否符合答案 c？如果是，則設定值為 1；如果不是，則設定值為 0。

- 第 12 列：用來記錄整數 a 及整數 b 經過 |(OR) 運算子的邏輯運算結果值是否符合答案 c？如果是，則設定值為 1；如果不是，則設定值為 0。

- 第 13 列：用來記錄整數 a 及整數 b 經過 ^(XOR) 運算子的邏輯運算結果值是否符合答案 c？如果是，則設定值為 1；如果不是，則設定值為 0。

- 第 15~17 列：判斷記錄每一種運算子的執行結果的陣列值是否為 1，如果等於 1，再輸出該運算子，並進行換行動作。

- 第 19~20 列：當三種運算子的執行結果的陣列值都為 0 時，則印出「IMPOSSIBLE」後進行換行動作。

第 ❷ 題：交錯字串（Alternating Strings）

問題描述

一個字串如果全由大寫英文字母組成，我們稱為大寫字串；如果全由小寫字母組成則稱為小寫字串。字串的長度是它所包含字母的個數，在本題中，字串均由大小寫英文字母組成。假設 k 是一個自然數，一個字串被稱為「k- 交錯字串」，如果它是由長度為 k 的大寫字串與長度為 k 的小寫字串交錯串接組成。

舉例來説，「StRiNg」是一個 1- 交錯字串，因為它是一個大寫一個小寫交替出現；而「heLLow」是一個 2- 交錯字串，因為它是兩個小寫接兩個大寫再接兩個小寫。但不管 k 是多少，「aBBaaa」、「BaBaBB」、「aaaAAbbCCCC」都不是 k- 交錯字串。

本題的目標是對於給定 k 值，在一個輸入字串找出最長一段連續子字串滿足 k- 交錯字串的要求。例如 k=2 且輸入「aBBaaa」，最長的 k- 交錯字串是「BBaa」，長度為 4。又如 k=1 且輸入「BaBaBB」，最長的 k- 交錯字串是「BaBaB」，長度為 5。

請注意，滿足條件的子字串可能只包含一段小寫或大寫字母而無交替，如範例二。

此外，也可能不存在滿足條件的子字串，如範例四。

輸入格式

輸入的第一行是 k，第二行是輸入字串，字串長度至少為 1，只由大小寫英文字母組成（A~Z, a~z）並且沒有空白。

輸出格式

輸出輸入字串中滿足 k- 交錯字串的要求的最長一段連續子字串的長度，以換行結尾。

範例一：輸入	範例二：輸入	範例三：輸入	範例四：輸入
1	3	2	3
aBBdaaa	DDaasAAbbCC	aafAXbbCDCCC	DDaaAAbbCC
範例一：正確輸出	範例二：正確輸出	範例三：正確輸出	範例四：正確輸出
2	3	8	0

評分說明

輸入包含若干筆測試資料，每一筆測試資料的執行時間限制（time limit）均為 1 秒，依正確通過測資筆數給分。其中：

第 1 子題組 20 分，字串長度不超過 20 且 k=1。

第 2 子題組 30 分，字串長度不超過 100 且 k ≤ 2。

第 3 子題組 50 分，字串長度不超過 100,000 且無其他限制。

提示：根據定義，要找的答案是大寫片段與小寫片段交錯串接而成。本題有多種解法的思考方式，其中一種是從左往右掃描輸入字串，我們需要紀錄的狀態包含：目前是在小寫子字串中還是大寫子字串中，以及在目前大 (小) 寫子字串的第幾個位置。根據下一個字母的大小寫，我們需要更新狀態並且記錄以此位置為結尾的最長交替字串長度。

另外一種思考是先掃描一遍字串，找出每一個連續大 (小) 寫片段的長度並將其記錄在一個陣列，然後針對這個陣列來找出答案。

解題重點分析

本題目要求輸入二行資料，第一行是整數 k，第二行是輸入字串，並將這個字串儲存到字元型態的 str 一維陣列。此處筆者的解題技巧是採用從左往右掃描輸入字串，並紀錄目前是在小寫子字串中還是大寫子字串中，以及目前在這個大（小）寫子字串的第幾個位置。為了可以順利找到所輸入字串的最長交替字串長度，我們必須宣告幾個變數：

```
char capital_letter;       // 前一字元是否為大寫，如果是其值為 'Y'，否則為 'N'
int Upper_no = 0;          // 連續大寫的字元總數
int Lower_no = 0;          // 連續小寫的字元總數
int Alternating_len = 0;   // 目前交錯的字串長度
int longest = 0;           // 最長交錯的字串長度，即本題目要的答案
```

其中變數 capital_letter 紀錄前一個字元是否為大寫，藉此判斷字串是否交替成小寫或持續大寫。另外，要有兩個變數來紀錄連續大寫及連續小寫的字元總數。同時要有兩個變數：Alternating_len 追蹤目前交錯的字串長度及 longest 追蹤最長交錯的字串長度。

在字串掃描過程中，會用到比較大小的功能，各位也可以自訂函數，如下：

```
int max(int x,int y) {
    if (x>=y) return x;
    else return y;
}
```

取得輸入的資料及變數宣告工作後，接著就由左至右開始掃描字串，因為字串的第一個字元前面沒有任何字元，因此在程式設計的作法上，必須以第 1 個字元及第 2 個（含）以後的字元這兩種情況分別處理。

≫ 處理第 1 個字元的作法

必須先判斷第一個字元是否為小寫，如果是小寫，則將「capital_letter」的字元變數設定為「N」，並將紀錄連續小寫的變數 Lower_no 的值設為 1。接著判斷如果題目所輸入的 k 值為 1，則這個字元就符合交錯字元的條件，此時就必須將紀錄目前交錯字串長度的變數 Alternating_len 及 longest 設定為數值 1。

但是如果第一個字元經判斷為大寫，則將「capital_letter」的字元變數設定為「Y」，並將紀錄連續大寫的變數 Upper_no 的值設為 1。接著判斷如果題目所輸入的 k 值為 1，則這個字元就符合交錯字元的條件，此時就必須將紀錄目前交錯字串長度的變數 Alternating_len 及 longest 設定為數值 1。相關演算法如下：

```
// 處理第一個字元的作法
if(islower(str[0])) {
    capital_letter = 'N';  // 第一個字元是小寫
    Lower_no = 1;  // 連續小寫為 1
    if(k==1) {
```

```
        Alternating_len = 1;
        longest = 1;
    }
}
else {   // 大寫字母
    capital_letter = 'Y';   // 第一個字元是大寫
    Upper_no = 1;   // 連續大寫為 1
    if(k==1) {
        Alternating_len = 1;
        longest = 1;
    }
}
```

≫ 處理第 2 個（含）以後的字元的作法

這種情況就必須分底下四種情況來分別處理：

1. 此字元為小寫且前字元也是小寫

2. 此字元為小寫且前字元為大寫

3. 此字元為大寫且前字元也是大寫

4. 此字元為大寫且前字元為小寫

在實作這一部份的程式碼中有兩點程式技巧要特別作一說明：

1. 每取得一個目前交錯字串的長度後，必須與最長交錯的字串長度比較大小，再將較大值儲存到 longest 變數中。

```
longest = max(Alternating_len, longest);
```

2. 不論大寫字母或小寫字母，當連續大寫的字元總數大於 k，超過的部份不列入目前交錯的字串長度。

參考解答程式碼：交錯字串 .c

```
01  #include <stdio.h>
02  #include <string.h>
03  #include <ctype.h>
04
05  int max(int x,int y) {
06      if (x>=y) return x;
```

```
07        else return y;
08    }
09
10    int main(void) {
11        int k;
12        printf(" 輸入 k 值 ( 整數 ): ");   // 輸入 k 值 ( 整數 )
13        scanf("%d", &k);
14        char str[100000];
15        printf(" 輸入字串: ");   // 輸入字串
16        scanf("%s", str);
17
18        char capital_letter;   // 前一字元是否為大寫，如果是其值為 'Y'，否則為 'N'
19        int Upper_no = 0;   // 連續大寫的字元總數
20        int Lower_no = 0;   // 連續小寫的字元總數
21        int Alternating_len = 0;   // 目前交錯的字串長度
22        int longest = 0;   // 最長交錯的字串長度，即本題目要的答案
23
24        // 處理第一個字元的作法
25        if(islower(str[0])) {
26            capital_letter = 'N';   // 第一個字元是小寫
27            Lower_no = 1;   // 連續小寫為 1
28            if(k==1) {
29                Alternating_len = 1;
30                longest = 1;
31            }
32        }
33        else {   // 大寫字母
34            capital_letter = 'Y';   // 第一個字元是大寫
35            Upper_no = 1;   // 連續大寫為 1
36            if(k==1) {
37                Alternating_len = 1;
38                longest = 1;
39            }
40        }
41        // 第 2 個以後的字元的作法
42        for(int i=1; i<strlen(str); i++) {
43            if(islower(str[i]) && capital_letter=='N') {
                                    // 此字元為小寫且前字元也是小寫
44                Lower_no += 1;
45                Upper_no = 0;
46                if(Lower_no==k) {
47                    Alternating_len += k;
48                    longest = max(Alternating_len, longest);   // 取目較大值
49                }
50                if(Lower_no>k)   Alternating_len = k;   // 超過部分不列入計算
51            }
52            else if(islower(str[i]) && capital_letter=='Y') {
                                    // 此字元為小寫且前字元為大寫
```

```
53              if(Upper_no<k)  Alternating_len = 0;
54              Lower_no = 1;
55              Upper_no = 0;
56              if(k==1) {
57                  Alternating_len += k;
58                  longest = max(Alternating_len, longest);
59              }
60              capital_letter = 'N';   // 設定前一字元為小寫
61          }
62          else if(isupper(str[i]) && capital_letter=='Y') {
                                    // 此字元為大寫且前字元也是大寫
63              Upper_no += 1;
64              Lower_no = 0;
65              if(Upper_no==k) {
66                  Alternating_len += k;
67                  longest = max(Alternating_len, longest);
68              }
69              if(Upper_no>k)  Alternating_len = k;
70          }
71          else if(isupper(str[i]) && capital_letter=='N') {
                                    // 此字元為大寫且前字元為小寫
72              if(Lower_no<k)  Alternating_len = 0;
73              Upper_no = 1;
74              Lower_no = 0;
75              if(Upper_no==k) {
76                  Alternating_len += k;
77                  longest = max(Alternating_len, longest);
78              }
79              capital_letter = 'Y';
80          }
81      }
82      printf("%d\n", longest);
83
84      return 0;
85  }
```

範例一執行結果

```
輸入 k 值(整數): 1
輸入字串: aBBdaaa
2

-----------------------------------
Process exited after 12.1 seconds with return value 0
請按任意鍵繼續 . . .
```

範例二執行結果

```
輸入 k 值<整數>: 3
輸入字串: DDaasAAbbCC
3
_____
Process exited after 16.32 seconds with return value 0
請按任意鍵繼續 . . .
```

範例三執行結果

```
輸入 k 值<整數>: 2
輸入字串: aafAXbbCDCCC
8
_____
Process exited after 14.85 seconds with return value 0
請按任意鍵繼續 . . .
```

範例四執行結果

```
輸入 k 值<整數>: 3
輸入字串: DDaaAAbbCC
0
_____
Process exited after 11.56 seconds with return value 0
請按任意鍵繼續 . . .
```

程式碼說明

- 第 5~8 列：自訂比較大小功能的函數。

- 第 12~16 列：輸入的第一行是 k，第二行是輸入字串，字串長度至少為 1，只由大小寫英文字母組成（A~Z, a~z）並且沒有空白。

- 第 18~22 列：本程式會使用到的變數宣告。

- 第 24~40 列：處理字串第一個字元的程式碼，第 25~32 列為第一個字元為小寫的處理方式，第 33~40 列為第一個字元為大寫的處理方式。

- 第 41~81 列：處理字串第 2 個以後的字元的程式碼，此段程式會以迴圈方式逐一讀取第 2 個字元後的每一個字元，並依照四種情況分別處理：此字元為小寫且前字元也是小寫、此字元為小寫且前字元為大寫、此字元為大寫且前字元也是大寫、此字元為大寫且前字元為小寫。

第 ❸ 題：樹狀圖分析（Tree Analyses）

問題描述

本題是關於有根樹（rooted tree）。在一棵 n 個節點的有根樹中，每個節點都是以 1~n 的不同數字來編號，描述一棵有根樹必須定義節點與節點之間的親子關係。一棵有根樹恰有一個節點沒有父節點（parent），此節點被稱為根節點（root），除了根節點以外的每一個節點都恰有一個父節點，而每個節點被稱為是它父節點的子節點（child），有些節點沒有子節點，這些節點稱為葉節點（leaf）。在當有根樹只有一個節點時，這個節點既是根節點同時也是葉節點。

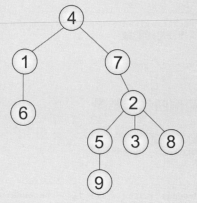

在圖形表示上，我們將父節點畫在子節點之上，中間畫一條邊（edge）連結。例如，圖一中表示的是一棵 9 個節點的有根樹，其中，節點 1 為節點 6 的父節點，而節點 6 為節點 1 的子節點；又 5、3 與 8 都是 2 的子節點。節點 4 沒有父節點，所以節點 4 是根節點；而 6、9、3 與 8 都是葉節點。

樹狀圖中的兩個節點 u 和 v 之間的距離 d(u,v) 定義為兩節點之間邊的數量。如圖一中，d(7, 5)=2，而 d(1, 2)=3。對於樹狀圖中的節點 v，我們以 h(v) 代表節點 v 的高度，其定義是節點 v 和節點 v 下面最遠的葉節點之間的距離，而葉節點的高度定義為 0。如圖一中，節點 6 的高度為 0，節點 2 的高度為 2，而節點 4 的高度為 4。此外，我們定義 H(T) 為 T 中所有節點的高度總和，也就是說 $H(T)= \sum_{v \in T} h(v)$。給定一個樹狀圖 T，請找出 T 的根節點以及高度總和 H(T)。

輸入格式

第一行有一個正整數 n 代表樹狀圖的節點個數，節點的編號為 1 到 n。接下來有 n 行，第 i 行的第一個數字 k 代表節點 i 有 k 個子節點，第 i 行接下來的 k 個數字就是這些子節點的編號。每一行的相鄰數字間以空白隔開。

輸出格式

輸出兩行各含一個整數，第一行是根節點的編號，第二行是 H(T)。

```
範例一：輸入                    範例二：輸入
7                            9
0                            1 6
2 6 7                        3 5 3 8
2 1 4                        0
0                            2 1 7
2 3 2                        1 9
0                            0
0                            1 2
                             0
                             0
範例一：正確輸出                 範例二：正確輸出
5                            4
4                            11
```

評分說明

輸入包含若干筆測試資料，每一筆測試資料的執行時間限制（time limit）均為 1 秒，依正確通過測資筆數給分。測資範圍如下，其中 k 是每個節點的子節點數量上限：

第 1 子題組 10 分，$1 \leq n \leq 4, k \leq 3$, 除了根節點之外都是葉節點。

第 2 子題組 30 分，$1 \leq n \leq 1,000, k \leq 3$。

第 3 子題組 30 分，$1 \leq n \leq 100,000, k \leq 3$。

第 4 子題組 30 分，$1 \leq n \leq 100,000, k$ 無限制。

提示：輸入的資料是給每個節點的子節點有哪些或沒有子節點，因此，可以根據定義找出根節點。關於節點高度的計算，我們根據定義可以找出以下遞迴關係式：(1) 葉節點的高度為 0；(2) 如果 v 不是葉節點，則 v 的高度是它所有子節點的最大高度加一。也就是說，假設 v 的子節點有 a,b 與 c，則 $h(v)=max\{h(a),h(b),h(c)\}+1$。以遞迴方式可以計算出所有節點的高度。

解題重點分析

本題的解析中我們將以範例一進行說明，根據所輸入的資料可以繪製出如右側的樹狀圖；為了儲存樹狀結構的各節點間的關連性，各位可以宣告一個整數的二維陣列 data[n][100] 來儲存樹狀結構的所有資料，其中 n 為樹狀結構節點總數。

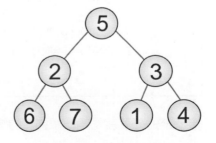

根據題意 h(v) 代表節點 v 的高度，其定義是節點 v 和節點 v 下面最遠的葉節點之間的距離，而葉節點的高度定義為 0。根據這個定義，就可以自訂一個函式 get_height(int)，其主要功能會回傳所傳入的節點編號的高度。本函式的演算法如下：

```c
void get_height(int n){
    for(int i=1; i<=n;i++){
        if(child_no[i]==0){
            int tall=0; // 記錄要計算節點的高度
            int node =parents[i]; // 移動到 i 的父節點
            while (node!=0){
                tall++;
                if(tall>height[node]){
                    height[node]=tall;
                }
                node=parents[node];
            }
        }
    }
}
```

另外有關程式中會用到的陣列變數，說明如下：

```c
int parents[SIZE]={0}; // 記錄每個節點父節點
int height[SIZE]={0}; // 記錄每個節點的高度
int child_no[SIZE]={0}; // 記錄每個節點的子節點數量
```

本程式的作法會從外部檔案來讀入測試資料，根據本題目中輸入格式的提示，我們必須先讀取一個正整數 n，用以代表樹狀圖的節點個數，節點的編號為 1 到 n。接下來有 n 行，則紀錄編號為 1 到 n 有分別有多少個子節點。

以下程式片段為讀取此樹狀圖資料，並儲存到程式中定義的相關變數。

```c
fp=fopen(testdata,"r");
fscanf(fp,"%d",&n); // 從檔案中讀取樹狀圖的節點個數
for (int i=1; i<=n;i++){
    fscanf(fp,"%d",&child_no[i]); // 讀取節點的編號 1 到 n 的子節點個數
    for (int j=1; j<=child_no[i];j++){
        fscanf(fp," %d",&temp); // 依序每一個節點的子節點編號
        parents[temp]=i; // 記錄這些子節點的父節點編號
    }
}
```

接下來的任務就是輸出根節點的編號，並計算各節點的最大高度及輸出所有節點的高度總和。

參考解答程式碼：樹狀圖分析 .c

```
01   #include <stdio.h>
02   #include <stdlib.h>
03   #define testdata "data1.txt"
04   #define SIZE 100000
05
06   void get_height(int); // 取得每個節點的高度
07   void print_root(int); // 將找到的樹狀圖的根節點編號印出
08   long total(int);   // 函數原型宣告，回傳所有節點最大高度總和
09
10   int parents[SIZE]={0}; // 記錄每個節點父節點
11   int height[SIZE]={0}; // 記錄每個節點的高度
12   int child_no[SIZE]={0}; // 記錄每個節點的子節點數量
13
14   int main(void){
15       FILE *fp;
16       int n; // 節點的個數
17       int temp;
18       long sum_of_height;
19
20       fp=fopen(testdata,"r");
21       fscanf(fp,"%d",&n); // 從檔案中讀取樹狀圖的節點個數
22       for (int i=1; i<=n;i++){
23           fscanf(fp,"%d",&child_no[i]); // 讀取節點的編號 1 到 n 的子節點個數
24           for (int j=1; j<=child_no[i];j++){
25               fscanf(fp," %d",&temp); // 依序每一個節點的子節點編號
26               parents[temp]=i; // 記錄這些子節點的父節點編號
27           }
28       }
29       print_root(n);// 輸出根節點的編號
30       get_height(n);// 取得各節點的高度
31       sum_of_height=total(n);// 計算各節點的高度總和
32
33       printf("%ld",sum_of_height);// 輸出所有節點的高度總和
34       return 0;
35   }
36   // 將找到的樹狀圖的根節點編號印出
37   void print_root(int n){
38       for(int i=1;i<=n;i++){
39           if(parents[i]==0)
40               printf("%d\n", i);
41       }
42   }
43   // 取得每個節點的高度
```

```
44  void get_height(int n){
45      for(int i=1; i<=n;i++){
46          if(child_no[i]==0){
47              int tall=0; // 記錄要計算節點的高度
48              int node =parents[i]; // 移動到 i 的父節點
49              while (node!=0){
50                  tall++;
51                  if(tall>height[node]){
52                      height[node]=tall;
53                  }
54                  node=parents[node];
55              }
56          }
57      }
58  }
59  // 回傳所有節點最大高度總和
60  long total(int n){
61      long sum=0; // 最大高度
62      for(int i=1 ; i<=n ; i++){
63          sum = sum + height[i];
64      }
65      return sum;
66  }
```

範例一：輸入

```
7
0
2 6 7
2 1 4
0
2 3 2
0
0
```

範例一：正確輸出

```
5
4

--------------------------------
Process exited after 0.1818 seconds with return value 0
請按任意鍵繼續 . . .
```

範例二：輸入

```
9
1 6
3 5 3 8
0
2 1 7
1 9
0
1 2
0
0
```

範例二：正確輸出

```
4
11

--------------------------------
Process exited after 0.1757 seconds with return value 0
請按任意鍵繼續 . . .

```

程式碼說明

- 第 6~8 列：各種函數原型宣告。

- 第 10~12 列：各種陣列變數的宣告及初值設定。

- 第 15~18 列：區域變數宣告。

- 第 20~28 列：從外部檔案讀取測試資料，並儲存到所宣告的變數及陣列，以供程式計算每個節點高度。

- 第 29 列：輸出根節點編號。

- 第 30 列：取得各節點的高度。

- 第 31 列：計算各節點的高度總和。

- 第 33 列：輸出所有節點的高度總和。

第 ❹ 題：物品堆疊（Stacking）

問題描述

某個自動化系統中有一個存取物品的子系統，該系統是將 N 個物品堆在一個垂直的貨架上，每個物品各佔一層。系統運作的方式如下：每次只會取用一個物品，取用時必須先將在其上方的物品貨架升高，取用後必須將該物品放回，然後將剛才升起的貨架降回原始位置，之後才會進行下一個物品的取用。

每一次升高某些物品所需要消耗的能量是以這些物品的總重來計算，在此我們忽略貨架的重量以及其他可能的消耗。現在有 N 個物品，第 i 個物品的重量是 w(i) 而需要取用的次數為 f(i)，我們需要決定如何擺放這些物品的順序來讓消耗的能量越小越好。舉例來說，有兩個物品 w(1)=1、w(2)=2、f(1)=3、f(2)=4，也就是說物品 1 的重量是 1 需取用 3 次，物品 2 的重量是 2 需取用 4 次。我們有兩個可能的擺放順序（由上而下）：

- (1,2)，也就是物品 1 放在上方，2 在下方。那麼，取用 1 的時候不需要能量，而每次取用 2 的能量消耗是 w(1)=1，因為 2 需取用 f(2)=4 次，所以消耗能量數為 w(1)*f(2)=4。

- (2,1)，也就是物品 2 放在 1 的上方。那麼，取用 2 的時候不需要能量，而每次取用 1 的能量消耗是 w(2)=2，因為 1 需取用 f(1)=3 次，所以消耗能量數 =w(2)*f(1)=6。

在所有可能的兩種擺放順序中，最少的能量是 4，所以答案是 4。再舉一例，若有三物品而 w(1)=3、w(2)=4、w(3)=5、f(1)=1、f(2)=2、f(3)=3。假設由上而下以 (3,2,1) 的順序，此時能量計算方式如下：取用物品 3 不需要能量，取用物品 2 消耗 w(3)*f(2)=10，取用物品 1 消耗 (w(3)+w(2))*f(1)=9，總計能量為 19。如果以 (1,2,3) 的順序，則消耗能量為 3*2+(3+4)*3=27。事實上，我們一共有 3!=6 種可能的擺放順序，其中順序 (3,2,1) 可以得到最小消耗能量 19。

輸入格式

輸入的第一行是物品件數 N，第二行有 N 個正整數，依序是各物品的重量 w(1)、w(2)、…、w(N)，重量皆不超過 1000 且以一個空白間隔。第三行有 N 個正整數，依序是各物品的取用次數 f(1)、f(2)、…、f(N)，次數皆為 1000 以內的正整數，以一個空白間隔。

輸出格式

輸出最小能量消耗值，以換行結尾。所求答案不會超過 63 個位元所能表示的正整數。

範例一（第 1、3 子題）：輸入	範例二（第 2、4 子題）：輸入
2	3
20 10	3 4 5
1 1	1 2 3
範例一：正確輸出	範例二：正確輸出
10	19

評分說明

輸入包含若干筆測試資料，每一筆測試資料的執行時間限制（time limit）均為 1 秒，依正確通過測資筆數給分。其中：

第 1 子題組 10 分，N=2，且取用次數 f(1)=f(2)=1。

第 2 子題組 20 分，N=3。

第 3 子題組 45 分，N ≤ 1,000，且每一個物品 i 的取用次數 f(I)=I。

第 4 子題組 25 分，N < 100,000。

解題重點分析

本範例會用到結構資料型態的概念，所謂結構能允許形成一種衍生資料型態（derived data type），它以 C 語言現有的資料型態作為基礎，允許使用者建立自訂資料型態。因此結構宣告後，只是告知編譯器產生一種新的資料型態，接著還必須宣告結構變數，才可以開始使用結構來存取其成員。結構變數宣告有兩種方式：第一種方式為結構與變數分開宣告，先定義結構主體，再宣告結構變數，或者在定義結構主體時，一併宣告建立結構變數。例如本例中的底下語法：

```
struct obj{
  int w;   // 物體重量
  int f;   // 物體取用次數
};

typedef struct obj OBJECT;
```

上述語法宣告了一個結構資料型態包含兩個結構成員，其中整數 w 可以紀錄物體重量，整數 f 紀錄物體的取用次數，之後宣告一個自訂型態。

為了求取最小消耗能量，必須將最小消耗能量由小到大排序。演算法如下：

```
OBJECT temp;
for(int i=0; i<N-1; i++) {
    for(int j=0; j<N-1-i; j++) {
        if((obj[j].w*obj[j+1].f) > (obj[j+1].w*obj[j].f)) {
            temp = obj[j];
            obj[j] = obj[j+1];
            obj[j+1] = temp;
        }
    }
}
```

排序後再一層一層處理，當計算某一層的最小消耗能量時，必須將該層前面的物品重量進行加總後，再乘以該層物品的取用次數，如此一來就可以計算得到該層的最小消耗能量。程式中必須宣告一個 min_energy_consumption 變數，可以用來累加各層的最小消耗能量，且在程式一開始就必須事先將整數變數 min_energy_consumption 值設定為 0。

另外在計算某一層的最小消耗能量時，會用到加總該層前面的物品重量，這個地方也會用到另外一個整數變數 total，是用來累計前面物品重量總和，該變數初值也為 0。請各位參考下段的程式碼：

```
for(int i=0; i<N-1; i++) { // 一層一層計算各層物品的消耗能量
    total += obj[i].w;   // 累加前面各層物品的重量
    min_energy_consumption += total * obj[i+1].f;// 計算最小消耗能量
}
```

參考解答程式碼：物品堆疊 .c

```
01   #include <stdio.h>
02   #define testdata "data2.txt"
03
04   struct obj{
05       int w;   // 物體重量
06       int f;   // 物體取用次數
07   };
08
```

```
09   typedef struct obj OBJECT;
10
11   int main() {
12       int N;
13
14       FILE *fp;
15       int min_energy_consumption = 0;   // 最小消耗能量
16       int total = 0;  // 物品重量總和
17
18       fp=fopen(testdata,"r");
19       fscanf(fp,"%d", &N);    // 從檔案讀取物體的個數
20
21       OBJECT obj[N];
22       for(int i=0; i<N; i++)   // 從檔案讀取物品重量
23           fscanf(fp,"%d", &obj[i].w);
24       for(int i=0; i<N; i++)  // 從檔案讀取物品取用次數
25           fscanf(fp,"%d", &obj[i].f);
26
27       /*
28       要計算最小消耗能量必須先安排好物品的順序，例如兩個物品 obj[j] 及 obj[j+1]，
29       最佳的物品擺放順序必須以 obj[j].w*obj[j+1].f < obj[j+1].w*obj[j].f 排序，
30       也就是說，該物品越重 (w) 且取用次數 (f) 越小必須放在下層，
31       有了最佳的物品順序後，就可以計算最小消耗能量
32       */
33
34       OBJECT temp;
35       for(int i=0; i<N-1; i++) {
36           for(int j=0; j<N-1-i; j++) {
37               if((obj[j].w*obj[j+1].f) > (obj[j+1].w*obj[j].f)) {
38                   temp = obj[j];
39                   obj[j] = obj[j+1];
40                   obj[j+1] = temp;
41               }
42           }
43       }
44
45       for(int i=0; i<N-1; i++) { // 一層一層計算各層物品的消耗能量
46           total += obj[i].w;   // 累加前面各層物品的重量
47           min_energy_consumption += total * obj[i+1].f;// 計算最小消耗能量
48       }
49
50       printf("%d\n", min_energy_consumption);
51
52       return 0;
53   }
```

範例一：輸入

```
2
20 10
1 1
```

範例一：正確輸出

```
10
_____
Process exited after 0.1953 seconds with return value 0
請按任意鍵繼續 . . .
```

範例二：輸入

```
3
3 4 5
1 2 3
```

範例二：正確輸出

```
19
_____
Process exited after 0.1783 seconds with return value 0
請按任意鍵繼續 . . .
```

程式碼說明

- 第 4~7 列：宣告名稱為 obj 的結構資料型態，該結構有 2 個屬性欄位，一個是整數的 w 為物體重量，另一個是整數的 f 為取用次數。
- 第 18~19 列：從檔案讀取物體的個數。
- 第 21~25 列：從檔案讀取物品重量及物品取用次數。
- 第 34~43 列：將最小消耗能量由小到大排序。
- 第 45~48 列：以 for 迴圈的方式，累積計算各物體的消耗能量。
- 第 50 列：輸出最小能量消耗值，以換行結尾。

A

建置 APCS
檢測練習環境

本附錄的主要目的是希望可以幫助使用者事先熟悉 APCS 檢測環境，可以幫助各位在應考時，不會因為對程式實作環境操作的不熟悉，而影響到考試應有的成績實力。要建置 APCS 檢測環境有幾個主要步驟：

1. 下載 APCS 練習環境 iso 檔案
2. 下載及安裝 VirtualBox 軟體
3. 建立 APCS 檢測環境虛擬機器

A-1 ▶ 下載 APCS 練習環境 iso 檔案

首先請各位到下圖頁面下載 APCS 練習環境 iso 檔案：

https://apcs.csie.ntnu.edu.tw/index.php/info/environment/

下載後的「APCSPractice.iso」請放置在指定的資料夾位置，例如放在 D 槽硬碟根目錄下。

A-2 ► 下載及安裝 VirtualBox 軟體

接著至 https://www.virtualbox.org/wiki/Downloads 下載 VirtualBox 軟體。

接著執行下載的 VirtualBox-6.1.34a-150636-Win.exe，進入軟體安裝過程：

安裝過程請依安裝精靈指示，按「下一步」鈕進行安裝，過程中會出現如下圖的警告畫面，請直接按「是」鈕立即進行安裝：

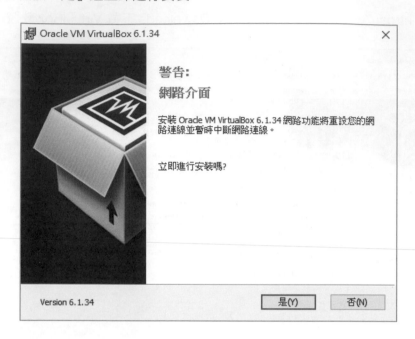

安裝完成後，就會出現下圖畫面：

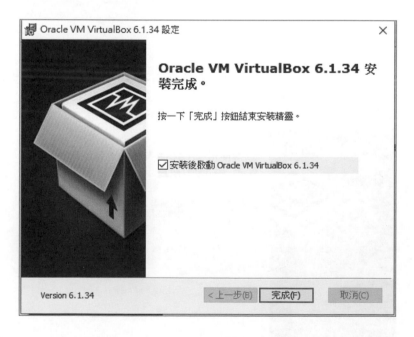

最後按下「完成」鈕就完成 VirtualBox 軟體的安裝。

A-3 ▶ 建立 APCS 虛擬機器

當 VirtualBox 軟體安裝後會自動啟動 Oracle VM VirtualBox，接著按下「新增」鈕建立虛擬機器：

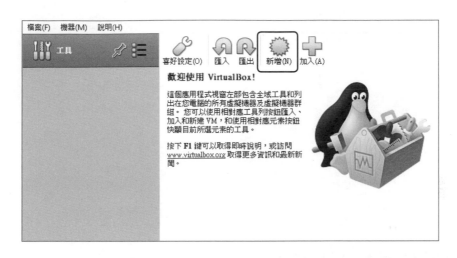

接著於下圖視窗中建立名稱及作業系統，其中「名稱」欄位可以自行輸入，「類型」請設定為「Linux」，「版本」則選擇「Ubuntu (64-bit)」，再按「下一個」鈕：

接著記憶體大小設定為 2048 MB，再按「下一個」鈕：

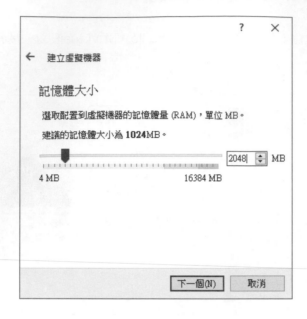

於下圖視窗中選擇「不加入虛擬硬碟」，再按「建立」鈕：

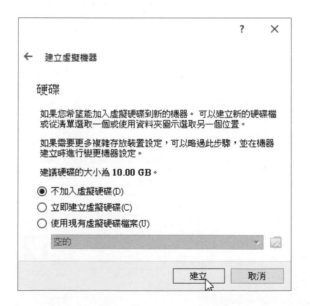

接著直接按下「繼續」鈕：

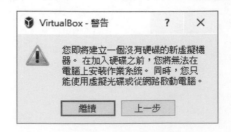

回到「Oracle VM VirtualBox」管理員就可以看到已建立的 APCS 虛擬機器，接著請按右方的「設定」鈕：

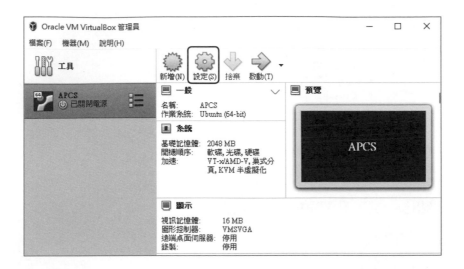

於下圖的設定頁面中先選取左方的「存放裝置」，接著按右方的「加入光碟機」鈕：

再按下圖中的「加入磁碟映像檔」，並於所出現的對話方塊中選擇 D 槽硬碟我們所下載的「APCSPratice.iso」檔案：

加入映像檔後，於下圖頁面中按下「選擇」鈕：

最後回到設定頁面，再按下「確定」鈕就完成建立虛擬機器的工作。

A-4 ▶ 建立 Code Blocks C++ 單一程式檔案

在 APCS 實作題檢測採用建立單一程式檔案，各位可以使用 Python、Java、C 或 C++ 進行程式的撰寫，此處將示範如何利用 Code Blocks 建立單一 C++ 程式檔案。

首先請在「Oracle VM VirtualBox 管理員」中按下「啟動」鈕：

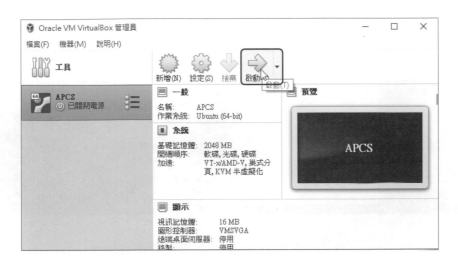

按下「啟動」鈕後，在開機過程中，請選擇「Boot Live system」的啟動方式即可（此選項為預設的啟動方式，10 秒後就會自動啟動），接著會進入下圖的桌面環境，提供了各種不同程式語言的整合式開發環境：

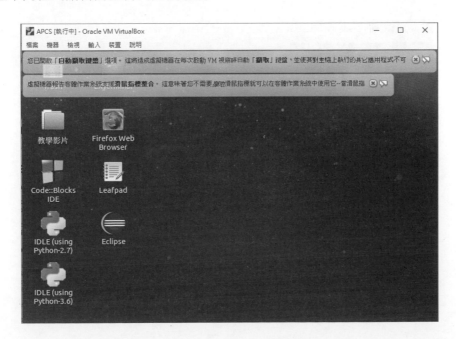

在檢測時會要求將檔案儲存在桌面的 backup 資料夾，為了與檢測環境較為接近，此處建議各位先於此桌面空白處按滑鼠右鍵，然後於快顯功能表執行「Create New/Folder」指令，並新增名稱為「backup」資料夾。

接著為了方便「Windows 系統的剪貼簿」和「虛擬機器的剪貼簿」能夠共用主機與客體的剪貼簿資料，以利撰寫程式時，可以將 Windows 系統的剪貼簿的內容貼到虛擬機器中，此處建議先執行「裝置 / 共用剪貼簿 / 雙向」指令：

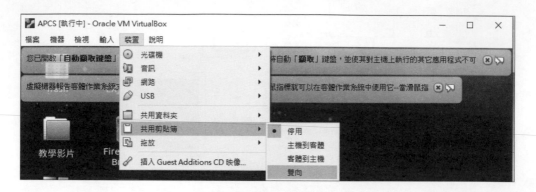

Code Blocks 除了可以建立 C/C++ 專案外，也可以建立單一 C/C++ 程式的設計，底下將示範利用 Code Blocks 建立單一 C++ 程式檔案。

首先請在虛擬機器桌面點選 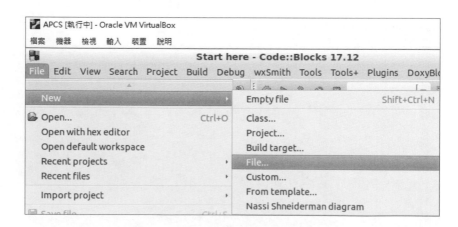 程式捷徑，開啟「Code::Blocks」整合開發環境 (IDE)，接著在「Code::Blocks」IDE 中執行「File/New/File」指令：

於下圖的「New from template」對話方塊中點選「C/C++ source」後，再按下「Go」鈕：

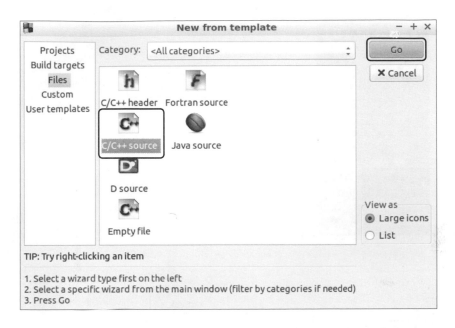

下圖中如果勾選「Skip this page next time」前的核取方塊，下次就不會再顯示此訊息了，接著按下「Next」鈕：

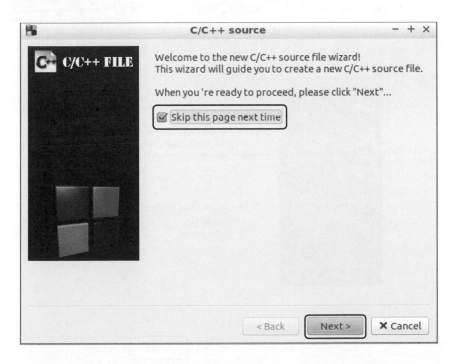

接著選「C++」，再按下「Next」鈕：

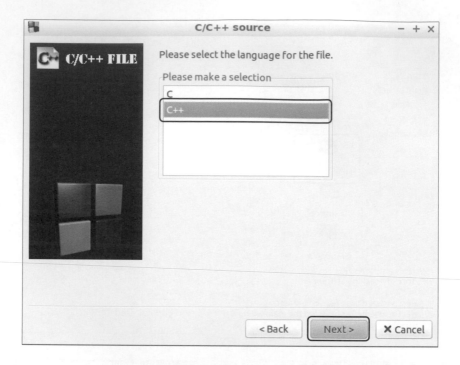

並於下圖中的儲存檔案的完整路徑右方的 ⋯ 鈕選擇程式的儲存位置，並輸入程式檔案的名稱 (例如 hello.cpp)，最後按下 💾 Save 鈕會回到下圖的「C/C++ source」頁面，再按下「Finish」鈕就可以新增程式檔案。

之後就可以於下圖的 Code Blocks 的程式編輯區開啟撰寫程式碼：

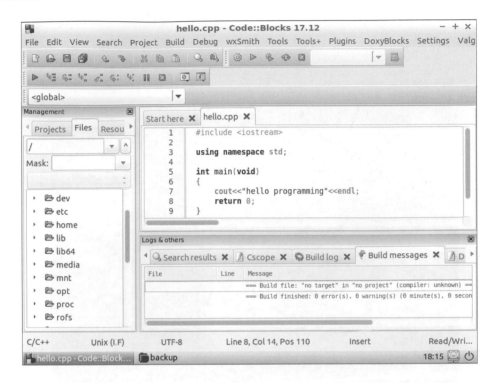

程式撰寫完畢後就可以按工具列的「 ◈ 」(Build and run) 鈕或執行「Build/ Build and run」指令，就可以執行程式，出現類似下圖的程式執行結果：

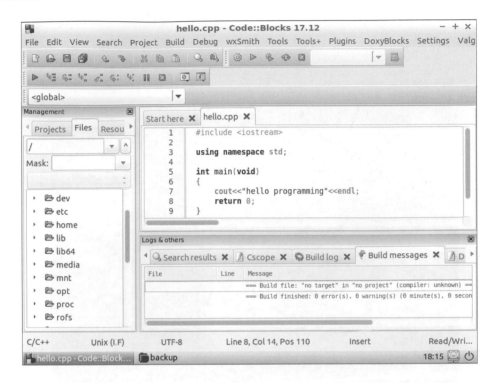

A-5 ▸ 關閉虛擬機器

要關閉虛擬機器，請按「Oracle VM VirtualBox」視窗右上角的關閉鈕。

出現下圖視窗，此處要選擇「儲存電腦狀態」才可以將目前系統的狀態儲存起來。

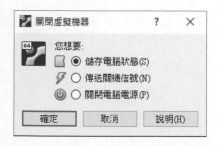

於上圖中按下「確定」鈕，會需要一些時間將目前的系統狀態儲存起來，當下次啟動虛擬機器時，就可以回復到目前的狀態。但如果各位於上圖中核選「關閉電腦電源」，系統則會清除虛擬機器內所有的內容，這一點各位要特別注意。

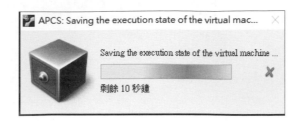

　　雖然說 Code Blocks 的程式編輯器可以正常顯示中文，但在虛擬環境下執行程式的結果中文顯示會有問題，因此在程式中需要顯示時，都必須以英文來加以輸出，會造成程式設計及測試上的不方便，因此，本附錄撰寫的目的在於幫助各位讀者可以稍微熟悉 APCS 的測試環境。

　　如果各位想更進一步了解「大學程式先修檢測」的作答系統說明，可以參考下列網址的詳細說明：https://apcs.csie.ntnu.edu.tw/index.php/info/systemdescription/。

MEMO